Karl L. Holtz

A VOTRE SANTÉ!

DER COACH IM WEINBERG

2021

Umschlaggestaltung: Heinrich Eiermann
Umschlagfoto: © kishivan – stock.adobe.com
Redaktion: Dr. med. Nicola Offermanns
Satz: Nicola Graf, Freinsheim, www.nicola-graf.com
Printed in Germany
Druck und Bindung: CPI books GmbH, Leck

MIX
Papier aus verantwortungsvollen Quellen
FSC® C083411

Erste Auflage, 2021
ISBN 978-3-8497-0403-2 (Printausgabe)
ISBN 978-3-8497-8337-2 (ePUB)

Bibliografische Information der Deutschen Nationalbibliothek:
Die Deutsche Nationalbibliothek verzeichnet diese Publikation in der Deutschen Nationalbibliografie; detaillierte bibliografische Daten sind im Internet über http://dnb.d-nb.de abrufbar.

Informationen zu unserem gesamten Programm, unseren Autoren und zum Verlag finden Sie unter: **www.carl-auer.de**.

Wenn Sie Interesse an unseren monatlichen Nachrichten haben, können Sie dort auch den Newsletter abonnieren.

Carl-Auer Verlag GmbH
Vangerowstraße 14 · 69115 Heidelberg
Tel. +49 6221 6438-0 · Fax +49 6221 6438-22
info@carl-auer.de

INHALT

Prolog

Es gibt nichts, was es nicht gibt!

Diese Aussage meiner Tante Klara kam mir wieder in den Sinn, als ich über das Thema Wein und Coaching nachzudenken begann. Damals, ich war noch klein, haben mir die Aussagen meiner Großtante nicht so imponiert. Ich war noch zu jung, um die tiefere Bedeutung ihrer Sprüche angemessen zu würdigen.

»Wer die Form beherrscht, darf sich darüber hinwegsetzen«, sagte sie beispielsweise. Ich war damals genervt, meinte sie doch vor allem meine Tischgewohnheiten. Aber heute zitiere ich diese Aussage gerne – vor allem, wenn ich unseren Ausbildungsteilnehmern nahelegen möchte, dass ein gewisses strukturiertes Vorgehen im Beratungs-, Supervisions- oder Coachingprozess hilfreich dafür sein kann, den Kopf für wichtigere Kommunikationsaspekte frei zu haben. Ja, ich zitiere sie so häufig, dass ich wiederholt gefragt werde, ob es die Tante Klara denn wirklich gegeben habe.

Also, ich war zu jung, um damals auf das erstgenannte Zitat angemessen einzugehen. Wie gerne hätte ich aus heutiger Position mit ihr darüber diskutiert, ob es nun erkenntnistheoretisch alles oder gar nichts gibt. Ich finde wenige Gesprächspartner, die mir heute darüber erschöpfend Auskunft geben können. Aber wenn sie den Titel dieses Buchs lesen, haben sicher viele seufzend diesen Spruch auf den Lippen: »Es gibt nichts, was es nicht gibt!« Und sie würden noch deutlicher ein »Auch das noch« anhängen, wenn sie durch den Titel angeregt mal das Internet zum Thema Wein und Coaching bemühen. Und wenn sie daraufhin die Definitionen von Coaching aufrufen würden, hätten sie schon eine Erklärung: »Kein Wunder, bei der Vielzahl an Definitionen – mit Coaching geht ja wohl auch alles.« Das ist erkenntnistheoretisch natürlich eine andere Frage als die, ob es alles gibt.

Und ich muss erklären, dass ich mit der Auswahl dieses Themas nicht der Beliebigkeit das Wort reden, sondern auf ein paar interessante Zusammenhänge hinweisen möchte.

Ich muss vorausschicken: Ebenso lange, wie mich Coaching fasziniert, bin ich in meinem Weinberg in Südfrankreich unterwegs. Ich musste, so will es das europäische Gesetz, vor einigen Jahren einen

Sachkundenachweis für meine Qualifikation als Winzer vorlegen. Für meine Ausbildung zum Coach gab und gibt es noch kein Gesetz. Ferner will ich hier nicht diskutieren, welche Weiterbildung und Zertifizierung anspruchsvoller war. Da beides aber nahezu parallel verlief, war ich mir manchmal nicht sicher, aus welchem Tätigkeitsbereich die Erkenntnisse stammten, die mich professionell und privat weiterbrachten. In der Nachbetrachtung stellte ich Analogien her, häufiger jedoch wurden durch den einen Bereich Suchprozesse ausgelöst, die sich im anderen niederschlugen. Häufig musste ich ob einer neuen Zusammenschau schmunzeln.

Es war, als ob ich einen guten Witz verstanden hatte bzw. in bestem Metaphernverständnis ein Aha-Erlebnis gehabt hatte, indem zwei Gegenstandsbereiche, die ursprünglich nichts miteinander zu tun hatten, sich zu einer neuen Erkenntnis zusammenfanden. Mir schien, als ob mir je nach Schwerpunktsetzung mal Sachverhalte über den Prozess der Weinbereitung, mal über die des Coachingprozesses vertrauter wurden. Es waren manchmal triviale, manchmal skurrile Zusammenhänge, aber wenn sie mir in Erinnerung blieben, waren sie für mich immer bedeutsam.

Meine Hoffnung ist, dass Sie als Leserin und Leser zumindest einige der Parallelen nachzeichnen und damit sowohl ihr Wissen über den Wein als auch über das Coaching vertiefen können. Ich hoffe, dass Sie sich darauf einlassen können. Was mir Zuversicht gibt, ist die Vermutung, dass sich wohl kaum einer ein Buch über »Kartoffeln und Supervision« zugelegt hätte. So sehr ich den Landwirt und seine schwere Arbeit achte und manchmal mit ihm leiden kann, hätte ich mir nie einen Kartoffelacker zugelegt. Vielleicht liegt es daran, dass die Arbeit im Weinberg ja eh schon metaphorisch vorbelastet ist. Und Coaching macht mir aufgrund seiner vielfältigen Variationen und Kontexte schlichtweg mehr Spaß als Supervision. Aber der Kartoffelacker ist schon der schwerwiegendere Grund.

Es wäre mir nun nicht recht, wenn man mir nach dem Gesagten die Auffassung unterstellte: Supervision verhält sich zum Coaching wie der Kartoffelacker zum Weinberg. Das habe ich nicht gemeint – obwohl man andererseits auch über diese Aussage nachgrübeln kann und ich schon deutlich unpassendere Vergleiche gehört habe.

Wie alles anfing: Der Baum der Erkenntnis

Die Geschichte, die Lucas Cranach hier illustriert, ist eigentlich bekannt. Aber es scheint einige neue Erkenntnisse zu geben, dass sie sich nicht unbedingt so wie gemeinhin überliefert zugetragen haben muss. Es ist nach neueren Erkenntnissen nicht unwahrscheinlich, dass Adam und Eva über die paradiesischen Streuobstwiesen gegangen sind und Obst aufgelesen haben, das sich schon in einem fortgeschrittenen Gärungsprozess befunden hat. Die Erkenntnis lag auf der Hand: Wenn uns ein höheres Wesen schon so ausgestattet hat, dass wir Neues ausprobieren und uns daran ergötzen können, dann lass uns doch sesshaft werden und die damit verbundenen Bewusstseinsprozesse kultivieren. (Dass auf dem Bild schon ein erster Coach auftaucht, wird uns weiter unten beschäftigen.)

Eine solche Interpretation legt der US-Archäologe McGovern nahe. Unsere Vorfahren verspürten die ungewöhnliche und wohl

Abb. 1: Adam und Eva im Paradies (Ausschnitt), Lucas Cranach d. Ä., 1530, Kunsthistorisches Museum, Wien

nicht unangenehme Wirkung des Alkohols im Blut und kamen zur Erkenntnis: Mehr davon! Sie antizipierten somit einen der zentralen Grundsätze des lösungsfokussierten Ansatzes von Steve de Shazer: »Wenn etwas funktioniert, mach mehr davon!« Dies war die Triebfeder – so McGovern, ein Nachfahre trinkfester Iren –, dass die ersten Menschen sesshaft wurden, um so besser für Nachschub sorgen zu können:

> *Energiereichen Zucker und Alkohol in sich hineinlaufen zu lassen war eine fabelhafte Lösung, um in einer feindlichen und rohstoffarmen Umgebung zu überleben. (...) Die vorhandenen Indizien deuten darauf hin, dass unsere Vorfahren in Asien, Mexiko und in Afrika Weizen, Reis, Mais, Gerste und Hirse vor allem kultivierten, um alkoholische Getränke zu produzieren* « *(McGovern 2007, S. 14).*

Dies war die neolithische Revolution, die rund 11.000 v. Chr. begann. Und da die Herstellung von Getreide und von Bier doch ein recht komplizierter Vorgang war und sich gärendes Obst einfacher aufbereiten ließ, spricht einiges dafür, dass weinähnliche Getränke schon relativ früh zur Verfügung standen. McGovern fand in der neolithischen Ausgrabungsstätte Hadschdschi Firus Tepe im Zagros-Gebirge im Nordwesten Irans vorzeitliche Weinregale mit luftdicht verschlossenen Karaffen. Bereits damals wurde dem Getränk das Harz der Pistazie zugesetzt. Dies dürfte eine antibiotische Wirkung gehabt haben und wurde somit auch zu medizinischen Zwecken eingesetzt. Schon früh haben Menschen also die präventive wie kurative Bedeutung alkoholischer Getränke erkannt, und so verwundert es nicht, dass Ausbau wie Distribution von Schamanen und Dorfalchimisten verfeinert wurden.

Und da Letztere neben ihrer medizinischen Kompetenz auch ihre beraterischen Angebote gemacht haben dürften, können wir weiter spekulieren, dass auch damals schon im Kontext berauschender Getränke die ersten Coachs ihre professionellen Nischen suchten. Deren Intention lautete möglicherweise: Probiert doch mal was Neues aus, wenn das Bisherige unbefriedigend oder schädlich war (s. de Shazers weitere Maxime); traut euch doch, euch eures eigenen Verstandes zu bedienen. Diese Intention schien in ihrer Ambivalenz und mit dem innewohnenden Risiko ja auch das Vor-Bild der Schlange im cranachschen Paradiesgarten zu bestätigen. Schamanen, Medizinmänner und Coachs waren in der Folgezeit dafür verantwortlich, einen geschützten Rahmen anzubieten, in dem sich das Risiko des Neuen moderieren ließ. Das Erbe paradiesischer Streuobstwiesen lastet auf der Menschheit. Es ist zumeist gut, wenn immanentes Erkenntnisstreben moderiert wird. »Für unsere frühen Vorfahren war moderater Alkoholkonsum von Vorteil, und sie haben sich biologisch daran angepasst«, vermutet McGovern (ebd.). Aber die paradiesischen Streuobstwiesen boten noch weitere Früchte der Erkenntnis. Nicht nur die Weinbranche, auch das Coachinggewerbe profitierte von den sich darin abzeichnenden Ambivalenzen.

Aber ist es nicht ein bisschen weit hergeholt, in dem von uns nachgezeichneten Mythos die Schlange mit dem Coach in Verbindung zu bringen? Beruhigen wir uns: In vielen Mythen, und schon gar in dem hier angesprochenen ist vieles weit hergeholt, und die Deutungen der Geschichte über den paradiesischen Verlust spiegeln seit Jahrtausenden die Interessen derjenigen wider, die um eine Deutungshoheit bemüht waren. Der hebräische Begriff *amrun*, mit dem die paradiesische Schlange charakterisiert wurde, bedeutet zunächst »klug«. So, wie sie geschaffen wurde, war sie nicht nur eines der intelligentesten Tiere, sondern sie besaß auch die Fähigkeit, ruhig zu verharren und abzuwarten, bis ein ihr zusagendes Subjekt vorbeikam. Sie war, wie die Katze und andere Spezialisten, nicht darauf angewiesen, sich ständig an die sich verändernde Umwelt anzupassen und unterwegs zu sein. Sie wartet ab und beobachtet, was ihr Klientel eigentlich will, und ihre Spezialisierung liegt darin, im günstigen Augenblick günstige Fragen zu stellen, und das heißt zumeist solche Fragen, die den Klienten in seinem Erkenntnis- und Entwicklungsgewinn weiterbringen. Hierbei vermeidet sie Ratschläge, weil sie weiß, dass dies die sicherste Methode ist, um die Veränderungsbereitschaft zu bremsen. Und wie macht sie das? Sie stellt zunächst einmal Fragen – möglichst keine geschlossenen, also Ja-/Nein-Fragen wie der Berufsstand der Sportjournalisten (»War es ein gutes Gefühl, dass Sie und Ihre Mannschaft diesmal alle Vorgaben Ihres Trainers umsetzen konnten?«). Im biblischen Beispiel fragt sie: »Ja, sollte Gott gesagt haben: Ihr sollt nicht essen von den Früchten der Bäume im Garten?« Es ist eine Frage, die nicht »zu« macht, sondern eine, die Suchprozesse auslöst. Und so antwortet Eva: »Wir essen von den Früchten der Bäume im Garten; aber von den Früchten des Baumes mitten im Garten hat Gott gesagt: Esst nicht davon, rührt's auch nicht an, dass ihr nicht sterbt.« Und schon hat die Schlange den Fuß in der Tür. Sie kann zurückfragen: Was ist denn damit gemeint? Und sie gibt die kleine Hilfestellung durch ein alternatives Deutungsmuster: »Ihr werdet mitnichten des Todes sterben; sondern Gott weiß, dass, welches Tages ihr davon esst, so werden eure Augen aufgetan, und werdet sein wie Gott und wissen, was gut und böse ist« (1. Buch Moses, Kap. 3, Vers 5).

Ach so ist das, denkt Eva, und schon sieht sie das Ganze anders, nämlich »dass von dem Baum gut zu essen wäre und dass er lieblich anzusehen und ein lustiger Baum wäre, weil er klug machte«. Die Folgen dieser Intervention sind bekannt und gewaltig, sodass später einige Exegeten vom Urknall sittlicher Autonomie (Dohmen 1998, S. 268) sprechen werden. Unsere Vorfahren erkannten nicht nur einander, sie machten sich auch auf den Weg, mit der erworbenen Erkenntnis von gut und schlecht zu einer eigenverantworteten Lebens- und Wirklichkeitsgestaltung zu gelangen.

Nun ist es klar: Der Mensch kann sich nicht mehr ethisch gleichgültig verhalten, er muss zwischen Handlungsalternativen wählen und entscheiden.

Es war also eine kluge Intervention der Schlange, nicht nur für die eigene berufliche Zukunft, indem sie in der Folgezeit vor allem von denen als (hinter)listig und »des Satans« bezeichnet wurde, denen die Entwicklung der Menschen zu reflexiven und autonomen Wesen suspekt vorkam.

Wir sollten annehmen, dass der Schlange die Ambivalenz künftigen menschlichen Handelns bereits bewusst war. Zum Menschenbild beraterischen Handelns gehörte schon 1000 Jahre vor unserer Zeitrechnung, dass der aus seiner Unmündigkeit entlassene Mensch »selbst das Förderliche« seines »eigenen Lebens bestimmen« wollte »und scheinbar auch« konnte, aber damit zumeist auch frei war,

»Minderungen des eigenen Lebens und Schädigungen des ihm verbundenen Lebens heraufzuführen« (Steck 1970, S. 107).

Und so sind wir wieder bei der Verantwortung für uns und unsere Umwelt und natürlich auch beim verantwortlichen Umgang mit den Weiterentwicklungen der ersten, vergorenen Früchte von den Streuobstwiesen unserer Erkenntnis.

Es bliebe noch nachzutragen, dass es vermutlich keine Äpfel waren, sondern, so auch die Erkenntnis von McGovern, gärende Feigen. Auch das mit der Erkenntnismöglichkeit von Gut und Schlecht in Zusammenhang gebrachte Feigenblatt spricht dafür. Und natürlich sollten wir nachtragen, dass die Schlange wohl auch dazu beigetragen hat, mit den zunehmend komplexeren Entscheidungen der Menschen ein – wenn auch bis heute noch nicht präzise herausgearbeitetes – Berufsbild von Helfern und Unterstützern ins Gespräch zu bringen.

Aber: Wie sich alkoholische Getränke voneinander unterscheiden und zu unterscheiden haben, ist heutzutage präzise festgelegt. Wie diese für die Autonomie und Entscheidungsfreiheit, für die Unmündigkeit und Selbstzerstörung des Menschen verantwortlich sind, wird eingehend erforscht. Der Aufgabenbereich und die Funktion unterschiedlicher Hilfesysteme im Beratungskontext sind demgegenüber noch sehr vage und aufgrund häufig nicht nachvollziehbarer Kriterien definiert. Von daher können wir bisher von Wirksamkeitsstudien auch nicht viel erwarten. Wer sich Wein nennen darf, wissen wir inzwischen – wer sich Coach nennen sollte, nicht.

Was lässt sich über Wein und Coaching sagen?

Was ist denn Wein und was ist eigentlich ein Coach?

Eine überflüssige Frage? Der Weinliebhaber wird sagen: »Sicher nicht, denn ich möchte beim Kauf einer Flasche Wein Hinweise darauf haben, auf was ich mich einlasse.« Und in der Regel weiß er, welche Informationen für ihn wichtig sind. Er möchte sicher sein, dass in der Flasche, deren Etikett ihm Wein verspricht, auch tatsächlich Wein enthalten ist. Und wenn das Produkt einmal nicht den Vorschriften und den damit verbundenen Erwartungen entspricht, wird er sich zu Recht getäuscht fühlen und erwarten, dass ein bewusstes Abweichen von den wohldefinierten Kriterien auch entsprechend sanktioniert wird.

Es kommt weniger darauf an, wie kreativ das Etikett gestaltet ist, sondern eher darauf, wie der Wein ausgebaut wurde. Für die Geschmackserwartungen kommt es weniger darauf an, wie vollmundig oder blumig der Wein genannt wird, sondern darauf, welche Rebsorten oder auch welcher Alkoholgehalt enthalten sind. Es gibt viele Kriterien, nach denen sich ein Weinkenner richten kann, einige Informationen dazu sind auf der Flasche enthalten, andere kann man online erfragen, wieder andere kann er mit dem Weinhändler seines Vertrauens diskutieren.

Natürlich wird es Abweichungen geben: Weine müssen nicht immer sortentypisch sein, ein hoher Alkoholgehalt kann durch die anderen Inhaltsstoffe des Weines eingebunden sein. Ein kreativer Ausbau kann zu überraschend interessanten, wenn auch nicht erwartungskonformen Ausprägungen führen. Aber: Im Allgemeinen kann man sich auf die Auszeichnungen verlassen, wenn man sich ein wenig mit der Materie vertraut gemacht hat.

Das bedeutet nun nicht, dass eindeutig benannte Weine auch allen Kennern gleich schmecken müssten. Es gibt Vorlieben, Vorerfahrungen und Kontexte, welche die Beurteilung des Weins sehr stark beeinflussen. Und es gibt natürlich subjektive Voraussetzungen, die auch bei Weinkennern, etwa bei Blindverkostungen von Experten, zu sehr unterschiedlichen Aussagen hinsichtlich der Qualität führen. Dazu später mehr.

Die Frage danach, was denn eigentlich ein Coach ist, lässt sich demgegenüber viel schwerer beantworten. Wenn wir sagen, ein Coach ist jemand, der coacht, dann stimmt das zunächst, ist aber eine Tautologie. Und selbst, wenn wir jetzt wüssten, was Coaching ist, müssten wir uns darauf einigen, ob jeder, der coacht, ein Coach ist, oder ob wir unter dieser Bezeichnung für unsere Zwecke den professionellen Coach meinen, also jemanden, der zu dieser Tätigkeit eine spezielle – möglichst wissenschaftlich fundierte – Qualifikation mitbringt und diese auch in einem professionellen Rahmen umsetzt. Ein Coach wäre also jemand, der unter bestimmten Voraussetzungen in einem näher zu definierenden Kontext coacht.

Ansonsten könnten wir in freier Abwandlung der Aussage »Intelligenz ist das, was ein Intelligenztest misst« zunächst einmal festhalten: Coaching ist das, was ein Coach tut. Und so, wie die Aussage zur Intelligenz darauf verweist, dass es unzählige Theorien und Definitionen von Intelligenz gibt, die jeweils in dem zugehörigen Intelligenztest erfasst werden, so könnten wir uns damit zufriedengeben, dass es eine Vielzahl von Coachinganlässen und -strategien gibt, die durch den jeweiligen Coach und seine Theorie von Coaching vorgegeben werden.

Aber ebenso, wie die obige Aussage zur Intelligenz hinterfragt werden muss, ist natürlich auch die Tätigkeitsbeschreibung eines Coachs nicht willkürlich. In der Intelligenzforschung hat man sich auf eine Reihe übereinstimmender Kernthesen einigen können, zur wissenschaftlichen Standortbestimmung des Berufsbildes Coach ist eine Zusammenschau wesentlicher Merkmale dringend erforderlich.

Die gegenwärtige Situation ist dadurch gekennzeichnet, dass es mindestens so viele Coachingkontexte wie Weinlagen zu geben scheint: Frisurencoachs, Tanzcoachs, Lerncoachs, natürlich den Sportcoach, den Gesundheitscoach, den Mentalcoach usw.

Jede Definition über das, was Coaching ist, ist ja nicht nur ein Streit über Worte, jede Definition ist als Aussage darüber zu verstehen, was zu dem Begriff gehört und was nicht, welche Merkmale unabdingbar und welche marginal sind. Definitionen sind also als Versuch zu verstehen, eine Theorie darüber zu formulieren, was denn eigentlich der Fall ist. Diese Definitionen sind per se nicht richtig oder falsch, sie sind als Einladungen von Definierern oder Theoretikern zu verstehen, empirische Sachverhalte mal unter einer bestimmten Fragestellung und in dieser Zusammenschau zu sehen. Manchmal – ja: häufiger, als man annehmen sollte – sind solche Einladungen auch werbewirksame Angebote, gewissermaßen zu einer (theoriegeleiteten, erkenntnisleitenden?) Tupperware-Veranstaltung. Die Wissenschaftstheoretiker nennen so etwas dann interessenbezogene, persuasive Definitionen (Gabriel 2004). Diese sind im Übrigen in der Definition von Weinen seit einiger Zeit untersagt (»Gesundheitswein«, »für Diabetiker geeignet« etc.).

> Gesundheitsbezogene Angaben müssen bei alkoholischen Getränken mit Inkrafttreten der sog. Health-Claims-Verordnung (HCVO) entfallen. Für Getränke mit einem Alkoholgehalt von mehr als 1,2 Volumenprozent dürfen nach Art. 4 Abs. 3 der HCVO überhaupt keine gesundheitsbezogenen Hinweise angegeben werden.

Bei all der Vielfalt unterschiedlicher Sorten und Ausbaumethoden gibt es für Wein ein zentrales Definitionsmerkmal:

> Wein ist ein Getränk, das von Früchten der Weinrebe stammt und laut EU-Gesetzgebung mindestens 8,5 Volumenprozent Alkohol enthält. Hierzu zählen auch Variationen wie Likörwein, Schaumwein und noch nicht ausgegorene Neue Weine (Federweißer), nicht aber per definitionem Obstweine (weinähnliche Getränke) oder weinhaltige Getränke (Weinschorle, Sangria). Getränke, die aus stärkehaltigen Grundstoffen vergoren werden (z.B. Reiswein), dürfen noch nicht einmal als weinähnlich bezeichnet werden.

Wenn man also von Wein spricht, weiß man auch, worüber man spricht. Und das Wissen um einen Sachverhalt soll förderlich für den tagtäglichen Diskurs sein.

Gibt es nun auch solche zentralen, unabdingbaren, für eine Definition des Coachings notwendigen Merkmale – möglichst solche, die auch von anderen Formen unterstützenden Handelns verschieden sind? Wie unterscheidet sich Coaching von Supervision, Beratung, Therapie oder Begleitung? Ist Coaching dasselbe wie Beratung und Supervision (als Beratung im beruflichen Kontext), nur teurer, weil u. a. Führungskräfte und Experten am Werk sind? Und wenn der Vater seinen Sohn als Lerncoach coacht, kann er das eigentlich nur tun, wenn er in seinem Zögling eine künftige Führungskraft sieht? Denkt das Bildungsministerium Baden-Württemberg daran, im Ländle eine künftige Führungselite und Experten zu bilden, wenn sie Lehrern die Funktion von Lerncoachs zuweist?

Gibt es dann, wenn man sich auf eine trennscharfe Definition des Coachings geeinigt hat, in Analogie zur Weinsystematisierung auch so etwas wie

- Coaching im weiteren Sinne
- coachinghaltige Strategien
- coachingähnliche Strategien und dann noch
- Kriterien, wann Interventionen nicht mehr als Coaching bezeichnet werden sollten?

Und vor allem ist die Frage interessant: Warum gibt es diese klaren Kriterien beim Wein, aber noch nicht beim Coaching?

Man kann vermuten, dass es mit der längeren Tradition des professionellen Weinbaus zusammenhängt. Wird ein Metier professionell betrieben, hat der Erzeuger auch ein Interesse daran, auf dem Markt zu bestehen. Und das schafft man dadurch, dass man sich qualitativ abgrenzt, also die Unterschiede zu anderen betont. Diese Betonung der Unterschiede hat im Weinbau sicherlich dazu geführt, dass Qualitätskriterien diskutiert, Unterschiede analysiert wurden und mit dieser Diskussion auch eine wissenschaftliche Erforschung relevanter Merkmale einsetzte. Das Ergebnis dieser langen Tradition kann sich sehen lassen: Aus dem unspezifischen Getränk Wein wurden qualitativ unterschiedliche Weine, Tafelwein, Landwein, Qualitätswein einerseits, aber auch eine selbstbewusste Darstellung unterschiedlicher Qualitäten in den verschiedenen Anbauzonen, die nebeneinander bestehen konnten und Angebote für individuelle Vorlieben und Anlässe machten. Aus dem Entweder-oder wurde so nach und nach ein Je-nachdem. Natürlich spielten hier auch geschicktes Marketing und ein Bestreben nach Manipulation des Publikumsgeschmacks mit. Mosel- und Bordeaux-Weine sind unvergleichbar und können unvergleichlich gut sein, beide beziehen sich auf notwendige Merkmale, was einen guten Wein ausmacht. Die wissenschaftliche Begleitung der Weinwirtschaft hat entscheidend zu dieser kontrollierten Vielfalt beigetragen, aber man muss sich dessen bewusst sein, dass es auch in der Wissenschaft keine »unbefleckte Erkenntnis« (Nietzsche) gibt.

Jede Definition will ja nicht die wirkliche Wirklichkeit beschreiben, sie ist vielmehr als eine Einladung eines Wissenschaftlers zu verstehen, ihm bei seiner Zusammenschau empirischer Sachverhalte, seiner Theorie, zu folgen. Diese Definition und die damit verbundene Theorie ist ein möglicher Ordnungsversuch, bei dem sie sich nun daran beweisen muss, ob sie die gemeinten Phänomene auch praktikabler erklären und vorhersagen kann. Definitionen sind also nicht richtig oder falsch, sie sind mehr oder weniger nützlich oder viabel. In der Anfangszeit der Unterschiedsbildung sind die Reaktionen der Fachwelt zunächst heftiger und pointierter – ich erinnere mich an die frühen Auseinandersetzungen zwischen Psychoanalyse und Verhaltenstherapie. Nach und nach geht man aber bereitwilliger auf die Unterschiede ein und versucht, diese für die Präzisierung eigener Denkmodelle zu nutzen. Bei aller Konzilianz anderen Modellen gegenüber darf aber nicht vergessen werden, dass die Theorienbildung – auch die eigene – stets von mehr oder weniger impliziten Interessen geleitet wird. Manche Akzentuierungen von Qualitätsunterschieden bei Weinen stellen sich bei genauerer Betrachtung als übertrieben dar. Im Laufe der Zeit und mit zunehmender Kennerschaft weiß der Konsument aber, solche Übertreibungen zu relativieren.

Eine ähnliche Entwicklung wie in den Anfangsjahren der Qualitätsdiskussion im Weinbau kann man auch auf dem relativ jungen

Feld der Coachingbranche beobachten. Die Definitionen einzelner Coachingverbände lassen dieses interessengeleitete Handeln erkennen. Der Kuchen – um mal ein anderes Genussmittel heranzuziehen – muss ja erst noch verteilt werden.

Beginnen wir mit der Definition des Round Table, eines Zusammenschlusses verschiedener führender Coachingverbände.

Coaching als bestimmtes Beratungsformat wird zunächst von der Expertenberatung abgegrenzt (im angloamerikanischen Raum wird eine Unterscheidung zwischen Counseling und Consulting getroffen, zwischen Experten und Prozessberatung; in unserem Sprachraum wird auf Anregung der DGfB[1] u. a. zwischen informativer und reflexiver Beratung unterschieden):

> ❯❯ *Im Unterschied zur reinen Fachberatung versteht sich Coaching als eine Form der reflexiven Beratung, in der die Ressourcen des Klienten erschlossen werden und der Klient zur selbständigen Aufgabenbewältigung befähigt wird. Coaching setzt daher die Bereitschaft zur aktiven Beteiligung des Klienten voraus – auch dann, wenn die Beratungsleistung durch Dritte (insbesondere durch den Arbeitgeber) finanziert wird* ❮❮ *(Roundtable Coaching 2014, S. 2).*

Ein Unterschied zur (reflexiven) Beratung wird also nicht gemacht. Unterschieden und somit als nicht dazugehörig definiert wird lediglich Expertenberatung, Weiterbildung und Psychotherapie genannt. Das ist ein großes Stück aus dem Kuchen sozialer Unterstützungssysteme. Wenn wir eine imaginierte Getränkekarte bemühen, ist nahezu alles Wein, drei weinähnliche Getränke werden in Abgrenzung genannt. Eine solche Aufteilung durch den Round Table ist nachvollziehbar, wird doch im Folgenden auch auf die Notwendigkeit verwiesen, eine qualifizierte Ausbildung anzustreben:

> ❯❯ *Dem Roundtable der Coachingverbände ist es ein besonderes Anliegen, die Qualifizierung zur Ausübung des Coachings im Kontext vergleichbarer Qualifizierungen für andere gesellschaftlich anerkannte Angebote reflexiver Unterstützungsdienstleistungen*

1 Deutsche Gesellschaft für Beratung e. V.

(wie etwa Erziehungsberatung, Psychotherapie, Berufs- und Laufbahnberatung, Supervision, Ehe-, Familien- und Lebensberatung, Organisationsberatung) zu verorten. Auch die Differenz zu Qualifizierungsangeboten im Bereich vorrangig verfahrensbasierter Angebote (wie etwa Mediation oder Moderation) ist zu markieren « *(ebd., S. 3 f.).*

Hier tauchen nun wieder weitere Unterstützungssysteme auf, die verwirren mögen, weil sie nun doch zu den »reflexiven« gehören, aber diese Unterschiede, die einen Unterschied machen sollten, müssen wohl bei der Konzeption der Ausbildungsgänge thematisiert werden. Hier sehe ich noch einige Schwierigkeiten, gehört doch zu den ethischen Imperativen des Round Table, dass der »einem humanistischen Menschenbild verpflichtete« Coach »ein demokratisch-pluralistisches Gesellschaftsverständnis« haben und »die gesellschaftlichen und religiösen Deutungskonzepte des Klienten« achten soll. Gleichzeitig distanziert er »sich öffentlich von allen Lehren oder ideologisch gefärbten, sektenhaft ausgerichteten oder manipulativen und dogmatischen Bildungsangeboten« (ebd.). Es ist löblich, hier noch einmal an die Neutralitätspflicht des Beraters zu erinnern, insofern sie den aktuellen Coachingprozess betrifft. Ob eine solche unbefleckte Erkenntnis allerdings auch für eine wissenschaftlich fundierte Ausbildung (»Lehren«) und für öffentliches (zumeist ideologisch beeinflusstes) Handeln gilt, ist fraglich – einmal abgesehen von den ständigen, und dann noch öffentlichen, Auseinandersetzungen mit Auftraggebern im Profit- und Non-Profit-Bereich.

Der DBVC[2], Mitglied des Round Table und nach eigenem Selbstverständnis der führende Verband im deutschsprachigen Raum, der sich auf *Business Coaching* und *Leadership* fokussiert (dies wird im amerikanischen Urverständnis vom *Private Coaching* unterschieden), grenzt das Coaching naheliegenderweise auf sein Klientel ein. Er versteht darunter

2 Deutscher Bundesverband Coaching e. V.

> *die professionelle Beratung, Begleitung und Unterstützung von Personen mit Führungs-/Steuerungsfunktionen und von Experten in Unternehmen/Organisationen. Zielsetzung von Coaching ist die Weiterentwicklung von individuellen oder kollektiven Lern- und Leistungsprozessen bzgl. primär beruflicher Anliegen.*
>
> *Als ergebnis- und lösungsorientierte Beratungsform dient Coaching der Steigerung und dem Erhalt der Leistungsfähigkeit. Als ein auf individuelle Bedürfnisse abgestimmter Beratungsprozess unterstützt ein Coaching die Verbesserung der beruflichen Situation und das Gestalten von Rollen unter anspruchsvollen Bedingungen.*
>
> *Durch die Optimierung der menschlichen Potenziale soll die wertschöpfende und zukunftsgerichtete Entwicklung des Unternehmens/der Organisation gefördert werden* (DBVC 2019, S. 17).

Hier ist Coaching also Beratung, Begleitung und Unterstützung. Aha, denkt der Weinkenner: Beratung ist gewissermaßen der Wein und Coaching ist ein weinhaltiges Getränk. Und er fühlt sich durch die nachfolgenden Ausführungen in seiner Ansicht bestärkt: Zum einen können Expertenberatung und Training bei bestimmten Fragestellungen noch dem »weinhaltigen Getränk Coaching« zugefügt werden, zum anderen lässt sich Coaching auch noch dem Mentoring zuschütten, zum Wohle des Klientels.

Ein weiterer Partner des Round Table, die Deutsche Gesellschaft für Supervision (DGSv), hat sich naturgemäß zunächst schwergetan, Coaching als gleichwertige Beratungsform zur Supervision anzuerkennen, was vor allem

> *dadurch außerordentlich erschwert wird, dass der Begriff coaching durch seine unkontrollierte Nutzung weitgehend entgrenzt ist und jeder Abgrenzungsversuch immer auch die Gefahr der Abwertung seriöser und professioneller Beratungsangebote nach sich ziehen kann – sowohl im Coaching wie in der Supervision* (DGSv o. J.).

Und erst, als sich der Verband nach langen, auch inhaltlichen Diskussionen entschlossen hat, sich in Deutsche Gesellschaft für Supervision und Coaching umzubenennen, wird eine Weiterbildung in

Supervision und Coaching vorgeschlagen. Weiterhin fällt es jedoch schwer, eine Unterscheidung festzumachen, da Coaching nur den bisherigen Definitionsversuchen angehängt wird:

> »*Supervision ist ein wissenschaftlich fundiertes, praxisorientiertes und ethisch gebundenes Konzept für personen- und organisationsbezogene Beratung in der Arbeitswelt. Sie ist eine wirksame Beratungsform in Situationen hoher Komplexität, Differenziertheit und dynamischer Veränderungen. Die Beratungsinhalte von Supervision und Coaching sind definiert im Bezugsdreieck von Person, Rolle, Institution/Organisation. Im supervisorischen Prozess geht es besonders um die Reflexion von Erfahrungen, Prozessen und Bedingungen, die Systematisierung komplexer Zusammenhänge, das Verstehen von Strukturen und Prozessen, die Analyse und Klärung/Lösung von Konflikten. Bildungs- und Qualifizierungsprozesse Ziele von Supervision und Coaching sind die Erweiterung der Wahrnehmungs- und Deutungsmöglichkeiten, ein vertieftes Verstehen von Erfahrungen, Ereignissen und Handlungen in ihren vielfältigen Bezügen und Wechselwirkungen, die Erhöhung der persönlichen, sozialen und professionellen Kompetenz insbesondere zur Problemlösung in kritischen Situationen und selbst-bewusstes, kompetentes Handeln« (Positionspapier der DGSv 2019).*

Supervision und Coaching sind Beratungsformen im beruflichen Kontext

Präzisere Unterschiede, bezogen auf die Klientel, macht demgegenüber die Gesellschaft für Supervision und Coaching e. V. Berlin:

> *Supervision* ist ein professionelles Beratungsangebot, mit dem Ziel, die Qualität beruflicher Arbeit zu sichern und weiterzuentwickeln.
> In einem vertrauensvollen Dialog zwischen Supervisor/in und Supervisand/in werden aktuelle Themen und Fragen, schwierige Situationen und Konflikte aus dem beruflichen Handlungsfeld reflektiert und Lösungsoptionen entwickelt.

> *Coaching* ist ein der Supervision entsprechendes Beratungsangebot, das sich speziell an Führungs- und Leitungskräfte richtet. Im Mittelpunkt der Beratung stehen vor allem Themen des Managements und der Personalführung.

Wenn wir zusammenfassend versuchen, zentrale Bestimmungsstücke des Coachings herauszustellen, dann finden wir bei nahezu allen Definitionen Übereinstimmung darüber, dass

- Coaching eine besondere Form von Beratung ist
- diese sowohl Prozess- als auch Expertenberatung sein kann
- diese personenzentriert ist, d. h. zwischen Individuen stattfindet und Aufträge bzw. Ziele von Individuen zum Gegenstand hat
- es sich hierbei vorwiegend um berufliche Themen handelt.

Wenn Individuen Hilfe bei ihren konkreten Handlungsvollzügen benötigen, lässt sich eine Spezifizierung im Beratungsprozess wie folgt darstellen:

Wenn anzunehmen ist, dass die Hilfesuchenden über die Kompetenzen verfügen, die Herausforderungen ihres (beruflichen wie privaten) Lebens eigenständig zu meistern, dies aber durch innere wie äußere Bedingungen gegenwärtig nicht eigenständig schaffen, dann ist Beratung die geeignete Unterstützungsform (ansonsten ist an Anleitung, Begleitung, Therapie, Training etc. zu denken; zur Systematik möglicher Hilfesysteme siehe u. a. Ludewig 1992, S. 123).

Bezieht sich das Anliegen vornehmlich auf einen beruflichen Kontext, dann bieten sich als mögliche Beratungsformate Supervision oder Coaching an.

Wie die beiden Formate Supervision oder Coaching voneinander abzugrenzen sind, wird gegenwärtig noch eingehend diskutiert und hängt auch mit dem historischen Selbstverständnis beider Angebote zusammen: Supervision ursprünglich als Unterstützungssystem im beruflichen Kontext sozialer Berufe, Coaching als Weiterentwicklung von spezifischen Trainingsansätzen im Sport, welche auch Persönlichkeitsentwicklung einbezogen. (Der Coach war ursprünglich der Kutscher, der dafür zu sorgen hatte, dass die Pferde sicher und wohlbehalten das Ziel erreichten.) Aufgrund der spezifischen

Förderung von Spitzensportlern setzte sich zunächst der Anspruch durch, Coaching vor allem zur »Unterstützung von Personen mit Führungs-/Steuerungsfunktionen« (s. Definition der DBVC) zum Zwecke der Leistungsoptimierung einzusetzen. Supervision demgegenüber schien eher die Methode der Wahl, wenn es sich um Probleme, Konflikte oder Beeinträchtigungen in den Arbeitsabläufen von ausführenden Individuen oder Teams handelte.

Auch wenn sich inzwischen die Einsicht durchgesetzt hat, dass beide Formate im beruflichen Kontext unabhängig von der Besoldungsstufe ihre Berechtigung haben, hält sich doch mehr oder weniger ausgesprochen die Auffassung, dass beide berufliche Beratungen sind – das Coaching nur eben die elitärere, teurere Variante. Dies schlägt sich unter anderem in Vergleichen nieder wie: »Coaching verhält sich zu Supervision wie eine wendige Yacht zu einem Luxusliner« (Pohl 2019, S. 3).

Coaching ist der Champagner, Supervision der wärmende, besinnlichere Portwein. Beide führen nach hinreichendem Zuspruch dazu, die Welt anders zu sehen, alte Gewissheiten infrage zu stellen sowie sich wieder zuversichtlicher und handlungsfähiger zu fühlen. Viele Konsumenten werden den Weg zu den neuen Erkenntnissen irgendwie als unterschiedlich erleben, Champagner mag herausfordernder wirken, Port wärmt, tröstet und stärkt die Zuversicht, dass man durch eigenes Zutun auch missliche Lagen verändern kann. Diese Unterscheidung mag an den Erwartungen an das Getränk, am Kontext und – vielleicht zu einem geringeren Teil – an der Art des Weines liegen.

Da ich ungern mit meinen Weinerfahrungen in Beratungssituationen gehe, habe ich mir (und wir vom ILBS[3]) folgende Unterscheidungsmerkmale überlegt, wie ich die beiden Beratungsformate je nach Kontext und Fragestellung vorschlage:

>> *Coaching ist eine entwicklungsorientierte Form der Beratung und Begleitung, die berufliche und private Inhalte umfassen kann und auf Freiwilligkeit, Vertraulichkeit und der gegenseitigen Akzeptanz von Coach und Coachee basiert.*

3 Institut für lösungsorientierte Beratung und Supervision.

Entwicklungsorientiert meint vorrangig die zielbezogene Stärkung und Erweiterung personaler, emotionaler und sozialer Kompetenzen. Dies soll den Coachee dabei unterstützen, kontextbezogene Ziele zu entwickeln und sein individuelles Handlungspotenzial zu größerer Entfaltung zu bringen. Somit wird er befähigt, bestehende und zukünftige Problem- und Konfliktsituationen eigenständig lösen zu können sowie gegenwärtige und zukünftige Herausforderungen zieldienlicher und auf eine dem individuellen Potenzial angemessenere Weise zu bewältigen.

Das Coaching wird in Form einer begrenzten Reihe von Sitzungen durchgeführt und nimmt dabei Bezug auf kontextbezogene Problem-, Konflikt- und Herausforderungssituationen des Coachee. Im Vordergrund steht jedoch weniger die Veränderung dieser Situationen in spezifischen Kontexten. Diese werden vielmehr als Orientierungspunkte bei der Entfaltung und Veränderung individueller Handlungsmöglichkeiten gesehen und bewusst nicht auf Einzelsituationen oder -kontexte reduziert « (Holtz 2017).

Supervision schlage ich vor allem dann vor, wenn weniger die Entwicklungsorientierung von Individuen oder Teams im Vordergrund steht, sondern die konkrete Veränderung von Problemlagen oder Konflikten im beruflichen Kontext. Es versteht sich von selbst, dass es zwischen beiden Beratungsformaten fließende Übergänge gibt. Es ist jedoch hilfreich, diese Übergänge im Prozess wahrzunehmen – zu wissen, welchen Hut man gerade aufhat –, da sich hieraus veränderte Angebote an den Klienten (z. B. Aspekte der Anleitung, Begleitung etc.) ergeben.

Wenn ich zu Hause mit Freunden eine Weinprobe vorbereite, richte ich mich in der Auswahl zum einen nach den Vorlieben und Erwartungen meiner Gäste. Zu einem zufriedenstellenden Verlauf des gemeinsamen Abends gehört jedoch auch, dass ich darlege, was mich vor diesem Hintergrund dazu bewogen hat, die vorgestellten Weine auszusuchen. Gegebenenfalls biete ich auch Speisen an, die den Wein noch einmal in einem anderen Licht erscheinen lassen. Und jeder Gast hat natürlich die Möglichkeit, meine Auswahl für sich zu akzeptieren oder sich an dem einen oder anderen Vorschlag nicht zu beteiligen. Und wenn ich nun noch hinreichend zurückhaltend mit meinem Angebot bin (ein Kurzzeitberater würde sagen: Wenn ich nicht mehr tue, als nötig ist), dann kann ein solcher Abend gelingen. Diese Zurückhaltung bezieht sich natürlich auch auf meine Wertungen und die Darstellung meiner Vorlieben, d. h. auch darauf, wie groß meine Redeanteile an dem Abend sind.

Was ist ein guter Coach? Und ein guter Wein?

Zur Beantwortung dieser Fragen mag es allgemeine Qualitätsüberlegungen geben – aber auch subjektive, den eigenen Bedürfnissen und Vorlieben entsprechende. Ein wichtiges Kriterium ist unser Eindruck darüber, ob der Winzer bzw. der Coach »sein Handwerk versteht«. Es ist die Frage nach der Professionalität. Während man den Eindruck hat, dass in den USA, wo das Coaching ja seinen Ausgang genommen hat, eher die Frage im Vordergrund steht: »Was kann der Coach?«, stellt sich bei uns zunächst die Frage: »Was hat der Coach für eine Ausbildung?« Auch bei uns war im Mittelalter ein »Professor« eher einer, der für eine bestimmte Meinung, Überzeugung, »Berufung« und für besondere Fähigkeiten einstand (von lat. *profiteri*), heute ist ein Professor jemand, der – sicherlich aufgrund seiner speziellen Fähigkeiten und Motivation – eine bestimmte akademische Karriere durchlaufen hat, die sich inzwischen auch nach europäisch vergleichbaren Qualitätskriterien (EQR)[4] einstufen lässt und das Berufsbild umschreibt. Und so meint »professionell« hierzulande auch ein Qualitätsmerkmal, das sich anhand bestimmter Kriterien beschreiben lässt.

Zu diesen Kriterien, wann man von einer bestimmten Profession bzw. von professionell spricht, gehören:

- Es gibt einen bestimmten verbindlichen Wissensbestand z. B. über die Tätigkeitsmerkmale und die erforderlichen Kompetenzen der Berufsausübenden. Dieser manifestiert sich günstigstenfalls in einer gemeinsamen Theorie über eine Praxis, die unterschiedlichen Theorien zur Art der Berufsausübung noch genügend Platz lässt.

---

4 Europäischer Qualitätsrahmen für lebenslanges Lernen.

- Es gibt – zumeist staatlich geregelte – Aus- und Weiterbildungsvorschriften, die in Curricula transparent nachvollziehbar und überprüfbar sind.
- Auf dem Wege zur Professionalisierung arbeiten die damit befassten Institutionen auf ein Leistungsmonopol hin. Nur derjenige, der die genannten Voraussetzungen erfüllt, darf entsprechend tätig sein.
- Die Nachfrage einer Profession wird durch ein allgemein anerkanntes gesellschaftliches Bedürfnis bestimmt, das im gesamtgesellschaftlichen, staatlichen Kontext durch ein Mandat zur Berufsausübung festgelegt ist (vgl. hierzu auch Migge 2011, S. 19).

Die Psychotherapeuten haben in der Auseinandersetzung mit dem Heilpraktikergesetz die Schritte zur Professionalisierung vorangebracht. Die Winzer haben allgemeine Berufsqualifikationen von der Meisterprüfung bis hin zum Önologiestudium mit Bachelor- und Masterstudiengängen, die sich den europäischen Qualitätskriterien EQR und DQR[5] vergleichbar zuordnen lassen. Die Beratungsverbände, zunächst die der Berufsberatung, sind auf einem guten Weg zur Professionalisierung (vgl. die Bemühungen der DGfB). Und auch die Coachingverbände (z. B. der RTC[6]) diskutieren die nächsten Schritte eingehend.

Was hier verhandelt wird, sind zunächst die notwendigen allgemeinen Ausbildungs- bzw. Ausbaukriterien. Aber diese bilden zunächst nur einen allgemeinen Rahmen: So, wie es unterschiedlich sorgfältige und (kosten)intensive Produktionsprozesse beim Wein gibt, finden wir auch sehr unterschiedliche Ausbildungsgänge auf dem Weg zum professionellen Coach. Die Einigung auf einige grundlegende Qualitätskriterien tut not, wie man den Bestrebungen der Dachverbände des Coachings entnehmen kann. Andererseits sollte darauf geachtet werden, dass durch solche Vorgaben unterschiedliche Angebote – die Innovation, Fragestellung, Kontext und Andersartigkeit repräsentieren – nicht nivelliert werden.

Steht man dem umfangreichen Angebot also hilflos gegenüber?

5 Deutscher Qualifikationsrahmen.

6 Roundtable Coaching e. V.

Was wären Kriterien, die uns helfen, Enttäuschungen zu vermeiden?

Das Problem beginnt ja schon im Vorfeld: Woran erkenne ich einen guten Winzer bzw. einen guten Coach? Der Önologe mit einem Masterstudiengang (EQR 8) macht ja nicht kraft seiner Ausbildung einen besseren Wein als der Winzermeister (EQR 6). Wie praxisrelevant und hilfreich bei der Qualitätssicherung und -steigerung sind denn die einzelnen Ausbildungsgänge? Auch dies wird Gegenstand wissenschaftlicher Forschung in den einzelnen Professionen sein, aber derjenige, der vor einem Weinregal oder dem Klingelschild eines Coachs steht, wird deren Befunde nur selten als hilfreich ansehen.

Es liegt nahe anzunehmen, dass diese Beurteilung mit meinen Erwartungen zu tun hat. Und die lassen sich wie bei einer guten Auftragsklärung anhand der »vier großen A« konkretisieren:

1. Was ist der **A**nlass?
2. Was ist das **A**nliegen?
3. Was ist das **A**ngebot?
4. Was ist der **A**uftrag?

Auf dem Weg zur Weinverkostung ist der Anlass wie im richtigen Leben zumeist unterschiedlich: Suche ich einen Wein zum abendlichen Kerzendinner? Will ich mich besaufen, wenn ich zum erstgenannten Ereignis eine Absage erhalten habe? Will ich mit Gleichgesinnten eine herausfordernde Weinprobe veranstalten oder suche ich zur abendlichen Lektüre auf dem Balkon einen unkomplizierten Sommerwein?

Wenn es denn stimmt, dass die menschliche Spezies sich u. a. dadurch auszeichnet, dass sie ständig auf der Suche nach neuen Erfahrungen ist, wird man sich am ehesten bei einem Weinhändler seines Vertrauens einfinden, der je nach Anliegen maßgeschneiderte Angebote macht – vielleicht auch die von ihm gewählten Beschränkungen aufzeigt, dass er z. B. aus guten Gründen keine Besäufnisweine im Sortiment hat.

Es gilt jedoch vor allem, dass der Anlass sehr stark mit unseren Erwartungen verknüpft ist (die sind es ja auch, die enttäuscht werden können). Aber ein guter Weinhändler wird die Auswahl als

Co-Konstruktionsprozess begreifen, in dem er Erwartung, Anlass und Anliegen auf dem Hintergrund seiner Expertise und seines Angebots reflektiert. Möglicherweise wird das Anliegen spezifiziert und unmerklich modifiziert, und dieser Prozess wird einen Einfluss darauf haben, ob der Wein in der nachfolgenden Verkostung als gut, d. h. angemessen und zielführend erlebt wird.

Natürlich kann ich diese »probatorische Sitzung« auch umgehen und direkt als selbst ernannter Weinkenner aus den Regalen des Supermarkts eine Auswahl treffen. Inzwischen gibt es hier unendlich viele verschiedene Weine, und ich treffe häufig Bekannte, die mir mit leuchtenden Augen berichten, dass sie dort beispielsweise einen Merlot gefunden hätten, der dem von mir neulich präsentierten, doch etwas tanninhaltigen Wein deutlich überlegen sei – und der sie nun, da sie sich reichlich damit eingedeckt hätten, als täglicher Weingenuss begleiten würde. Die leuchtenden Augen meines Gegenübers halten mich dann zumeist davon ab, dieses Gespräch fortzusetzen. Das liegt zum einen daran, dass ich mein Sendungsbewusstsein und meine Besserwisserei in Bezug auf Wein nach Aussagen meiner Frau doch etwas zügeln sollte. Zum anderen habe ich beim Coaching gelernt, dass (abstruse) Ideen leichter der Selbstreflexion zugänglich sind, wenn man sie nicht ständig kommentiert, sondern unwidersprochen im Raum stehen lässt. Und wenn diese arrogante Haltung für mein Selbstwertgefühl noch nicht ausreicht, denke ich an eine Aussage der Sommeliere und Weinautorin Paula Bosch:

> »*Solche Massenweine, die sich überall in den Regalen großer Handelsketten finden, muss es selbstverständlich auch geben. Allerdings haben sie mit einem komplexen, nachhaltigen Geschmackserlebnis ebenso wenig gemein wie ›Scheibletten‹ mit einem handgeschöpften Rohmilchkäse aus den Vogesen. Massenfertigung ist nun einmal das Synonym für Uniformität, und das beantwortet auch die Frage, was eigentlich von ›Aldi‹-Weinen zu halten ist*« *(Bosch 2001, S. 80).*

Obwohl: Die Supermarktketten bieten heutzutage, vornehmlich in Frankreich, zunehmend anspruchsvollere Käsesortiments an. Dennoch, wer nicht vornehmlich nach eingeschweißten Käsescheiben sucht, sollte in den Vogesen über die Route des Cretes fahren und vor Ort, bei einem Glas Riesling oder Gewürztraminer den dortigen Bargkass probieren. Bei »Lidl France« wird man ihn wahrscheinlich jetzt, 20 Jahre nach Boschs Aussage, ebenfalls vorfinden.

Was also ist ein guter Wein? Neben den Kriterien, dass er frei von offensichtlichen Geschmacksbeeinträchtigungen (Weinfehlern) sein sollte, ist ein guter Wein wohl einer, der Anlass, Anliegen und Erwartungen entspricht. Auch hier gibt es wohl kein richtig oder falsch (sogar über Weinfehler lässt sich trefflich streiten, s. u.), sondern ein angemessen bzw. viabel. Ein guter Wein wäre demnach ein Wein, der dem Anlass und den Anliegen genügt.

Aber ist gut dann nicht nur genügend? Gibt es auch Kriterien, die einen sehr guten Wein ausmachen? Hierzu eine kleine Achtsamkeitsübung (so nennt man das gegenwärtig) mit unterschiedlichen Käsesorten:

Stellen Sie sich vor, Sie hätten die oben zitierten Käsescheiben aus der Plastikfolie befreit und neben ein Stück Rohmilchkäse, z. B. einen mittelalten Comté, gelegt. Sie können, wenn Sie wollen, die Augen schließen und an beiden Käsesorten riechen. Welchen Unterschied nehmen Sie wahr? Beide Käse riechen nicht schlecht, aber die Komplexität der Geruchswahrnehmung – nicht nur die Intensität, sondern die Vielfalt der Geruchsempfindungen – dürfte für den Rohmilchkäse sprechen. Genießen Sie die Vielfalt, und ich bin sicher, Sie haben zunächst das Bedürfnis, den Comté in den Mund zu stecken. Sie kauen darauf herum, behalten ihn im Mund und spüren mit all Ihren zur Verfügung stehenden Rezeptoren ein Bouquet an Sinneseindrücken, die sich zu verändern scheinen, die einladen, von einer Geschmacksnuance zur anderen zu wandern. Sie werden Assoziationen haben, Sie müssen diese nicht unbedingt benennen. Genießen Sie weiterhin die unterschiedliche Vielfalt und das sich einstellende harmonische Erlebnis.

Und nun, wenn Sie mögen, schlucken Sie den Käsebissen herunter, spüren Sie dem Abgang und dem nachhaltigen verbleibenden Geschmack im Munde nach. Wo überall spüren Sie noch etwas: Genießen Sie diese Erfahrung, solange Sie mögen, und kommen Sie dann, ganz in Ihrem Tempo, hierhin zu uns zurück.

Natürlich hätten Sie diese Erfahrung auch mit den Käsescheiben beginnen können, wenn Sie hätten vergleichen wollen. Es wäre sicherlich ein Unterschied, ob Sie - im Vergleich - die Scheibletten vor oder nach dem Comté probieren. Im ersteren Falle hätten die Käsescheiben noch eine gewisse Chance.

Das Besondere an solchen Achtsamkeitsübungen ist, dass mit zunehmender Übung die Sinne geschärft und immer mehr Nuancen wahrgenommen werden. Es ist also wichtig, dass Sie sich auf eine solche Erfahrung einlassen wollen: Sie sind es, der zum Experten für bestimmte Genüsse und Sinneswahrnehmungen wird. Nicht jeder will das, und das ist auch in Ordnung: Wenn Sie sich betrinken wollen, wenn Sie einen »leichten« Rosé zum Piquenique mitnehmen wollen, möchten Sie sich zumeist gar nicht auf obige Geschmackserlebnisse einlassen. Sie fokussieren vielleicht lieber auf Ihren Weltschmerz oder auf die Sie umgebende Natur, und der Wein ist Ihr treuer Begleiter. Das ist in Ordnung.

Aber vielleicht möchten Sie auch einmal der Qualität von Wein nachspüren und Ihre Weinkennerschaft nicht nur dadurch erweitern, dass Sie Etiketten und Jahrgänge mit den dazugehörenden Beschreibungen sammeln.

Guter Wein enthält unendlich viele Geschmacksnuancen, welche durch unterschiedliche Inhaltsstoffe und Ausbauprozesse entstehen (s. u.). Weinkenner sind der Überzeugung, deren wahrgenommene Qualität als Kriterium für guten und sehr guten Wein zu nehmen. Je mehr Sie im Mund an Komplexität und Vielfalt wahrnehmen, die tunlichst zu einem harmonischen Blumenstrauß geordnet werden kann, desto »größer« ist der Wein. Und dazu gehört auch, wie lange er uns in angenehmer Erinnerung bleibt – zunächst, wie lang der Abgang ist. Ein guter Wein ist nicht einfach weg, wenn er den Mund verlässt. Wenn wir ihn hinunterschlucken, spüren wir am Gaumen das, was der Franzose mit *caudalie* (von lateinisch *cauda* = »der Schweif«) bezeichnet. Die Länge des Schweifs, das heißt die Zeitdauer des Nachklangs (eine *caudalie* entspricht einer Sekunde), ist ein Qualitätskriterium. Die meisten Weine schaffen keine 20 Sekunden. Wenn Sie 60 und mehr *caudalies* zählen, sind Sie in ihrer Weinwahl ein Glückspilz gewesen, und ich hoffe, Sie haben den Wein nicht selber gekauft, sondern wurden dazu eingeladen. Und natürlich ist ein subjektiv großer Wein häufig einer, der, unter welchen (auch Kontext-)Bedingungen auch immer, nach Jahren noch in der Erinnerung als rundes, einmaliges Geschmackserlebnis auftaucht. So der 1966er Chambolle-Musigny, den ich vor Jahren probierte und dessen Verkostungsanlass ich hier nicht weiter ausführen möchte.

Und was ist nun ein guter Coach? Wo und wie entwickelt sich in einem Erstgespräch dieses runde Gefühl nach Komplexität, Vielschichtigkeit und Harmonie?

Neben der Erfüllung bestimmter Qualitätskriterien, die die Ausbildung und professionelle Haltung bestimmen, richtet sich die Beurteilung ebenfalls nach den Kriterien der Angemessenheit: Inwieweit kann ein Coach meinen Anlässen und den co-konstruktiv gefundenen Anliegen entsprechen? Inwieweit kann ich nach einer möglichen probatorischen Sitzung feststellen, ob er in der Lage ist, mit mir gemeinsam meine Neugier und Zuversicht auf Veränderung zu stärken, mich zu motivieren und mich auf neue Erfahrungen einzulassen?

Und die Erwartungen und Anliegen sind sehr unterschiedlich. Auch hier gibt es Ratsuchende, die Scheibletten bevorzugen und in den Illustrierten oder Bahnhofsbuchhandlungen nach Coachingtipps in Form gedruckter Ratgeber suchen. Es gibt auch Suchende, die im Sinne bunter und interessanter Weinetiketten (sieht der Coach aus wie George Clooney oder Julia Roberts? Oder ist er ein Motivationsspeaker wie Bruce Willis?) sehr zufrieden sind oder sich sicher fühlen, wenn sie die angesagten Gurus kontaktieren dürfen wie bei einer ehrfürchtigen Begegnung mit hoch klassifizierten Châteaux aus dem Bordeaux. Und das sind, wie die Therapieforschung zeigt, relevante Kriterien. Eine vertrauensvolle und zuversichtliche Beziehung erklärt ein gehöriges Maß an Veränderungsvarianz, welches den Einfluss der durchgeführten Methoden deutlich übertrifft. Erste, etwas überschwängliche Studien lagen bei ca. 30 %, neuere Befunde zeigen einen Varianzanteil von 5–12 % für diesen sogenannten Beziehungsaspekt. Das scheint auf den ersten Blick nicht viel zu sein, und dieser Anteil erklärt eben nicht alles. Aber auch die spezifischen »therapeutischen« Interventionen bewegen sich »nur« in einem

Prozentsatz von 1–15 % der Erfolgsvarianz. Bedeutsamer zeigen sich demgegenüber die Varianzanteile für die Persönlichkeitsmerkmale der Klienten (ca. 30 %) sowie außertherapeutische kontextuelle Faktoren von bis zu 47 % (z. B. Norcross a. Lambert 2011).

Es gibt Hinweise darauf, dass auch in Beratungssituationen von ähnlichen Anteilen auszugehen ist. Von daher dürfte ein kontextueller Ansatz, der im Sinne systemischen Denkens die Wechselwirkungen der Variablen berücksichtigt, eine angemessene Vorgehensweise sein. Die Veränderungsmotivation beispielsweise – die Lust auf Neues und das Zutrauen in das Andere – kann im Coachingprozess durch zielgerichtete Interventionen angeregt werden – vorausgesetzt, es gelingt, diese mit den bisherigen Erfahrungen, den Ressourcen und bisherigen Lösungsversuchen der Klienten angemessen zu verbinden. Und je authentischer und in der Klientenwahrnehmung kompetenter ein Coach zu einer anregenden Veränderungsbereitschaft beiträgt, desto erfolgversprechender scheint der gemeinsame Coachingprozess zu sein.

Und was bedeuten diese Überlegungen für die Weinverkostung? Vielleicht bewegen sich auch die Varianzanteile für das Geschmackserlebnis, die wir an objektiven Merkmalen des Weins festmachen können, nur im mittleren Bereich. Empfehlungen, Persönlichkeitsvariablen und der soziale Kontext mögen ebenfalls nicht unerheblich zur Gesamtvarianz beitragen. Und so kommt es, dass, wie Tante Klara schon damals betonte, »Geschmäcker eben verschieden sind«. Es gibt einige, die einen moussierenden Lambrusco mögen, andere bevorzugen auch Lambrusco, aber den anderen. Ich kenne Leute, die vor allem auf den Wein von Günther Jauch bei Aldi schwören, andere wiederum beißen gerne in tanninige junge Bordeaux, vor allem wenn »Châteaux« auf dem Etikett steht. Und wenn man nun als Gastgeber zu einer Weinprobe einlädt, die bei den Gästen Lust auf Neues wecken soll, dann sollte man zum einen authentisch die Auswahl begründen – z. B. mit einer kleinen Geschichte, wie man zu dem Wein sehr persönlich in Kontakt gekommen ist –, zum anderen dies aber immer mit den Erfahrungen und Vorlieben seiner Gäste verknüpfen, um die Lust, sich auf etwas Neues einzulassen, nicht zu riskant werden zu lassen.

Die Grundannahme ist: Lust auf etwas Neues ist ein zutiefst menschliches Bedürfnis. In typischen Beratungssituationen ist sie häufig aufgrund der geschilderten Problemsituation blockiert, Widerstände bei Weintrinkern sind auch nicht selten. Oftmals kann man jedoch deutlich machen, dass ein Widerstand gegenüber neuen Erfahrungen (»Das haben wir schon immer so gemacht«, »Bei dem Wein wissen wir, was wir haben«) um einiges anstrengender ist, als sich auf Neues einzulassen. Nur darf man die Einladung zu neuen Erfahrungen nicht besserwisserisch und apodiktisch ankündigen. Man wird ein gemeinsames erfolgreiches neues Erlebnis am ehesten erreichen, wenn man neben dem Kontext weitere Grundbedürfnisse seiner Mitmenschen berücksichtigt: das Bedürfnis nach Kompetenzerleben, das nach Autonomie und Individualität sowie das Bedürfnis nach sozialem Eingebundensein (vgl. Deci u. Ryan 1993; Grawe, Donati u. Bernauer 1994). Ach – beinahe hätte ich ein zentrales Bedürfnis vergessen: das nach Lustgewinn und Unlustvermeidung (Epstein 1993). Schließlich soll das Ganze ja auch Spaß machen.

Bei der Beratung und beim Coaching gelingt es mir schon recht gut, diese Variablen einzubeziehen. Bei den Weinverkostungen scheitere ich häufig daran – und meine Frau erklärt mir dann im Nachhinein: »Du hättest nicht so viel über dich und deinen Wein erzählen sollen, deine Gäste wollten lieber probieren und auch mal über ihre Eindrücke und Erfahrungen mit ähnlichen Weinen berichten. Du hättest Fragen stellen sollen und nicht Antworten geben.«

Sicherlich ist eine angemessen zurückhaltende Kommunikation Teil der Ausbildung von Weinverkäufern und Sommeliers. Aber gibt es eigentlich Supervisionen für sendungsbewusste, aber unglückliche Weingastgeber?

Wie teuer darf ein Wein sein? Was darf Coaching kosten?

»Es gibt keine teuren Weine, nur schlechte«, pflegte Tante Klara zu sagen. Diese Aussage könnte man auch so verstehen, dass gute Weine in nahezu allen Preiskategorien auftauchen können. Wenn wir unsere Überlegungen des vorigen Kapitels über die Definition guter Weine einbeziehen, ist dies nachvollziehbar.

Die Frage lässt sich auch so spezifizieren: Kann ich vom Preis eines Weines etwas über dessen Qualität erfahren? Ja und nein: Es wird Untergrenzen geben, die keinen seriösen Produktionsprozess vermuten lassen. Ausnahmen hiervon deuten auf einen ruinösen Preiskampf im Verkauf zulasten des Winzers und der Arbeitskraft von Erntehelfern hin. Nach meinen Erfahrungen kostet eine Glasflasche mit Korken und Etikett ca. 0,75 €, dann muss ja noch abgefüllt und verpackt werden, Erntehelfer, Düngemittel, Werbung, Produktionsstätten, Steuern kosten ein Übriges, sodass ich die gesamten Produktionskosten mal mit mindestens 3,50 € veranschlagen würde. Ein 5 €-Wein ist demnach kein großer Gewinn für den Erzeuger, der zum Teil wahrscheinlich dann durch EU-Subventionen kompensiert wird. Es gibt Hochrechnungen anderer Autoren, die für anspruchsvolle Weine von einem Selbstkostenpreis von ca. 15 € ausgehen.

Darüber hinaus wird ein sorgfältiger Ausbau des Weines je nach Qualität auch noch kostenintensiver sein: Die Beschäftigung eines Önologen, die Auswahl qualitativ hochwertiger Holzfässer, die Umstellung auf biologische Anbauweise usw. sind weitere Faktoren, die zur Preissteigerung beitragen. All diese Überlegungen lassen mich zu dem Schluss kommen: Ein nach den Regeln der Kunst, d. h. unter Berücksichtigung nicht nur sorgfältiger, sondern auch gediegener Ausbaumethoden produzierter Wein lässt eine vertretbare Obergrenze von ca. 35 € erkennen. Für diesen Preis kann man einen interessanten und individuell bemerkenswerten Wein herstellen. Natürlich kann man auch für 7 oder 10 € hervorragende, ansprechende Weine finden.

Weinproben zeigen aber häufig, dass solche Weine uniform und gefällig, aber austauschbar sind. Sie sind von guter Qualität, entsprechen weitestgehend einem gepflegten Publikumsgeschmack. Sie sind Wein, wie er sein sollte, aber häufig nicht, wie er sein könnte. Aber es gibt – der Wein ist ein höchst lebendiger Organismus – auch Ausnahmen.

Ist dann nun alles, was über 35 € kostet, überzogen und nur den großen Namen geschuldet? Nicht unbedingt. Auf der Suche nach gehobenen Käuferschichten haben einige Weingüter versucht, ihre Weine noch interessanter auszubauen. Das betrifft zum einen die aufwändige Selektion der Trauben, z. B. beim Château d'Yquem. Ferner wurden u. a. Weinbau-Spezialisten angeheuert, die individuelle und raffinierte Weine kreierten und sich dafür natürlich auch gut bezahlen ließen. Als Urahn dieser Tradition kann der »Weinbau-Guru« Giacomo Tachis gelten, der vor über 50 Jahren für das Weingut Antinori den Sassicaia schuf – zu einer Zeit, als der andere Kultwein der Toscana, der Brunello di Montalcino, zu einem edlen Geheimtipp der aufstrebenden Toscana-Fraktion wurde (und eine Menge durchschnittlichen Wein gleichen Namens nach sich zog). Die Erfolgsgeschichte solcher Weine war legendär, solange die Individualität und nahezu künstlerisch gestaltete Eigenart aufrechterhalten werden konnte.

Bei all den Preissteigerungen: Die Chance, einen außergewöhnlichen Wein für 20–35 € zu erwerben, ist groß. In diesem Preissegment können Spitzenwinzer mit der nötigen Ausstattung bemerkenswerte Weine herstellen. Und das sind nicht nur die großen Namen. Es gibt unzählige *vin de garage* – von kleinen Weingütern und Tüftlern hergestellte Garagenweine – die großartig sind und den Kreativ-Nimbus der Napa-Valley-Garagen fortsetzen. Auf der anderen Seite gibt es noch die großen Namen, die dann aber auch mitbezahlt werden.

Tante Klara würde sagen: »Es ist noch kein Meister vom Himmel gefallen.« Eine gediegene Ausbildung kostet etwas, aber sie zahlt sich auch aus. Tante Klara war einem guten Tropfen gegenüber nicht abgeneigt. Gegen Ende ihres Lebens wollte sie aber gesünder leben und sprach gut und gerne dem Melissengeist zu. Die Erfahrung und die gesundheitlichen Versprechungen der Klosterfrauen begleiteten sie bis zum Schluss.

Wie sieht es nun bei den Coachs aus? Auch hier dürfte kein Meister vom Himmel gefallen sein, aber auch hier gibt es neben den Garagen-Coachs noch diejenigen, die einen gesteigerten Werbeaufwand und ein gediegenes Ambiente in ihre Gehaltsvorstellungen einpreisen und ihren Status als Gurus versilbern möchten.

Sprechen wir also von den Coachs, die eine gediegene Ausbildung und eine professionelle Anbindung an qualitätssichernde

Berufsverbände haben. Wie lassen sich hier die Scheibletten von den würzigen Comtés und Tome de Pyrenées abgrenzen?

Noch haben die Anzahl der Coachs nicht die Anzahl der Weingüter und die unterschiedlichen Coachingprofile nicht die Anzahl französischer Käsesorten erreicht, aber wenn die Ausbildungsangebote in gleichem Maße wachsen, wird sich das Verhältnis bald umdrehen. Einige befürchten sogar, dass bei dem gegenwärtigen exponentiellen Anwachsen des Marktes in einigen Jahren mehr Coachs als Einwohner vorzufinden sind. (Wein ist demgegenüber eine schneller verderbliche Ware, auch wenn die häufig zitierten Weinseen hier einiges befürchten lassen.)

Auch auf dem Coaching-Markt sind die Preisvorstellungen sehr unterschiedlich. Kolportiert wurden im Jahre 2015 Tageshonorare von durchschnittlich 1.200 €, bei einer Spanne von 180 € bis 15.000 € (deHaan 2015). In einer kürzlich durchgeführten Untersuchung, bei der geschulte, berufserfahrene Testkäufer im Rhein-Main-Kreis bei 794 Coachs anonym nach dem Preis für eine private Coachingstunde nachfragten (Maurer 2020), ergaben sich Preisspannen von 45 € bis 446 €. 57,4 % der Coachs verlangten Honorare zwischen 51 € und 150 € für 1 Stunde, lediglich 2,3 % ließen sich die Sitzung mit mehr als 250 € vergüten. Die Preissteigerung in den letzten 4 Jahren lag bei 18,9 %, d. h. einem jährlichen Zuwachs von 4,7 %. Alle befragten Coachs gehörten überregionalen Coachingverbänden an, 88,4 % davon den Verbänden, die dem qualitätsorientierten Round Table der Coachingverbände (RTC) angeschlossen waren.

Nun ist es schwierig, die Aus- und Weiterbildungskosten der Coachs in ein vergleichbares Verhältnis zu setzen, da diese bei den ca. 300 Weiterbildungseinrichtungen in unserem Sprachraum zwischen ca. 300 € und 17.000 € liegen und demgemäß die fachlichen Voraussetzungen und Anforderungen sehr unterschiedlich sind.

Rechnen wir aber einmal die Ausbildungs- und Nebenkosten, ähnlich wie bei unserer Wein(mädchen)rechnung, mit ein, dürfte das in der Untersuchung festgestellte durchschnittliche Honorar von ca. 130 € inkl. MwSt. angemessen sein. Das wäre – analog zum Wein zu 35 € – etwa das anzupeilende Coachinghonorar ohne Kreativ- und Guru-Zulage.

Aber wie in der Weinbranche ist der geforderte Preis auch hier von anderen Bedingungen abhängig. Auch hier sind Angebot und Nachfrage, das vermutete Renommée sowie weitere Faktoren von Bedeutung.

Da ist zum einen die Feldkompetenz: Je nach Fragestellung sind im Coaching – eher als in allgemeinen prozessorientierten Beratungen – die jeweiligen Vorkenntnisse gefragt. Im Sportcoaching wird wie beim Training eine erfolgreiche Karriere des Coachs in der jeweiligen Sportart die finanziellen Vorstellungen beeinflussen. Im Persönlichkeitscoaching dürfte auf die Feldkompetenz in psychologischen oder psychotherapeutischen Feldern geachtet werden. Wenn ein Frisurencoach Prominente berät, nehmen wir als Beispiel die Bundeskanzlerin, dann erhöht sich dadurch die finanzielle Attraktivität des Urhebers, vor allem, wenn – wie in unserem Beispiel – deutlich sichtbar ist, wie erfolgreich das Coaching war. Der Erfolg mag auch noch auf die direkten Schüler des Meisters abstrahlen. Und die Strahlkraft der Meisterschüler finden wir auch in den »Master«-Auszeichnungen in aufbauenden Weiterbildungen wieder. Oftmals ist es wie bei den alten Weingütern: Wenn einmal der große Name etabliert ist, dann werden auch einige Rückschläge und Fehlentwicklungen nur langsam die Nachfrage zurechtrücken. Auch bei einigen Guru-Coachs hat sich gezeigt, dass die von ihnen behaupteten Qualifikationen eher den eigenen Wunschvorstellungen als den tatsächlich erbrachten Vorleistungen entsprachen. Geschadet hat es ihnen nicht, weil sie u. a. von einem System gestützt wurden, das der Maxime huldigt: Nichts ist so erfolgreich wie der Erfolg. Und das ist einer der wenigen Fälle, wo Tante Klaras Sprüche mal nicht zutrafen. Bei gegebenem Anlass pflegte sie zu sagen: »Es ist noch kein Meister vom Himmel gefallen, aber schon mancher vom Gerüst.«

Fassen wir zusammen. Ein herausragender Wein kann für ca. 35 € produziert werden, von einer Coaching-Stunde zu ca. 130 € kann man eine qualifizierte Beratung erwarten.

Höhere Preisvorstellungen können in beiden Bereichen zu außergewöhnlichen Erfahrungen führen, und vielleicht sollte man sich mal auf das Abenteuer einlassen, sich im oberen Preissegment zu bewegen. Meine bisherigen Erfahrungen waren eher ernüchternd. Einmal hätte es beinahe geklappt, als wir uns mit Freunden zum Jahrtausendwechsel eine Flasche Château d'Yquem Jahrgang 1970 gönnen wollten. Alle schwärmten von dem Geschmackserlebnis. Nur ich schmeckte wegen einer starken Erkältung so gut wie gar nichts und konnte nur gläubig zuhören

Wie alt darf ein Wein sein? Und wie alt ein Coach?

Sollte es sich bewahrheiten, dass in unserer Gesellschaft die leistungsoptimierte Jugend den Erfahrungen und der Abgeklärtheit des Alters vorgezogen wird, dann ist die Entwicklung im Weinsektor deren Spiegelbild. Weine werden eher für den frühen Verbrauch produziert. Den Vorstellungen alter Weinhasen, sich von edelfirnen und ausgereiften Weinen begeistern zu lassen, begegnet man zunehmend mit Unverständnis. Und die tagtäglichen Erfahrungen bestätigen diese Erkenntnis. Einige Weinliebhaber haben sich vor Jahren einen Weinkeller angelegt, Geburtsjahrgänge und Weine für bestimmte Gelegenheiten zurückgelegt und müssen nun feststellen, dass diese Weine leider ihre besten Jahre im Keller zugebracht haben. Die ursprünglich violett-rote Farbe präsentiert sich in einem undurchsichtigen Braun, der Wein schmeckt schal, nach Frucht oder Säure sucht man vergebens.

In der Tat gibt es Weine, die für einen alsbaldigen Verbrauch produziert werden, und Weine, die auch heute noch tunlichst gelagert werden sollten. Die Lagerfähigkeit hängt von verschiedenen Faktoren ab, z. B. von den Rebsorten oder der Art des Ausbaus. Wein ist ein lebender Organismus, und auch in der Flasche verändert sich die Qualität in die eine oder andere Richtung. Säuren und Tannine werden abgebaut, einige Rebsorten (z. B. Cabernet Sauvignon und Mourvedre) scheinen ihr volles Potenzial erst in der Flasche zu entfalten. Das einzigartige Zusammenspiel von Säuren, Alkohol, Luftzufuhr, Schwefel und unterschiedlichen anderen natürlichen Inhaltsstoffen lässt Weine reifen und führt bisweilen erst nach Jahren zu einem optimalen Genuss. Weine werden dadurch komplexer, bauen Ecken und Kanten ab und entwickeln Aromen, die zu grandiosen Geschmackserlebnissen führen können. Weinkenner behaupten, dass ganz große Weine ihr Potenzial und ihre Komplexität auch schon in der Jugend erkennen lassen.

Analogien zur menschlichen Entwicklung legen aber nahe, dass je nach »Reife« sehr unterschiedliche Aromen im Vordergrund stehen können, die primären (fruchtbetonten) Aromen der Jugend, die sekundären (würzigen) des mittleren Lebensalters und die tertiären (balsamischen) Aromen des Vorruhestands mit ihren Anklängen an Waldboden, Unterholz und Leder. Und nicht bei allen läuft die Entwicklung – wie im richtigen Leben – immer glatt und geradlinig. Einige pubertieren früher oder später, beginnen sich wieder zu verschließen, werden sperrig und wenig genießbar, und man tut gut daran, sich mit ihnen auf später zu vertrösten. Aber all das sind Weine, die eine Veranlagung zur Komplexitätsentwicklung mitbringen, und auch hier gilt Tante Klaras Maxime: »Man ist immer so alt, wie man sich fühlt.«

Ich habe es auch damals schon so verstanden, dass es weniger auf das chronologische Alter als vielmehr auf das biologische und psychologische Alter ankommt. Sicher gehört zum biologischen Alter auch die genetische Grundausstattung in ihrem Wechselspiel mit Umweltbedingungen. Auch bei den Weinen gibt es Exemplare, die ihr Potenzial in der Jugend, und andere, die es erst im reifen Alter entfalten. Und es gibt ganz große Beispiele, gewissermaßen die Goethes und Beethovens unter den Weinen, die auf jeder Altersstufe eine gewaltige Komplexität erkennen lassen und die man, je nach Vorlieben und Stimmung, auf unterschiedlichen Stufen genießen kann.

Dennoch gilt: Angebot und Nachfrage im Spiegel unserer gesellschaftlichen Vorstellungen haben dazu geführt, dass gegenwärtig mehr Weine produziert werden, die schon in der Jugend ihr volles Potenzial entfalten und denen man im Alter nichts sehnlicher wünscht, als dass sie baldmöglichst in den wohlverdienten vorgezogenen Ruhestand gehen.

Da viele Weine jedoch nach der Abfüllung in einen schockähnlichen Ruhezustand verfallen, empfiehlt es sich, die meisten zumindest ein paar Monate liegen zu lassen. Es ist wie bei einer zu flotten Geburt, bei der ein neuer Erdenbürger erst noch eine gewisse Zeit mit einer ausreichenden Sauerstoffsättigung zu kämpfen hat und ein Verbleib auf der Intensivstation zu erwägen ist.

Gibt es aber Kriterien, um beim Erwerb eines Weines dessen Lagerfähigkeit und Entwicklung im Keller vorherzusehen?

Ein burgundischer Winzer hat mir einmal seine Daumenregel verraten:

- Unter der Voraussetzung eines dunklen und genügend feuchten (ca. 60–70 %) Weinkellers, der erschütterungs- und geruchsfrei relativ konstante Temperaturen von 10–16° C bietet, empfiehlt sich folgendes Vorgehen:
- Man öffnet die gekaufte Flasche nach den Regeln der Kunst und probiert ca. 0,1 l.
- Dann verkorkt man die Flasche leicht und stellt sie in den wohltemperierten Keller.
- Am nächsten Tag verfährt man ebenso und prüft die Geschmacksveränderung gegenüber dem Vortag. So verfährt man auch an den Folgetagen, bis man den Eindruck hat, der Höhepunkt des Genusses sei erreicht und werde nun überschritten. Die Anzahl der Tage bis zu diesem Zeitpunkt soll nun der Anzahl der Jahre entsprechen, in denen der gelagerte Wein sich wie verkostet entwickelt.

Meine bisherigen Erfahrungen mit dieser Methode lassen mich annehmen, dass man so zumindest Hinweise darauf bekommt, ob ein Wein über einen überschaubaren Zeitraum hinweg Entwicklungspotenzial hat.

Die Frage, ob nun der junge oder der alte Wein der angemessenere ist, lässt sich also aufgrund der Komplexität der Bedingungen nicht einfach beantworten.

Lässt sich die Frage nach dem optimalen Alter eines Coachs nun leichter und eindeutiger beantworten? Wohl kaum. Auch hier haben wir eine gewisse Tradition und implizite Vorannahmen. Da Erfahrung wohl mit dem Alter korreliert, Feldkompetenzen erst mal erworben werden müssen und die erfolgreich Innovativen zumeist eine längere Odyssee bis zur Anerkennung hinter sich gebracht haben, gehen viele Ratsuchende davon aus, dass Kompetenz etwas mit Alter zu tun hat. Auch die Coachingverbände scheinen, zumindest implizit, dieser Meinung zu sein. Erstrebenswert ist die Ausbildung als »Senior-Coach«, die Anforderungen an eine solche Qualifikation sind zumeist ein Mehr an Praxiserfahrung und zusätzliche, auf die vorherigen Weiterbildungsgänge aufbauende Kriterien. Die bereits oben erwähnte jugendorientierte Leistungsgesellschaft goutiert zwar die jungen, dynamischen Shooting-Stars. Aber es ist wie bei den jungen enthusiastisch aufgebauten Fußballtrainern, die viel kreatives und motivationsförderndes Potenzial mitbringen, bei denen das mehr oder weniger sachkundige Umfeld jedoch mahnend darauf hinweist, doch erst mal die ersten Krisen nach anfänglich euphorischen Erfolgen abzuwarten.

Und doch ist es wie beim Wein: Junge wie alte haben ihre spezifischen »Aromen«, und die Konsumenten haben bestimmte Erwartungen und Anlässe, die nicht allgemein mit der komplexen Strukturiertheit des Gegenübers, die sich ja erst im Alter zu voller Blüte entfaltet, bedient werden können.

Wir hatten bereits gehört, dass bei außergewöhnlichen Weinen diese Komplexität ja auch schon in sehr jungen Jahren aufscheinen kann. Und komplexe Strukturiertheit kann auch zum Selbstzweck werden, wenn etwa der Senior-Coach vor lauter selbstgefälliger Komplexität die ebenso komplexen Bedürfnisse seines Gegenübers gar nicht angemessen wahrnehmen kann.

Andererseits gibt es auch junge Shooting-Stars – ich denke da an einige sogenannte Motivationscoachs, die ihren Mangel an fundiertem Wissen lautstark mit Binsenweisheiten und Bullshit aus dem Esoterikkästchen der Psychologie und Neurowissenschaften kaschieren. Wenn ein Weinkenner einen Wein als laut oder zu laut bezeichnet, dann meint er damit häufig, dass statt Komplexität etwas im Vordergrund steht, das auf den allerersten Blick Aufmerksamkeit erheischt, dann aber die Unausgewogenheit des Gesamtkonzepts sehr schnell deutlich werden lässt.

Auch hier also das Fazit wie beim Wein: Es gibt gute und sehr gute junge wie alte Coachs. Aber neben dem Methodenrepertoire tragen ja nun auch noch andere Variablen zur Veränderungsvarianz bei. Je nach Fragestellung und persönlichen Vorlieben ist eine gelingende Beziehungsgestaltung von sehr vielen Bedingungen abhängig. Erlebte Authentizität und wahrgenommene Empathie, das subjektive Gefühl, dass die wahrgenommene Beziehung tragfähig sein kann, wird nur mittelbar vom Alter beeinflusst.

Vor Jahren machte ich eine Weiterbildung bei Frank Farelly, dem Begründer der provokativen Therapie. Ich war neugierig auf die Workshops, da mir humorvolle Provokationen eine Bereicherung meiner Interventionen versprachen. Zunächst war ich jedoch enttäuscht und fand keinen Bezug zu den Beispielen in den Therapiegesprächen. Bisweilen hatte ich den Eindruck, dass die in die Therapien eingestreuten Provokationen platteste und derbe Witzchen waren, die vielleicht Klienten aus dem mittleren Westen goutierten. Es war nicht mein Humor, und ich war trotz allem überrascht, wie diese Direktheiten bei den »mitteleuropäischen« Klienten zu Veränderungsprozessen führten. Kurz: Ich habe mich nach einiger Zeit aus dieser Art Provokation ausgeklinkt, aber es war auch etwas für mich dabei. Auf meine Frage nach der Qualifikation eines erfolgreichen Therapeuten sagte Farelly (pers. Mitteilung):

> »*Als ich meine grauen Haare bekam, wusste ich, dass ich die zwei wesentlichen Eigenschaften hatte, die einen guten Therapeuten auszeichnen: Die grauen Haare für das würdevolle und die Hämorrhoiden für das sorgenvolle Aussehen.*«

Nun muss eine langjährige sitzende Lebensweise nichts mit Kompetenzsteigerung zu tun haben, Psychotherapie ist ja auch nicht Coaching. Dennoch geistert der etwas unscharfe Begriff der Lebenserfahrung durch die Professionalisierungsdebatten der Coaching-Verbände. Es gibt sogar einen Fachbegriff dafür: die Seniorität (vgl. Migge 2011).

Aber nicht jeder sucht – wie oftmals die Führungselite selbsternannter Weinkenner – die Edelfirne der Großen Gewächse.

Designerwein und Selbstoptimierung

In den USA hat sich die Unterscheidung zwischen Business- und Life-Coaching eingebürgert. Es gibt einige Anzeichen dafür, dass die Anliegen des Business, verbunden mit der Trainermentalität des »höher-weiter-schneller« einen Trend zur Selbstoptimierung eingeläutet haben, der – wie die Fitnesswelle – allen Beschäftigten offen oder unausgesprochen nahelegt, Leistungssteigerung in allen nur denkbaren Bereichen zu praktizieren. Einige Autoren sprechen schon von einer neuen Ersatzreligion – mit den Coachs und Fitnesstrainern als neuen (Hohe-)Priestern (z. B. Linke 2018). Und in der Tat folgen sehr viele mit den leuchtenden Augen der Bekehrten einer versprochenen Win-win-Situation, die dem Individuum und der Firma gleichermaßen zukommen soll. Die Grundbedürfnisse des Menschen nach Kompetenz und Autonomie (Selbstoptimierung) sowie nach sozialer Zugehörigkeit (im Betrieb) scheinen auf ideale Weise getriggert zu werden. Coachs berichten bereits, dass Kursangebote zu Stressabbau, Achtsamkeitsintensivierung und Wellness von den Mitarbeitern nur dann angenommen werden, wenn sie im Gewande der Selbstoptimierung auf der nach oben offenen Coachingskala daherkommen.

Und wie die Merkmale des Business-Coaching (ausgehend von US-amerikanischen Tendenzen) nach und nach in das Life-Coaching übernommen werden, hat die Nachfrage nach Selbstoptimierung nun den gesamten Coachingbereich erreicht. Gesundheitscoaching entfernt sich von einer gesunden Lebensführung wie die Erfüllung im Beruf von der Selbstausbeutung. Lern- und Elterncoaching läuft Gefahr, die unendliche Selbstoptimierung so früh wie möglich zu implantieren. Tante Klaras mit reichlich Entbehrungsgeschichten begleitete Aussage: »Ihr sollt es später einmal besser haben« verändert sich in die implizite Grundannahme: »Es ist nie zu früh, aus unseren Kindern Spitzensportler mit Nobelpreishoffnungen zu machen.«

Nun hat Darwin ja nie behauptet, dass der allseitig Kompetenteste und Tüchtigste die besten Überlebenschancen hat. »Survival of the fittest« bedeutet bekanntermaßen, dass derjenige gute

Zukunftschancen hat, der sich den sich ändernden Umweltbedingungen am ehesten anpassen (*to fit*) kann. Und hiermit ist nicht die wahnwitzige Anpassung an Modetrends gemeint. Und auch nicht das Sich-Versammeln in einer nivellierenden Mitte. Dies wird dankenswerterweise in den Präambeln und Menschenbildannahmen einiger Beratungs- und Coachingverbände reflektiert.

Die Deutsche Gesellschaft für Beratung (DGfB) beispielsweise betont auf ihrem Wege zur Qualitätsentwicklung die reflexive Funktion von Beratung, die nicht nur davon ausgeht, dass der Mensch ein rationales, reflektierendes Wesen ist, sondern dass eine angemessene Beratung auch immer Reflexion der gesellschaftlichen Rahmenbedingungen beinhalten sollte. Verhalten heißt immer, sich in ein Verhältnis setzen zu etwas, und diese Verhältnisse, zu denen auch der Coach und die expliziten und impliziten Auftraggeber gehören, sind naturgemäß Inhalte eines Beratungs- oder Coachinggesprächs.

Und es lohnt sich für den Coach auch, bereits im Vorfeld der Weiterbildung und in der professionellen Supervision die gegenwärtig bevorzugten Konzepte der lösungs-, kompetenz- und ressourcenorientierten Grundannahmen und Methoden zu reflektieren (Illouz 2019). Analytische, behavioristische, nondirektive, humanistische, systemische u. a. Therapiemodelle haben immer auch die jeweiligen gesellschaftlichen Produktionsbedingungen widergespiegelt und bis in pädagogische Konzepte ausgestrahlt. Man könnte vermuten, sie trafen auf eine entsprechend aufnahmebereite und aufgeklärte Gesellschaft. Nun könnte man aber auch darüber spekulieren, ob die Modelle nicht die psychologische Begleitung und Befriedung gesellschaftlicher Konflikte widerspiegelten. Ob Therapeuten wie Coachs nicht aufkommende gesellschaftlich bedingte Konflikte stromlinienförmig handhabbarer machen sollten.

Mainstreaming ist überschaubarer, schränkt aber die Vielfalt menschlicher Darstellungsmöglichkeiten und Ausdrucksformen ungemein ein. Führen die Beihilfen zur Selbstoptimierung mit ihren impliziten Annahmen von vorhersehbaren, optimal designten Persönlichkeiten nicht zu einer Verarmung sozialen Zusammenlebens und unbefriedigter Neugier auf die Vielfalt menschlicher und damit kulturell bedeutsamer Ausdrucksformen?

Wobei wir mit einem conferencemäßigen Übergang schon bei den Designerweinen wären.

Der Ausbau des Weins im Keller ist zumeist die Begleitung eines prinzipiell unvorhersagbaren Ergebnisses, ein nur mittelbar zu beeinflussender Prozess, um die Entwicklung eines lebenden Organismus in einigermaßen geregelten Bahnen zu halten.

Wie schon bei der Erziehung der Reben im Weinberg hat auch der Weinbauer in Analogie zum Pädagogen eine didaktische Struktur, die er – wie ein professioneller Lehrer – praxisorientiert gelernt hat und mit seinem persönlichen Stil und seinen Wahrnehmungen über die bisherige Entwicklung in Einklang bringen will. Wohl dem, der die Vielfalt seiner Zöglinge im Auge behält, er erspart sich viele Enttäuschungen – schon gar, wenn er zunehmend häufiger feststellt, dass seine Schüler im Wesentlichen doch nur das tun, was sie wollen.

Auch hier gilt: Der Wein ist – im Sinne systemischer Denkmodelle (z. B. Maturana und Varela) – ein autopoietisches Wesen, das Informationen von außen zwar aufnimmt, dann aber eigenständig entscheidet, was ihm angemessen erscheint.

Der Winzer sollte also Angebote machen – und das schon ab Beginn der Pflanzung – und den Wein so in seiner Entwicklung begleiten. Der Versuch, ihm über ein strenges Korsett eine bestimmte Entwicklung instruktiv zu verordnen, muss scheitern. Kein zufriedener Pädagoge möchte die Erfahrung mit den Schülern missen, die sich im Rahmen günstiger Lernbedingungen zu individuellen Persönlichkeiten – mit Ecken und Kanten – entwickeln. Und es wäre gut für die Gesellschaft, wenn sie diese Ergebnisse gegenüber einer uniformen Zurichtung auf Numerus-clausus-Kriterien angemessen honorieren würde.

Ohne die Analogie zu pädagogischen Bemühungen allzu sehr strapazieren zu wollen: Auch im Weinbau gibt es natürlich zusätzliche Hilfen bis hin zu »sonderpädagogischen« Maßnahmen, wenn Entwicklungsprozesse aus dem Ruder laufen oder die individuellen Entwicklungspotenziale und Vorschädigungen besondere Maßnahmen nahelegen.

Stets ist der Winzer Lernbegleiter, der Hilfen anbietet, wenn Entwicklungsprozesse nachhaltig gestört erscheinen. Aber auch hier gibt es Kellermeister, die sofort mit massiven Maßnahmen reagieren, um die allgemeinen Geschmackserwartungen zu bedienen, und andere, die Verhaltensstörungen als herausforderndes Verhalten oder als eigenständige Lösungsversuche zugrunde liegender Schwierigkeiten deuten, entsprechend moderat reagieren und neugierig auf den weiteren gemeinsamen Entwicklungsprozess sind.

Zu den besonderen Maßnahmen im Weinbau gehören etwa Kryoextraktion, Umkehr-Osmosen, Crossflow-Filtration oder Vakuumverdampfung, man kann die riskanten Eigenhefen durch Reinzuchthefen ersetzen, man kann auf die traditionelle Maischegärung verzichten. Kein Lehrer wird das Risiko eingehen, vor versammelter Elternschaft einzugestehen, dass er einen ganzen Jahrgang unzureichend auf das Leben vorbereitet hat. Kein Winzer kann es sich erlauben, einen ganzen Jahrgang aus dem Verkehr zu ziehen. Und doch merkt man: Ein solchermaßen geretteter Wein ist trinkbar – manchmal sogar ohne Fehl und Tadel –, wird von vielen aber als langweilig oder ausdrucksarm zurückgewiesen.

Kommen wir noch einmal auf die Optimierungsidee des amerikanischen Business-Coaching zu sprechen. Hier bewegt man sich ja nicht im »unteren« sonderpädagogischen Bereich, hier sollen ja nicht Lerndefizite ausgeglichen werden: Angestrebt wird vielmehr »Hochbegabung« in möglichst vielen Kompetenzbereichen und für möglichst viele. Auch hierzu muss man zunächst einmal eine Analyse der Kompetenzen machen, die dem Anforderungsprofil entsprechen, und dann werden diese verstärkt ausgebaut.

Was Anklänge an die *Schöne neue Welt* hat, findet sich wieder in der Tendenz, Designerweine zu produzieren. Ausgehend von einer Analyse des zahlungskräftigen Publikumsgeschmacks werden Weine in die einzelnen Bestandteile zerlegt, physikalisch und biochemisch bearbeitet und dann wieder optimiert zusammengesetzt. Es ist das Schicksal von Barbiepuppen und Erdbeerjoghurt: So sehen die perfektionierten Produkte aus, und verzweifelte Eltern stellen fest, dass weder andere handgemachte Spielzeuge noch richtige Erdbeeren im Joghurt die Kids von ihren Präferenzen abbringen.

Unter Designerweinen verstehen wir hier also nicht die begradigten, mit sonderpädagogischen Maßnahmen, evtl. sogar mit

Holzspänen statt mit Fassreife ausgebauten Weine. Es sind besonders gestylte Weine, die sich vor allem deswegen als raffiniert bezeichnen lassen, weil sie wie das Rohöl in einer Raffinerie in ihre Bestandteile zerdampft und zerschleudert werden. Der komplexe Ausbauprozess in der Wechselwirkung aus Estern, Terpenen und Pyrazinen wird in die einzelnen Substanzen zerlegt und dann in einer optimalen Abstimmung wieder zusammengefügt. Hinzu kommt nur so viel Alkohol (bis zu 14 %), dass der Wein steuerlich günstig bleibt, nicht zu sehr nach Sprit schmeckt und mit der ebenfalls dosiert zugesetzten Säure optimal harmoniert. Die dazu benötigten Geräte, die »Schleuderkegel-Kolonnen« kosten ein paar Millionen, sie sollen einem Gerücht zufolge den Uran-Isotopen-Schleudern entlehnt worden sein, die man für den Bau von Wasserstoffbomben konzipiert hatte.

Die Eigenschaften eines Weines, die dem gehobenen Weingeschmack entgegenkommen, werden solchermaßen optimiert – besser geht's nicht. Aber auch hier arbeitet man daran, auch diese Optimierung noch weiter zu optimieren.

Ich habe Freunde, auf deren ausgewogenes Weinurteil und Neugier eigentlich Verlass ist, und deren Persönlichkeitsstruktur ich nicht mit der einiger fitnessbewusster Halbmarathonläufer gleichsetze, die von diesen Weinen schwärmen.

Was noch nachzutragen wäre: In der sonderpädagogischen Fachliteratur gibt es den Ausdruck der »erlernten Inkompetenz«: Reaktionen der Umwelt auf eine frühe Diagnose der »Behinderung« – genauer müsste es heißen: einer vermuteten Schädigung – führen dazu, dass die Eigenständigkeit der so bezeichneten Kinder nicht angemessen, weil immer durch eine vermeintliche Schon- und Unterstützungseinstellung beeinträchtigt, gefördert wird und sich so erst zu einer Behinderung auswächst (vgl. Holtz 1994). Hier werden also erst durch das Wirken der relevanten Bezugspersonen Inkompetenzen und Defizite generiert.

Darüber hinaus werden im Mainstream definierte Inkompetenzen auch als solche wahrgenommen, obwohl sie für die Bewältigung von Schwierigkeiten und die Bedürfnisbefriedigung von Individuen häufig die angemessene Reaktion darstellen, um eine befriedigende

Entwicklung zu gewährleisten. Watzlawick und andere haben in der Tradition Milton H. Erickson darauf hingewiesen, dass als Symptome oder Probleme bezeichnete Verhaltensweisen häufig individuelle Problemlösungsversuche kennzeichnen, die es wertzuschätzen und zu unterstützen gilt. Beim Coaching werden diese Ideen bereits berücksichtigt, »Probleme« werden als Hinweise auf individuelle Lösungsversuche gesehen, die vielleicht noch nicht erfolgreich sind, die man aber als Ressourcen unterstützen und zielgerichteter gemeinsam ausrichten kann. Außerdem kann es für das Selbstkonzept und die Selbstwerterhöhung von Individuen äußerst hilfreich sein, dass man von außen definierte Inkompetenzen als kompetente Strategien ansieht, die eigene Entwicklung glaubwürdig und viabel voranzubringen.

Mehr Mut zur Inkompetenz! Wer will mir einreden, dass ich bestimmte Kompetenzen unbedingt brauche? Vielleicht sind Übergewicht und die zu dessen Erhalt bevorzugten Nichtaktivitäten doch gesünder, als uns die Verkäufer von Fitnessuhren nahelegen wollen. Vielleicht sind schweijksche Demonstrationen kognitiver und sozialer Inkompetenz doch überlebenswichtiger als eine bedingungslose Kompetenzorientierung (schon Tante Klara wusste aus Erzählungen ihres Mannes aus dem Kriege 70/71 zu berichten, in denen der Spieß mit der Frage »Wer kann Klavier spielen?« Freiwillige für Sonderkommandos aussuchte).

Fritz Simon hat vor einigen Jahren die Vorzüge eigener Inkompetenzorientierung aufgezeigt (*Simons systemische Kehrwoche*), Gunther Schmidt hat plausible Argumente dafür, Burn-out – wie auch andere Symptome und Probleme im Sinne des Ansatzes von Milton H. Erickson – als kompetente Entwicklung des Organismus anzusehen (Schmidt 2011), die es zu unterstützen gilt.

Wie weit sollte also der Eingriff in die Entwicklung des Organismus Wein gehen?

Wollen wir hier die *Schöne neue Welt* oder sind uns die Anklänge an Fehlentwicklungen und ungewöhnliche Untertöne eine willkommene Gelegenheit, die Persönlichkeit des Weins und des Winzers gebührend zu feiern?

Natürlich müssen wir uns nicht alles bieten lassen.

Wir werden darauf zurückkommen, wenn wir weiter unten über Weinfehler nachdenken. Und schon im nachfolgenden Kapitel werden wir den Umgang mit Paradoxien im Gesundheitssystem am Beispiel des »French paradox« unter ähnlicher Perspektive diskutieren.

Wein, Coaching und Gesundheit

The French paradox

Trotz all der kalenderspruchaffinen Lebensweisheiten ist es meiner Tante Klara doch nicht gelungen, ein sehr hohes Alter zu erreichen. Vielleicht hing es mit ihrem unerschütterlichen Glauben an die Wirksamkeit von Melissengeist zusammen, der »im Prinzip« schon zutreffend, von der Dosierung her, zumindest in Klaras fortgeschrittenem Alter, aber wohl kontraindiziert war. Es war ja nicht nur die unnachahmliche Mischung aus (Heil-)Kräutern, sondern auch der unvergleichlich hohe Anteil an Alkohol, der kurzfristige Linderung von manchen Beschwerden versprach, mittelfristig aber Nebenwirkungen zeitigte, die man besser mit Arzt oder Apotheker abgesprochen hätte.

Auch in der Coaching- und Weinbranche gibt es so manche Gesundheitstipps, die »im Prinzip« wohl zutreffend, in der oft marktschreierisch vorgetragenen Verallgemeinerung bestenfalls Bullshit (Frankfurt 2014; Wirl u. Ebert 2017), schlimmstenfalls aber Aufruf zur Körperverletzung sind. Und damit meine ich nicht nur einige misslungene Aufstellungs- und NLP-Angebote, die zumeist von wenig professionellen Adepten durchgeführt werden.

Ähnlich verhält es sich mit dem sogenannten *French paradox*:

Ende der Siebziger-Jahre entdeckten Forscher in Frankreich (!), dass die Bewohner südlicher Regionen, obwohl sie sich fettbetont und kalorienreich ernährten und intensive Zigarettenraucher waren, weniger Herzinfarkte erlitten als die Bewohner anderer Regionen und Länder. Dies wurde vor allem auf ein Merkmal französischer Lebensweise zurückgeführt: das regelmäßige, jedes Essen begleitende Gläschen Rotwein.

Es ist nicht ausgeschlossen, dass die Rotweinvermarktung in Frankreich zum damaligen Zeitpunkt in einer tiefen Krise steckte – allein schon deswegen nicht, weil die Weinvermarktung in Frankreich nach Aussagen der Interessenverbände schon seit mindestens 100 Jahren in einer tiefen Krise steckt. Weinproduzenten freuten sich, Weinfreunde nahmen die Argumente gerne auf, und Wissenschaftler beantragten Fördermittel für weitergehende Studien. Theoretisch erklärbar war die gesunde Wirkung des Weines anhand seiner Inhaltsstoffe, vor allem der Polyphenole, und hier insbesondere solche aus der Schale der Trauben, die bei der Rotweinbereichung ja während der Gärung länger in der Maische verbleiben.

Wie andere pflanzliche Stoffe, man denke an Tante Klaras Melissengeist, sollte auch das beispielsweise identifizierte Resveratrol die Blutfettwerte verbessern, einer Arteriosklerose vorbeugen und somit das Infarktrisiko senken.

Auf dem Europäischen Kardiologenkongress 2008 wurden die Befunde von Forschungsergebnissen an mehr als 200.000 Teilnehmern präsentiert: Ein maßvoller Weinkonsum sollte das Risiko für Herz-Kreislauf-Erkrankungen um ca. 30 % reduzieren.

Ich weiß nicht, ob die Forscher schon damals in ihren Veröffentlichungen angeben mussten, von wem sie Fördergelder und andere materielle Unterstützung bezogen. Auch ohne diesen Hinweis ist offenkundig, dass es selbst in der strengen Wissenschaft keine »unbefleckte Erkenntnis« geben kann. Die Auswahl der vom Forscher als relevant erachteten Variablen und die Vorannahmen möglicher Wechselwirkungen bestimmen ja schon das Forschungsdesign. Und so mehrten sich bald auch die Stimmen, die das Wohlergehen der mediterranen Völker auf andere Variablen zurückführten: die spezifischen genetischen Besonderheiten, die sonstigen Ernährungsgewohnheiten, die durch das mediterrane Klima geförderten häufigeren sozialen Kontakte an frischer Luft usw.

Ein Befund ließ sich jedoch nicht relativieren: Alkohol ab einer gewissen Menge schadet der Gesundheit. Er beeinflusst das Immunsystem, schädigt die Verdauungsorgane und erhöht das Krebsrisiko für Mundhöhle, Rachen, Kehlkopf und Speiseröhre. Darüber hinaus ist er eine Kalorienbombe, die u.a. den Fettabbau beeinträchtigt. Eine Flasche Wein entspricht ungefähr dem Kaloriengehalt einer Tafel Schokolade. (Apropos Schokolade: Gibt es nicht auch Untersuchungen über die heilsame Wirkung stark kakaohaltiger Schokolade?)

Und so nimmt es auch nicht Wunder, dass nach einem Urteil des Europäischen Gerichtshofs vom 6.9.2012 Pfälzer Winzer ihren Wein nicht mehr als »bekömmlich« anpreisen dürfen. Und ehe nun hämische Gedanken aufkommen: Auch Winzer anderer Regionen dürfen so nicht werben. Kein Getränk mit mehr als 1,2 Volumenprozent Alkohol darf derartige »gesundheitsbezogene Aussagen« enthalten - also eigentlich auch nicht Melissengeist.

Aber was heißt »bekömmlich«? Empfohlen wird ein Trinken in Maßen. Wenn es denn stimmen sollte, dass Weintrinker gesellige Menschen sind, welche die vielfältigen Genusserlebnisse in Verbindung mit abwechslungsreichen Speisen genießen und ihre positive Grundeinstellung nicht vornehmlich zu Zeiten des Vollrauschs pflegen, dann stärken sie auch auf diesem Wege ihr Immunsystem und reduzieren, bei moderatem Genuss, ihre Anfälligkeit gegenüber alkoholtypischen Erkrankungen. Ein »Prosit« oder »Wohl bekomms« in angenehmer sozialer Atmosphäre könnte auch vom biopsychosozialen System positiv wahrgenommen werden.

»Es gibt mehr alte Trinker als alte Ärzte«, pflegte Tante Klara zu sagen. Den zumeist in ziemlicher Einsamkeit konsumierten Melissengeist hat sie wohl nicht als diesbezügliches Getränk wahrgenommen.

Und noch eins: Ich habe den Eindruck, dass unter den Schöpfern tröstlicher Kalendersprüche und auch gehaltvollerer Aphorismen deutlich mehr Weintrinker sind als etwa bei den Entwicklern und Übersetzern von Gebrauchsanweisungen. Auch wenn Tante Klara mein Favorit ist: Die meisten zitierwürdigen Sprüche kenne ich von begnadeten Trinkern – Shakespeare und Goethe, z. B. der wohl bekannteste Spruch aus seinem *Götz von Berlichingen*: »Der Wein erfreut des Menschen Herz.«

Nun ist es nicht so, dass die Coachingbranche von Paradoxien verschont bliebe. Vielleicht kann sie besser damit umgehen, zumindest die systemisch orientierten Fachleute. Fritz Simon hatte in der Tradition von Luhmann auf den angemessenen Umgang mit paradoxen Situationen vorbereitet. Schon vorher waren einige Standesvertreter regelrecht vernarrt in die Möglichkeiten paradoxer Interventionen. Und dennoch kamen, gewissermaßen durch die Hintertreppe, einige Paradoxien in das nicht sonderlich theoriengestählte Denkgebäude, deren Ambiguität nicht sofort wahrgenommen wurde. Es waren

u. a. das *Hawaii-Paradoxon* (Werner) sowie das *Israelische Paradoxon* (Antonovsky), dem sich bald das *Angloamerikanische Paradoxon* (Seligman) beigesellte.[7]

Sehr vereinfacht gesagt schien sich folgende Gesundheitsmaxime durchzusetzen: Es kann einem so dreckig gehen wie nur möglich, der Mensch verfügt »von Haus aus« über individuelle protektive »Eigenschaften«, die ihn dazu befähigen, trotz allem ein erfülltes und glückliches – und somit gesundes – Leben führen zu können. Um es mit dem Weinkonsum zu vergleichen: Auch die körperlichen und psychischen Gefahren eines intensivierten Alkoholkonsums sind vernachlässigbar im Vergleich zu den sozio-psychologischen und physiologischen Vorzügen von Geselligkeit und Phenolen unterschiedlicher Provenienz. Der protektive Anteil der letztgenannten Variablen überwiegt bei Weitem den möglichen Schaden – ja, sie können sogar kompensatorisch, gesundheitsförderlich wirken.

Im von mir so genannten *Israelische Paradoxon* postulierte Antonovsky aufgrund der Überlebensgeschichten von Holocaust-Opfern die überlebensförderlichen Variablen des Kohärenzgefühls, d. h. der subjektiven Wahrnehmung von Traumatisierten, ihr Leben als verstehbar, bewältigbar und bedeutsam zu beurteilen. Diese Befunde bildeten die Grundlage der sog. Salutogenese, eines Theoriegebäudes, das nun nicht die traumatisierenden Prozesse und die damit verbundenen Schädigungen – wie in der klassischen Pathogenese –, sondern die gesundheitsförderlichen Bedingungen in den Fokus der Interventionen stellte. Es war weniger ein Krankheits- als vielmehr ein Gesundheitsmodell. Die Frage war: Was hält Menschen trotz widriger vergangener oder gegenwärtiger Bedingungen gesund? Und Antonovsky stellte fest: Krankheit und Gesundheit sind keine Gegensätze, sondern beide Begriffe sind auf einem Kontinuum anzusiedeln, mithilfe dessen sich die Befindlichkeit eines Menschen beschreiben lässt. Die Frage lautet also nicht mehr wie im klassischen Krankheitsmodell: Wie lassen sich Defekte lindern oder beseitigen, sondern auch: Wie lassen sich darüber hinaus die Gesundheitsanteile – als Ressourcen gesunder Lebensführung – stärken?

7 Die genannten Begriffe haben noch keinen Eingang in die Fachliteratur genommen, sondern werden hier von mir erstmals so bezeichnet.

Ein weiteres Paradoxon, nennen wir es das *Hawaii-Paradoxon*, wurde ein wenig später heftig diskutiert. Emmy Werner (2006) stellte in einer Längsschnittstudie bei unterprivilegierten und verarmten Ureinwohnern Hawaiis fest, dass sich einige trotz massiver Beeinträchtigungen in der Kindheit zu erfolgreichen, im Sinne amerikanischer Kriterien lebenstüchtigen Menschen entwickelten. Deren Fähigkeit, sich – von allen negativen Erfahrungen relativ unbeeindruckt – im vorherrschenden Gesellschaftssystem zu behaupten, nannte sie Resilienz. Dieser Begriff war vorher vornehmlich Zahnärzten und Materialprüfern vertraut, bezeichnete er doch die Fähigkeit von Materialien, sich bei Belastungen wieder in ihren ursprünglichen Zustand zurückzubilden. Resilienz war nach diesem Verständnis also die Fähigkeit, von massiven Eindrücken der Umwelt möglichst unbeeinflusst zu bleiben.

Auch diese Befunde mehrten die Hoffnung, geeignete Bedingungen bereitstellen zu können, um präventiv oder kompensatorisch gegenüber belastenden und schädlichen Umwelterfahrungen aktiv zu werden.

Sie passten hervorragend in Theoriengebäude, die in der Entwicklungspsychologie etwa von Cicchetti im Rahmen einer Entwicklungspathologie, vorher vom Piaget-Schüler Kohlberg und Mitarbeitern, in der Soziologie sowie in der Psychotherapie von Verhaltenstherapeuten (Ullmann u. Krasner 1969; Keupp 1974) und vor allem von Milton H. Erickson postuliert wurden.

War es notwendig und zielführend, bei psychischen Verhaltensbesonderheiten, die von der Gesellschaft als störend angesehen wurden, das klassische medizinische Modell zugrunde zu legen? Aus der Tradition heraus, die Psychopathologie in den klassischen medizinischen Kanon aufzunehmen, war das nachvollziehbar. Aber vor allem die Orientierung an zu behandelnden Defekten schien vielen Fürsprechern eines alternativen Pathologiemodells nicht nachvollziehbar. War es nicht eher die unzureichende Ausstattung mit entwicklungsförderlichen Ressourcen, ein ungünstiges Verhältnis von schädigenden und protektiven Faktoren, welches zum Zustandsbild eines entwicklungsbeeinträchtigten Individuums führte? Und war die Etikettierung eines solchen Prozesses als abweichend nicht auch und vor allem einem gesellschaftlichen Erwartungshorizont und spezifischen gesellschaftlichen Interessen geschuldet? War die Verhaltensauffälligkeit vielleicht sogar die beste Möglichkeit eines Individuums, im Rahmen seiner einschränkenden Bedingungen mit den vorfindbaren »objektiven« Schwierigkeiten umzugehen?

Auf diesen fruchtbaren Boden alternativer Pathologie und Entwicklungsmodelle fielen die Befunde von Antonovsky, Werner und deren Mitarbeitern. Es waren Modelle, die Anlass boten, die zum Teil postulierten Paradoxien zugunsten eines angemessenen Gesundheitsmodells auflösen zu können. Auch diese alternativen Ansätze eröffneten ein erfolgversprechendes Forschungsfeld, das in der Abkehr vom »medizinischen Modell« nicht nur sozialwissenschaftlichen Zugangsweisen, sondern bald auch dem ganzen Spektrum alternativer Denkmodelle und deren vorschnellen Gesundheitsempfehlungen den Weg ebnete. Um bei unserem *French paradox* zu bleiben: Aus der Empfehlung, die Inhaltsstoffe des Weines auf seine gesundheitsfördernde Wirkung hin zu analysieren und in die Gesundheitsempfehlungen aufzunehmen, wurde die von Weintrinkern etwas zu schnell und umso bereitwilliger verstandene Empfehlung: »Trinkt mehr Rotwein, und ihr bleibt gesund.«

Meines Erachtens war es einer der größten Fehler, das kritisierte medizinische Defektmodell (d. h., es wird ein quasi-organischer Defekt postuliert) in ein Defizitmodell (mit dem Fokus auf Minusvarianten von Kompetenzen) umzuwandeln (s. auch die Diskussion in der Sonderpädagogik, Holtz et al. 1984). Es galt von nun an als angesagt, nur noch die vorhandenen Kompetenzen und Ressourcen eines Individuums in den Blick zu nehmen und Kataloge von optimal ausgeprägten Merkmalen zu erstellen. Ein Credo der Beratungslandschaft war: Die erforderlichen Ressourcen und Kompetenzen sind ja eigentlich vorhanden, aber durch widrige gegenwärtige Umstände blockiert oder verschüttet. Aufgabe eines Coachs war es dann nicht, Ratschläge zu geben, wie man diese erwerben oder stärken könne, sondern durch geeignete Interventionen, zumeist Fragen, diese Blockaden zu überwinden und den Klienten mit dem guten Gefühl zu entlassen, dass er es ja eigentlich selbst gewesen sei, der seine vorher nicht zur Verfügung stehenden Ressourcen freigeschaufelt habe.

Und spätestens hier wurde das in der Paradoxie enthaltene Dilemma deutlich: Im Prinzip war es richtig, auch an die eigenen Kompetenzen und Ressourcen zu erinnern. Aber bei jeder Thematisierung solcher Eigenschaften und Fähigkeiten musste ja auch damit gerechnet werden, dass es innere wie äußere Bedingungen gab, die nur zu einer schwachen und unzureichenden Ausprägung führen konnten. Und es gab sicher auch Gewohnheiten und Verhaltensbesonderheiten, die sich nicht in Kompetenzen und Ressourcen umformulieren ließen (Holtz 2006). Ferner waren Wechselwirkungen anzunehmen, welche je nach vermuteter Transaktion die eine oder andere Auswirkung haben konnten.

Begünstigt wurde diese optimistische Aufforderung zur ausschließlichen Benutzung der »sunny side of the street« dann endgültig durch das angloamerikanische Paradox der Positiven Psychologie, welches all die genannten Vorarbeiten auf unnachahmliche und konsequente Weise aufgriff. Schon in der amerikanischen Verfassung war das Streben nach Wohlergehen und dem Glück der Freiheit ein erklärtes Ziel. Mit dem Gründungsmanifest Seligmans und seines Mitstreiters Csikszentmihalyi (den Eingeweihten als Erfinder des Flow-Konzepts bekannt) zur Positiven Psychologie (Seligmans u. Csikszentmihalyi 2000) – das sich für einen an wissenschaftlichem Denken orientierten Leser mehr wie ein Offenbarungsmanifest liest – begann mit diesem Jahrtausend die wissenschaftliche Erforschung und Propagierung menschlichen Glücks als Voraussetzung allseitigen Wohlergehens.

Ich will hier nicht auf all die Auswüchse eines erbarmungslos positiven Denkens für die helfenden Berufe eingehen, hierzu empfehle ich das ausgezeichnete Buch von Cabanas und Illouz (2019). Festzustellen ist jedoch, dass die hilfreichen Modelle der Salutogenese und der Resilienzforschung in den Strudel einer glückstrunkenen Psychoszene gerieten, die auch die Coachingszene nicht verschonte, ja, sich ihrer sogar ausgiebig bediente. Glück war nun nicht mehr ein bisweilen aus paradoxen und unvorhersehbaren Wechselwirkungen innerer und äußerer Bedingungen entstehender Prozess, zumeist in einer intensiven Auseinandersetzung mit menschlichem Leid. Glück wurde eine quantifizierbare Eigenschaft menschlicher

Lebensverwirklichung, die somit nicht nur zu einer ökonomischen Wirkgröße wurde, sondern auch zu einer Kompetenz, die trotz aller widriger Umstände und sozialer wie finanzieller Ungleichheiten in den Schulen als Lernfach angeboten wurde. In seinem Buch *Wie wir aufblühen* wandte sich Seligmann (2015) explizit an all die »Persönlichkeitsentwickler«, wie Elaine Swan sie nannte – all diejenigen, die nicht in Heilberufen tätig waren und sich somit noch ein wenig dem medizinischen Denkmodell verpflichtet fühlten, sondern diejenigen, die sich in einem falsch verstandenen salutogenetischen Ansatz z.T. der Methoden der Psychotherapie bedienten, um Menschen dabei zu unterstützen, optimaler, arbeitsfähiger und glücklicher zu werden.

»Make coaching great again« – Seligmann sprach explizit den riesigen Coachingmarkt an:

> » *Die Positive Psychologie in der Praxis als Coach oder Therapeut anzuwenden, Schülern in der Schule Übungen der Positiven Psychologie zu geben, kleine Kinder mit Positiver Psychologie zu fördern, Feldwebel in der Hilfestellung zur Überwindung Posttraumatischer Belastungsstörung zu schulen, andere Positive Psychologen zu treffen und einfach nur über Positive Psychologie zu lesen – all das macht Menschen glücklicher. Die Menschen, die in dieser neuen Disziplin arbeiten, gehören zu den Personen mit dem größten Maß an Wohlbefinden, die mir je begegnet sind* « *(zit. nach Cabanas u. Illouz 2019, S. 32).*

Und die sich anschließende Suche nach der Welt-Glücks-Formel, die man sich von einer quantifizierbaren Analyse relevanter Bedingungsfaktoren versprach, generierte weitere, durch reichlich finanzielle Zuwendung der Wirtschaft geförderte Paradoxien, z.B. das bereits 1974 von Richard Easterlin beschriebene und nach ihm benannte Paradoxon: Das Gesamtglück in unterschiedlichen Ländern steht offensichtlich in keinem substanziellen Zusammenhang mit dem Wohlstand der Nationen (gemessen am Bruttosozialprodukt). Ich möchte es der Fantasie der Leser überlassen, sich auszumalen, welche Möglichkeiten eine Glücksökonomie bot, die versuchte, das so beschriebene Paradox interessengeleitet aufzulösen (wer sich in seinen Vermutungen bestätigt fühlen möchte, lese hierzu auch Cabanas u. Illouz 2019).

Glück, als exakter Indikator für subjektives Wohlbefinden, konnte verlässliche Maße für das Wohlergehen einer Gesellschaft geben und der erfolgreiche Weg dahin für jeden »Psytizen« (Cabanas) zu Wellbeing und Erfolg wurde zur Frage eines individuellen Entwicklungsprozesses und war mitnichten die Folge struktureller Prozesse, die man ja auch für den ökonomischen und sozialen Fortschritt eines Staates hätte heranziehen können. Das Schlimmste, könnte man annehmen, was den Glücksforschern hätte passieren können (dies ist u. a. eine Frage der Validität), war, dass es den Menschen nicht gut ging und die Forscher mit ihren Quantifizierungen und Messverfahren es nicht merkten.

Stets haben Psychologen sich dafür einspannen lassen müssen, soziale und ökonomische Zustände zu individualisieren, um zur Systemstabilisierung beizutragen. Und die Coachs, die auf dem Wege zur Professionalisierung (s. o.) sich die Psychologie als Leitwissenschaft ausgesucht haben, sind so mehr oder weniger bewusst integriert worden. Mit der Positiven Psychologie erhielten sie ein vermeintlich stringentes Theoriengerüst. Sie waren auf der Suche nach überschaubaren, möglichst widerspruchsfreien Handlungsmodellen, hatten sie bisher die Begründungen für ihre Vorgehensweisen doch aus einer eklektischen Mischung bezogen: u. a. aus Psychoanalyse, persönlichen Erfahrungen, behavioristischen und humanpsychologischen Erkenntnissen, Esoterik, fernöstlichen Weisheiten, Neurolinguistischem Programmieren und in letzter Zeit vor allem aus den Neurowissenschaften.

Mit der neuen Wissenschaft konnten nun die unterstellten Beziehungen zwischen der »Kraft positiven Denkens« (Peale 1992), der Strahlkraft emotionaler Intelligenz (Goleman 1980) sowie persönlicher Entwicklung, Gesundheit und wirtschaftlichem Erfolg »evidenzbasiert« nachgewiesen werden. Seligmann persönlich verstärkte diesen Glauben:

> *» Im Gegensatz zur Populärpsychologie und dem größten Teil der Selbsthilfeliteratur sind meine Schriften deshalb glaubwürdig, weil sie wissenschaftlich fundiert sind «* *(Seligman 2015, S. 13).*

Es gab jedoch in der Folgezeit zahlreiche ernstzunehmende Einwände, die auch die sich daraus ableitende Praxis betrafen, welche die Grundlagen weniger als evidenz- denn als eminenzbasiert bezeichneten.

Eine solche Entwicklung hätte sich auch die Weinwirtschaft gewünscht. Natürlich wurden die Forschungen zur Analyse gesundheitsförderlicher Inhalte des Weines auch interessengeleitet von Wirtschaftsverbänden subventioniert (ob Coca-Cola, wie bei der Erforschung des Glücks, auch dabei war, entzieht sich meiner Kenntnis). Ein dem seligmannschen Anspruch vergleichbares Weintrinkermanifest ist mir jedoch nicht bekannt – schon gar nicht, dass eine gläubige Weintrinkergemeinde in einen vergleichbaren kollektiven Rausch verfallen wäre. Dass der Wein auch glücklich machen kann, wird häufig berichtet, nicht zuletzt die bereits erwähnten »Neurowissenschaften« werden auf der Suche nach unterschiedlichen Belohnungssystemen fündig.

Dennoch scheint sich evidenzbasiert die Erkenntnis durchzusetzen, dass Wein gesundheitsförderliche und gesundheitsschädliche Inhaltsstoffe hat und dass es auf die Dosierung und auf die Wechselwirkungen ankommt. Alkohol, der gefährlichere Anteil, ist als Verstärker und Katalysator für besondere Geschmackserlebnisse und gesundheitsförderliche Prozesse nicht wegzudenken. Sicherlich können die gesundheitsförderlichen Anteile des Weins auch extrahiert, synthetisch hergestellt und in Pillenform verabreicht werden. Ob eine gemeinsame Pillenverkostung aber den gleichen gesundheitsunterstützenden Effekt hat wie eine gesellige Weinprobe, ist nicht ausgemacht. Wein ist nicht »an und für sich« gesund, aber, wie Götz von Berlichingen schon sagte: ... (s. o.).

Glück – wie immer man es auch operationalisiert – und positives Denken sind ebenfalls nicht »an und für sich« gesund. Die sinnstiftende Auseinandersetzung mit Freud und Leid, die Wechselwirkungen von menschlichen Herausforderungen und Erfolgsmomenten, das Abwägen von sozioökonomischen Bedingungen und subjektiven Glücksmomenten führen wahrscheinlich dann zu einem guten Ergebnis, wenn der gesamte Prozess als sinnstiftend bzw. bedeutsam für den eigenen Lebensentwurf angesehen wird. Und da sind wir wieder beim Kohärenz-Konzept der Salutogenese.

Die implizite Aufgabe der psychologisch orientierten Persönlichkeitsentwickler, menschliche Probleme zu individualisieren, muss vor dem Hintergrund von – auch gesellschaftlich bedingtem – Leid, Krisen und der Ungleichheit der Lebensverhältnisse reflektiert werden. Die Modelle von Antonovsky und die Resilienzmodelle in der Nachfolge von Werner lassen dies zu.

Wir sollten in diesem Zusammenhang gespannt sein, wie sich die gegenwärtig propagierten Erfolgsmodelle der »Achtsamkeit« und der »Ego-States« künftig positionieren werden.

In der Beratungslandschaft und auch beim Coaching sehen wir zunehmend Rückbesinnungen auf eine solchermaßen reflektierte Praxis (z. B. im Beratungsverständnis der DGfB oder bei Gunther Schmidt: *Liebesaffären zwischen Problem und Lösung*).

Und was hätte Tante Klara dazu gesagt, wenn sie diese Entwicklungen hätte vorhersehen können. Ich kann mich an zwei diesbezügliche Aussagen von ihr erinnern:

Die erste hörte ich, als sie sich etwas intensiver ihrem geliebten Heilkräutergetränk hingegeben hatte. In diesen Situationen neigte sie zu sehr apodiktischen Äußerungen: »Keiner ist seines Glückes Schmied«, pflegte sie dann zu sagen. (Im Übrigen würde hier ein fragengeschulter lösungsorientierter Coach gleich »Keiner???« einwerfen. Bei Tante Klara hätte das u. a. wegen der stärkenden Kraft des Melissengeists nicht verfangen.)

Die andere Aussage meiner Großtante, die ich später das eine oder andere mal leicht variiert zitiert hörte, war mir ein Beleg für die Wechselwirkung innerer und äußerer Variablen: die Kreativität meiner Großtante und die metaphernfördernde Wirkung des Melissengeists. Sie sagte: »Der Mensch und die Leber wachsen mit ihren Aufgaben.«

Obwohl – »Kreativität« war damals, vor dem Sputnikschock, als psychologische und quantifizierbare Variable noch gar nicht erfunden.

Das »Wachsen mit seinen Aufgaben« ist eigentlich ein passendes Résumé für die obigen Aussagen. Persönliches Wachstum wird dann gelingen, wenn das Individuum befähigt wird, innere und äußere Bedingungen (Ressourcen) so aufeinander zu beziehen, dass Entwicklung möglich bleibt. Aber diese Entwicklung ist von ihrer Zielsetzung nicht beliebig im Sinne irgendwelcher olympischer Ideen des »höher, weiter, schneller«. Menschenbildannahmen und demokratisch legitimierte Zielvorstellungen (z. B. Menschenrechte) sind ein solcher Orientierungsrahmen für Entwicklungsmöglichkeiten, der permanent und transparent diskutiert werden sollte. Und zur Beachtung der Menschenwürde gehört nicht nur die Orientierung an z. B. Gleichheit, Freiheit und Brüderlichkeit oder dem in der amerikanischen Verfassung vorgesehenen Wohlergehen und Glück der Freiheit, sondern auch das Akzeptieren des Menschseins, wie es etwa der Schweizer Pädagoge Pestalozzi 1780 formuliert hat: »Was der Mensch ist, was er bedarf, was er erhebt und was ihn erniedrigt, was ihn stärket und was ihn entkräftet, ...« (zit. nach Holtz 2010, S. 28). Ein Eingehen auf diese Bedürfnisse und die Stärkung entsprechender Bewältigungsstrategien ist die ureigenste Aufgabe eines Coachs. Ursprünge für angemessene Strategien finden wir in der Empowerment-Bewegung, aber auch in den besprochenen Ansätzen von Antonovsky, Werner und Erickson. Rein medizinische Denkmodelle, die Ängste, Hilflosigkeit und Verhaltensbesonderheiten aufgrund eines vermuteten Defekts »heilen« wollen, greifen da zu kurz. Und auch, wenn unser »Gesundheits«-System es uns aufgrund seiner Modellvorstellungen, seiner Nomenklatur und spezieller ökonomischer Verflechtungen nicht einfach macht, sollten wir ein Ressourcenmodell bevorzugen, dass intendierte menschliche Entwicklung im gesamten gesellschaftlichen Kontext thematisiert. Menschliches Wachstum entwickelt sich in nichtlinearen Wechselwirkungen von inneren und äußeren Ressourcen, zu denen sowohl schädigende als auch protektive Variablen gehören – also das, was den Menschen »stärket und was ihn entkräftet« (s. o.). Soziale oder besser »ökologische« Kompetenz ist die Fähigkeit, innere und äußere Ressourcen so aufeinander zu beziehen, dass menschliche Entwicklung im jeweiligen Kontext möglich ist (Holtz 1994). Natürlich umfasst es auch das »Empowerment«, die äußeren Bedingungen reflektieren und verändern zu können. Es ist zu konstatieren, dass im Rahmen eines pathologischen Modells bisher eher die schädigenden Bedingungen thematisiert wurden. Unterstützenswert sind all die »salutogenetischen« und kompetenzorientierten Modelle, welche die Wechselwirkungen innerer und äußerer Ressourcen so utilisieren, dass Menschen darin unterstützt werden, sich sowohl widerstandsfähiger als auch änderungsmotivierter und zukunftsorientierter entwickeln zu können.

In Bezug auf Resilienz ist es der Unterschied zwischen Widerstandsfähigkeit und Wurstigkeit gegenüber belastenden Situationen. Ein Ziel ist es, Menschen zu befähigen, dass sie mit belastenden Situationen umgehen und diese als Herausforderungen eigener Lebensgestaltung ansehen können. Die Auswüchse Positiver Psychologie mit dem Ziel der Optimierung unbegrenzter menschlicher Glückseligkeit stehen diesem Ziel zumeist entgegen.

Das Wachstum der Leber ist, ohnehin nur Begleiterscheinung, nicht unbegrenzt – schon gar nicht unbegrenzt von Glücksgefühlen begleitet. Der gesamtgesellschaftliche Schaden solch unbegrenzten Wachstums wird seit Längerem diskutiert. Es zeichnet sich ab, dass auch das ungebremste Wachstum der Glücksindustrie seine Risiken und Nebenwirkungen erkennen lässt.

Wer heilt, hat recht? Arnau de Vilanova

»Wer heilt, hat recht« – diesem in letzter Zeit zunehmend häufiger gehörten Kalenderspruch hat Tante Klara ausnahmsweise nicht zugestimmt. Das hatte zumindest drei Gründe. Zum einen heilte sie ja nicht. Und um sich in dieser Abstinenz zu bestätigen, meinte sie, zumindest nach längeren Ausführungen über Gott und die Welt: »Nicht jeder der recht hat, heilt auch und schon gar nicht derjenige, der recht haben will!« Sie blickte auf ein Leben zurück, das von Rechthabern und Heilsbringern nur so wimmelte. Bei Licht betrachtet verdankt sie ihr Überleben auch vorwiegend der Tatsache, dass ihr persönliches Umfeld nicht sonderlich von rechthaberischen Denunzianten wimmelte. Und so blieb es nur bei einer Vorladung und staatsbürgerlichen Ermahnung, als sie einem Zeitgenossen auf sein »Heil Hitler« erwiderte: »Wieso immer ich, heil du ihn doch.« Und hieraus ergab sich der zweite Grund: »Frag dich immer, mein Junge«, pflegte sie zu sagen, »in welchem Umfeld Heilsversprechen und Heilung definiert werden.« Und dieser Verweis auf den Kontext führte wiederum zum dritten Grund: Tante Klara war sich im Klaren darüber, dass Begriffe nicht als Tautologien definiert werden sollten, sondern neben deskriptiven Konstrukten auch durch theoriegeleitete explikative Konstrukte verortet werden müssten. »Heilung«, sagte sie und blickte scheinbar gedankenverloren auf die Liste der im Melissengeist versammelten Heilkräuter, »Heilung, ... das ist ein weites Feld.«

Daher möchte ich das Thema auch nicht in die naheliegende Richtung vertiefen: Wunderheiler, die nach Aussagen ihrer Anhänger nahezu alle Gebrechen heilen können, haben ebenso wenig recht wie Winzer, die anhand ihres Kontostands zufrieden verfolgen können, ob sie offenbar den guten Publikumsgeschmack getroffen haben.

Zu diesem Thema möchte ich zwei Persönlichkeiten vorstellen, die sicher nicht für sich beansprucht haben, recht zu haben, deren besondere Gaben reflektierter Heilung ihnen aber das Leben oder zumindest die berufliche Existenz sicherten – obwohl sie ketzerische Positionen vertraten, also nach Meinung der jeweils relevanten Sittenwächter im Unrecht waren: Milton H. Erickson und Arnau de Vilanova. Beginnen wir mit Letzterem. Vilanova (1235–1311 – ich benutze im Folgenden die katalanische Namensform, da er in Valencia geboren wurde) war ein Tempelritter, der sich nach einigen Kreuzzügen mit seinen Glaubensgenossen im Roussillon niederließ und sich wie diese auch um den Weinbau in der Region kümmerte (wir werden auf die diesbezüglichen Aktivitäten der Tempelritter noch zurückkommen). Neben seinen militärischen Fähigkeiten besaß er aber noch weitere Talente als Gelehrter. Er beschäftigte sich mit Chemie und Medizin und verfasste theologische Schriften. Nach einem Medizinstudium in Montpellier um 1260 wurde er Leibarzt des Königshauses von Barcelona. Gegen 1290 wirkte er als Professor an der Universität Montpellier (noch heute trägt ein Institut der medizinischen Fakultät seinen Namen). Auch für die Weinwirtschaft der Region wirkte er nachhaltig. Er entwickelte den Lackmustest, führte die ihm aus den orientalischen Ländern bekannte Methode des

Weinbrennens ein (zuerst *eau de vin*, dann *eau de vie* genannt) und fügte den Lebenswassern unterschiedlicher Stärkegrade Heilkräuter bei (natürlich nur zu medizinischen Zwecken). Tante Klara, die ihn nicht kannte, hätte ihn sicher zu einem ihrer Lieblingsklosterherren erkoren. Die Herstellung des *vin doux naturel* – ein Abstoppen des Gärungsprozesses im Wein mit Weingeist, um natürliche Restsüße zu erhalten, die sogenannte *mutage* – wird ebenfalls auf seine Ideen zurückgeführt. Die typischen Appellationen der Tempelritterregionen wie Banyuls, Maury und Rivesaltes haben hier ihren Ursprung, in Salses gibt es noch eine Winzergenossenschaft seines Namens, andere, wie etwa die Genossenschaft in Banyuls-sur-mer, beziehen sich namentlich auf das Wirken der Templiers. Meine Tante Klara wäre sicherlich stolz auf mich, bin ich doch seit geraumer Zeit Mitglied dieser Genossenschaft. Und ihr hätten sicher auch die *vins doux naturels* geschmeckt, nicht zu verwechseln mit natursüßen Weinen, sondern eher mit Portweinen oder Madeiras – nur ausdrucksstärker und preiswerter als diese und vor allem variabler, z. B. als Begleiter zu Schokoladen oder Blauschimmelkäse. Aber ich will hier eigentlich nicht in werbewirksames Schwärmen geraten.

Also zurück zu Arnau de Vilanova und seinen vielseitigen Talenten. Seine Heilkunst am katalanischen Hofe machte ihn über die Landesgrenzen hinaus bekannt, er war Leibarzt einiger Päpste und Könige und bald auch als Gesandter zwischen den jeweiligen Residenzen unterwegs. Als Wanderer zwischen den Welten beschäftigte er sich mit theologischen Grundfragen. König Jaume II. von Katalonien-Aragon schickt ihn nach Paris, um mit Philipp dem Schönen einen regionalen Konflikt des Vall d'Aran zu lösen. Diese Gelegenheit nutzt Arnau, um an der Theologischen Fakultät der Sorbonne seine apokalyptischen Thesen *De consummatione saeculi* zu präsentieren, in denen er die baldige Ankunft des Antichrists – und somit das baldige Weltenende – vorhersagt und die Kirche zur religiösen Umkehr auffordert. Diese Ausführungen werden von Kirchenvertretern als ketzerisch angesehen, und er wird der Inquisition überantwortet. Seine Schriften werden an Papst Bonifatius VII. in Rom übersandt, der auch nicht sehr amüsiert ist. Er fordert Arnau 1301 auf, seine Thesen zu widerrufen und keine theologischen Schriften mehr zu verfassen. Jedoch – der Papst ist krank, er leidet unter »del mal de la pedra«, er hat Nierensteine. Arnau lindert seine Schmerzen (»Siehste«, hätte Tante Klara gesagt, »Melissengeist«). Ob die Steine beseitigt wurden, ist mir nicht bekannt. Auf jeden Fall hat Arnau beim Papst nun einen Stein im Brett. Er bittet ihn, einen Traktat über die päpstliche Krankheit und ihre Heilungsmethoden zu verfassen. Arnau fügt diesem *Tractatus contra calculum* eine Schrift über die angemessene Diät zur Erhaltung einer guten Gesundheit hinzu. Kurz darauf, März 1302, wird seine Hilfe von Jaume II angefordert, er solle der Königin erneut bei der Geburt eines Kindes behilflich sein.

Aber Arnau kanns nicht lassen. In Barcelona verfasst er eine weitere, nicht gar so polemische Schrift *Philosophia catholica et divina*, in der er eine Reihe von Maßnahmen vorschlägt, wie der Antichrist zu besiegen sei (auch diese hinterfragen einige Selbstverständlichkeiten der Kirche). 1304 segelt Arnau als Botschafter nach Sizilien, um Friedrich II zu treffen. Dies ist der Beginn einer langen Freundschaft. Auch ihn versucht er von seinen Thesen zu überzeugen, und in der Folgezeit entwickeln die beiden Ideen, die der König in konkrete Aktionen umsetzt. Er, der König, sieht es als seine Christenpflicht an, vor allem Gerechtigkeit gegenüber jedermann zu üben. Er baut Krankenhäuser, nimmt Flüchtlinge auf, gründet Schulen und bietet auch Sprachkurse für orientalische Sprachen an – vor allem wohl, um die Ungläubigen zu bekehren.

Zurück in Barcelona liest Arnaud 1305 im Beisein von Jaume II. und seinem Hofstaat seine gesammelten Werke über die Apokalypse vor. Sehr eindringlich fordert er darin eine grundlegende Reform der Kirche, um im Kampf gegen den Antichrist gewappnet zu sein.

Erneut wird er zum Papst, diesmal Clemens V. in Avignon, zitiert, ist allerdings auch hier vor allem als Arzt und freundschaftlicher Berater gefragt. Clemens schickt ihn 1305 nach Toulouse, damit er ihm dort bei einer politischen Konfliktlösung behilflich ist. Zu diesem Zeitpunkt wird es kritisch für Arnau. Der Inquisitor von Valencia, Guillem de Cotllioure, exkommuniziert und verfolgt einen Mönch, weil er die Schriften de Vilanovas besitzt. Es kommt jedoch zu Solidaritätsbekundungen: Jaume II. protestiert und gibt an, selbst diese

Schriften zu besitzen und sie mit seiner Familie und seinen Vertrauten auch zu lesen. Daraufhin wird die Exkommunikation aufgehoben und verfügt, dass ausschließlich der Papst die Macht habe, über die Thesen Arnaus zu befinden.

In der Folgezeit schreibt Arnau de Vilanova theologische und medizinische Schriften. Hilfreich ist dabei, dass er weiterhin als erfolgreicher Arzt bei den Päpsten, sowie bei Jaume II. und Friederich II. und der Familie des Königshauses Neapel tätig ist. Diese Beziehungen nutzt er, um den Status der medizinischen Fakultät Montpellier zu verbessern und diese zu reformieren. Er übersetzt orientalische medizinische Schriften und stellt beispielsweise fest, dass Avicenna, der Medicus, die antiken Ärzte um Galenus nicht richtig adaptiert habe. Er befasst sich mit der Traumdeutung (die er bei Friedrich II. auch politisch zu instrumentalisieren weiß) und verbessert die Methoden, um den heilkräftigen Wohlgeschmack eines *vin doux naturel* noch bekannter zu machen.

»Was ich eigentlich sagen will«, pflegte Tante Klara zu sagen, wenn sie bemerkte, dass sie die Geduld ihrer Zuhörer langsam zu strapazieren begann. »Also, was ich eigentlich sagen will: Wer heilt, hat natürlich nicht unbedingt recht. Aber ein umfassendes Wissen und praktische Erfolge sind eine gute (Lebens-)Versicherung, um innovative und zum Teil ketzerische Ansichten unbeschadet vertreten zu können – und dies umso mehr, wenn die Konsequenzen der Innovationen auch Jahrhunderte später noch elementare menschliche Bedürfnisse befriedigen, z. B. der *vin doux naturel*.«

Und noch eine Nachbemerkung: Derjenige, der Arnau de Vilanova ans Leder wollte, Guillem, der Inquisitor von Valencia, kam offensichtlich aus Cotllioure. Das ist die katalanische Bezeichnung von Collioure, der Nachbargemeinde von Banyuls-sur-mer (und Rivesaltes). Heutzutage, also 700 Jahre später, ist man sich nicht mehr Gram. Dies ist umso erstaunlicher, weil im französischsprachigen Katalonien jeder aus dem Nachbardorf eigentlich ein *garbadge*, ein Fremdling, ist. Das hat den Dörfer verbindenden Vorteil, dass jeder mal *habitant (d'aqui)* und *garbadge* sein kann. Die verbrüdernde Wirkung des Weines ist inzwischen durch die AOC[8]-Zulassungsbedin-

8 Appellation d'Origine Contrôlée.

gungen vertieft worden. Seit über 80 Jahren gehören beide Dörfer, Collioure und Banyuls, zusammen mit Cerbere und Port Vendres zur Appellation Collioure (für den »trockenen« Wein) und Appellation Banyuls (für den *vin doux naturel*).

Banyulencques produzieren also auch Collioure und Colliourencques auch den Banyuls. Und beide treffen sich in den gleichen Kooperativen und Versammlungen der *independents* – und verbünden sich hin und wieder gegen die heutigen Inquisitoren der INAO[9] und EU.

Wie schaffe ich nun den Übergang zur Coaching-Szene?

Nicht dadurch, dass ich die Behauptung aufstelle, auch bei den helfenden Berufen dürfe jedermann den größten Unsinn verzapfen, wenn er nur Hinweise darauf beibringt, dass er damit geheilt habe.

Vielleicht ließe sich ansatzweise behaupten, dass man viel erzählen und praktizieren kann, wenn man den Zeitgeist oder die herrschende Meinung hinter sich weiß? Berichte über Heilungen sind ja stark von Glaubensfragen und davon abhängig, dass man sich auf Autoritäten bezieht.

Eigentlich wollte ich aber darauf hinweisen, dass ein umfassendes Wissen über den jeweiligen Gegenstand – bei einem Autor und Praktiker, der auch schon mal über den Tellerrand hinausschaut, dabei den politischen Kontext nicht außer Acht lässt und sich in Netzwerken der Diskussion stellt –, dass ein solches Wissen die besten Voraussetzungen mitbringt, um innovative und z.T. ketzerische Ideen voranzutreiben. Sigmund Freud hätte, wenn er nicht Netzwerke gesucht und sie in einer treuen Gemeinde gefunden hätte, nicht so viel bewirken können – auch wenn er dabei manchmal etwas unglücklich agierte. Die sog. Palo-Alto-Gruppe mit ihren Protagonisten aus unterschiedlichen Wissenschaftsdisziplinen wäre nicht so nachhaltig geblieben, hätte sie den wechselseitigen Austausch nicht so intensiviert.

Aber es gibt auch Einzelpersonen, wie Arnau de Vilanova, die zunächst für sich innovative und z.T. ketzerische Thesen entwickeln, aber über genügend zwischenmenschliches und politisches Gespür

9 Institut national de l'origine et de la qualité.

verfügen, um damit erfolgreich zu überleben. Ein solcher war Milton H. Erickson – Psychologe und Psychiater, Begründer der modernen Hypnotherapie, der in seinen Anfangsjahren als praktizierender Arzt aufgrund seiner ungewöhnlichen Therapieansätze alsbald ins Visier der standesärztlichen Inquisition geriet. Es geht die Geschichte, dass er die Mahnung erhielt, zu seriösen Therapien zurückzukehren, wolle er nicht seine Approbation verlieren. Und es wird weiter berichtet, dass Erickson geantwortet habe, er würde diese ja gerne zurückschicken, aber er könne sie im Moment leider nicht finden.

Dass er daraufhin unbehelligt blieb, verdankte er nicht nur der Tatsache, dass er seit seinem 33. Lebensjahr eine Professur für Psychiatrie an der University of Detroit innehatte, sondern auch dem Sachverhalt, dass er aufgrund seiner vielseitigen und innovativen Ideen schon bald in Netzwerke eingebunden war, die aus Wissenschaftlern unterschiedlicher Disziplinen bestanden – so etwa Virginia Satir, Gregory Bateson, Margret Mead und John Weakland von der sogenannten Palo-Alto-Gruppe, aber auch von Literaten und Zukunftsforschern wie dem Universalgelehrten und *Schöne neue Welt*-Autor Aldous Huxley. Mit einigen von ihnen bearbeitete er auch kleine Regierungsaufträge. Dies mag der Grund gewesen sein, warum er mit seinen innovativen Ansätzen nicht in den Strudel ärztlicher Inquisition geriet.

Was war aber nun seine bedeutsame Weiterentwicklung psychotherapeutischer Praxis – gewissermaßen der *vin doux naturel* der Psychotherapie? Am bekanntesten ist wohl seine Neuformulierung hypnotischer Strategien. Ich denke aber, sein wichtigster Beitrag ist das Konzept der Utilisation.

Einige Autoren haben in der Folgezeit vornehmlich ein atheoretisches pragmatisches Vorgehen bei Erickson bemerkt. Sie führen dies vor allem auf seine Aussage zurück, dass die Psychotherapie so konzipiert sein soll, dass sie

> » *den individuellen Bedürfnissen entspricht und nicht die Person so zurechtstutzt, dass sie in das Prokrustesbett einer hypothetischen Theorie menschlichen Verhaltens passt* « *(Erickson in Zeig 1985, zit. nach Holtz 1994; 2010).*

Dies war aber m. E. nicht so zu verstehen, dass therapeutische Praxis theorielos sein solle oder gar könne, denn beispielsweise in seinem Beitrag zur Kurzzeittherapie (Erickson 1954, dt. 1998) lässt der Autor seine theoriegeleitete Grundhaltung erkennen:

> *Also ist ein therapeutisches Ziel dann angemessen, wenn es dem Patienten ermöglicht, unter den inneren und äußeren Behinderungen, die einen Teil ihrer Lebenssituation und Lebensbedürfnisse ausmachen, so adäquat und konstruktiv wie möglich zu funktionieren.*
>
> *Folglich besteht die therapeutische Aufgabe darin, neurotische Symptome mit bewusster Absicht zu utilisieren, um den einzigartigen Bedürfnissen eines jeden Patienten gerecht zu werden. Eine derartige Utilisation muss den zwingenden Wunsch nach neurotischen Behinderungen befriedigen, den von außen auf die Therapie einwirkenden Einschränkungen Rechnung tragen und vor allem für konstruktive Änderungen sorgen, die durch das Fortbestehen der Neurose eher gefördert als behindert werden* (ebd., S. 203).

Hier gibt sich der Autor zwar nicht als Vertreter einer therapeutischen Schulrichtung zu erkennen. Deutlich wird jedoch, dass er sein therapeutisches Handeln zumindest von menschenbildbezogenen Vorannahmen leiten lässt, die vor allem die Abkehr vom klassischen »Defektmodell« nahelegen. (Die Unterscheidung unterschiedlicher therapeutischer Modellannahmen wird weiter unten im Kapitel »Cuvée or not Cuvée« noch einmal aufgegriffen.)

Kurzzeittherapie bezog ihre Rechtfertigung demnach nicht aus dem Wunsch, dem Gesundheitssystem eine kostengünstige »Instant«-Therapie anzubieten. Sie war auch nicht, wie die Vertreter langdauernder »aufdeckender« Therapien anmerkten, eine »zudeckende«, die Vergangenheit des Klienten ignorierende Strategie. Sie ging nur davon aus, dass die Symptome, Widerstände und Verhaltensprobleme der Klienten Versuche waren, mit den Widrigkeiten innerer und äußerer Ressourcen umzugehen. Die Aufgabe des Therapeuten lag demnach nicht darin, diese Symptome auseinanderzunehmen und Widerstände aufzulösen (ein langwieriges

Unterfangen), sondern diese als Ressourcen oder Kompetenzen zu nutzen, um ein für den Klienten erfolgreicheres bzw. zufriedenstellenderes Bewältigungsmuster zu erreichen.

Der Ansatz fügte sich also in das im vorherigen Kapitel besprochene Ressourcen- oder Kompetenzmodell ein, dem Erickson weitere innovative Strategien hinzufügte. Natürlich berücksichtigte er in seinem Utilisationsansatz auch die inneren menschlichen wie äußeren gesellschaftlichen Bedingungen sowie Überlegungen, wie sich der Klient zukunftsorientiert erfolgreicher in diesem Kontext präsentieren könne:

> »*Gerade aus dem Verständnis des Therapeuten über die Vergangenheit des Patienten lassen sich bessere und adäquatere Methoden ableiten, die dem Patienten helfen, in Zukunft ein vernünftiges Leben zu führen. So wird der Patient nicht als langandauernde Neurose isoliert, die Stück für Stück zu sezieren ist, sondern anerkannt als lebender, empfindungsfähiger Mensch sowohl mit einer Gegenwart und einer Zukunft als auch einer Vergangenheit*« *(ebd., S. 230).*

Und an anderer Stelle fasst er zusammen:

> »*Mit anderen Worten ist der Autor (…) der Auffassung, dass die Ziele und Verfahren der Psychotherapie die Annahme dessen einschließen sollten, was der Patient darstellt und was er anbietet. Man müsste das auf eine solche Art und Weise nutzbar machen, dass der Patient neuen Auftrieb und Schwung bekommt, damit sich Gegenwart und Zukunft spannend, konstruktiv und befriedigend entwickeln können*« *(ebd., S. 229).*

Die Konsequenzen für das Coaching sind evident: In der Tradition Ericksons können Strategien der Utilisierung, der Ressourcen- und Kompetenzorientierung sowie deren Weiterentwicklungen – wie etwa lösungsorientierte Strategien – angemessen eingesetzt werden. Einige Schüler Ericksons, vor allem der ebenso »ketzerische« und zeitweilig von der Inquisition verfolgte Bill O'Hanlon sowie im deutschen Sprachraum Gunther Schmidt beziehen sich mehr oder weniger explizit auf die genannten Vorannahmen Milton H.

Ericksons. Sie sind außergewöhnlich erfolgreich, haben dadurch natürlich nicht recht, aber sie leisten einen reflektierten Beitrag für nachhaltige Verhaltensänderungen.

Und was hat das Ganze nun mit Arnau de Vilanova zu tun?

Nun, ich habe die beiden letztgenannten Coachs schon von dem besonderen Genuss eines *vin doux naturel* aus dem Cave des Templiers überzeugen können. Und wem der Zusammenhang noch nicht reicht, der möge den folgenden Selbstversuch unternehmen:

Ein Selbstversuch: »Arnau und Milton«

Man nehme je nach Jahreszeit, z. B. im Sommer einen Banyuls Rimage mit dunkler Schokolade, im Winter einen Muscat de Rivesaltes mit Weihnachtsgebäck (Spekulatius, Printen etc.), setze sich in den Gartenstuhl oder Ohrensessel und denke an ein (kleines) Problem, das man verändern möchte. Dann beantworte man die nachfolgenden Fragen und genieße nach jedem Aha-Erlebnis einen (kleinen) Schluck und/oder ein Stück der Süßigkeit:

- Angenommen, wir sind zwei Wochen weiter, und es hat sich schon etwas positiv verändert. Was wäre dann anders?
- Mal angenommen, du hättest dein Ziel erreicht und all die Veränderungen bei dir bemerkt. Wenn du jetzt zurückschaust (gewissermaßen aus der Zukunft): Welche deiner Stärken, Ressourcen, Kompetenzen haben vor allem dazu beigetragen, dass du das Ziel erreicht hast?
- Welcher deiner Freunde aus früheren Jahren hätte dir am ehesten solche Veränderungen zugetraut? Woran hat er es damals schon gemerkt?
- Und wenn du dich jetzt und heute fragst, wann es in der Vergangenheit schon mal kleine Veränderungen in diese Richtung gab, was fällt dir dann als Erstes ein?
- Wer von deinen Freunden und deiner Familie hat dich vor allem dabei unterstützt?
- Welche von diesen Ereignissen (Hilfe von Freunden, eigene Ressourcen, persönliche Stärken) waren am ehesten hilfreich? Was waren die ersten Schritte, was hast du konkret gemacht?

- Auf einer Skala von 1 (gar nicht zuversichtlich) bis 10 (sehr zuversichtlich): Wie zuversichtlich bist du im Hinblick auf das Gelingen deiner Veränderung?
- Wie kommt es, dass du dich bei Wert x und nicht bei Wert 1 eingeordnet hast?
- Was müsste passieren, dass du morgen von x nach x+1 gehen könntest?
- Angenommen, du wärst heute Abend bereits einen deutlichen Schritt weiter ... Was wäre für dich ein klarer Hinweis, dass sich etwas verändert hat?
- Wer könnte dich heute oder in der nächsten Woche dabei unterstützen, dass du auf einem guten Weg bleibst?
- Als du dich anfangs mit dem *vin doux* hingesetzt hast: Wie motiviert fandest du dich da, dein Ziel in Angriff zu nehmen, auf einer Skala von 1–10 (1 bedeutet: Muss das sein? Und 10 bedeutet: Wow, ich kann es kaum erwarten).
- Und wo befindest du dich jetzt? (auf derselben Skala von 1–10)
- Wenn du dir einen runden Kuchen vorstellst? Wie viel Prozent dieser Motivation ist auf die Bearbeitung des Fragenkatalogs zurückzuführen? (in %)
- Und wie viel auf den Wein und die Süßigkeiten? (in %)
- Was wäre also dein nächster Schritt?
- Wohl bekomms!

Der Coaching-Prozess – die Weinproduktion

Der Weinberg

Terroir und System

Eine zunehmend systemische Orientierung ist seit einiger Zeit sowohl im Coaching als auch im Weinbau zu verzeichnen. Die Übernahme systemischen Denkens und Handelns, basierend auf den Prinzipien allgemeiner Systemtheorien und den Befunden therapeutischer und organisationspsychologischer Konzepte hat die Ausformulierung zahlreicher Coachingprozesse beflügelt. Von Bedeutung ist hierbei, wie die im Fokus stehenden sozialen Organismen (Individuen, Familien und Organisationen) gesehen werden, nach welchen Regeln und Mustern sie sich organisieren, wie und welche Wechselwirkungsprozesse in komplexen Systemen ablaufen. Begünstigt wurde die Entwicklung ferner durch eine geänderte Sichtweise auf »pathologische« Prozesse und die damit verbundene Sichtweise auf die Funktion des Medizinmanns.

Auch die Rückbesinnung auf das nur unvollkommen ins Deutsche zu übersetzende *terroir*, die »Gegend« oder Umgebung des Weinanbaus, folgt ähnlichen Konzepten. Die zunehmend technologische Weinzubereitung, wie sie vor allem in der Neuen Welt praktiziert wurde, stellte als »Medizinmann« den Winemaker in den Mittelpunkt – den Künstler, der aus dem vorfindbaren Traubenmaterial im Keller fehlerfreie Weine produzieren konnte. Diesem stand der traditionelle europäische Winzer gegenüber, der, wenn er erfolgreich war, mit seinem Weinberg in einer jahresumfassenden Symbiose stand, dessen Eigenschaften berücksichtigte und sich bestenfalls, wie ein Coach, der vor allem Prozesse moderiert, auf die Gesamtheit vorfindbarer Bedingungen einließ. Und der Winzer ist Teil des Gesamtprozesses: »Il sent le terroir«, d.h., er spürt und verströmt den bodenständigen Stallgeruch der Landschaft, in die er geboren wurde bzw. in der er lebt. Und er arbeitet mit und nicht gegen die Bedingungen seines Terrains. Nicht der Winemaker als Experte, sondern die Symbiose von Winzer – mit all seinen Fähigkeiten und Besonderheiten – und Terroir ist die Voraussetzung angemessener Weinproduktion. Dies war eher eine europäische Tradition, die in Deutschland mit der Betonung lagenspezifischer, mehr oder weniger Großer Gewächse ihren Ausdruck fand, in Frankreich lange durch die Festlegung der AOC-Weine betont wurde. Doch es gab Entwicklungen, die diese Rückbesinnung auf das System Weinberg überdeckten. Die deutschen Weingesetze von 1971 fokussierten auf eine einzige Eigenschaft in der Klassifikation der Weine: die viel zitierten Oechsle-Grade. Fortan galt eine Hierarchie vom Qualitätswein bis zur Auslese, die den potenziellen Alkoholgehalt zum Gradmesser der Qualität machte. Über die Auswüchse dieser eindimensionalen Betrachtungsweise soll hier nicht länger gesprochen worden. »Das ist eine unzulässige Reduktion der Komplexität des Weingenusses«, würde ein systemisch orientierter Coach und Weinliebhaber anmerken. Es wäre angemessener, »von linearem Ursache-Wirkungs-Denken zugunsten der Betrachtung von Kontexten und der Konstruktion von phänomenalen Beschreibungen« (Kleve 2010, S. 41) abzurücken. Denn die Wechselwirkung verschiedener Elemente macht die Qualität des Weines aus, nicht nur das ihm als Eigenschaft zugewiesene Merkmal des Alkoholgehalts – die Beurteilung eines Weines – das, was wir als seine Eigenschaften bezeichnen würden – ist stets das Ergebnis zahlreicher komplexer Prozesse. Die Entwicklung und Ausprägung von Alkohol gehören dazu, ist aber längst noch nicht alles.

Jedwede Komplexitätsreduktion kann zu eindimensionalen Vereinfachungen führen, die zwar zunächst entlasten, dann aber einen Rattenschwanz an weiteren Komplikationen nach sich ziehen. Systemisch orientierte Autoren (Baecker 1999; Luhmann 1984; v. Schlippe 2013) weisen auf die zunächst Paradoxien schaffenden Reduktionen hin:

> *»Das Einfache (ist) nicht der Gegenbegriff zum Komplexen ..., sondern ein Moment der zur Steigerung von Komplexität beitragenden Komplexitätsbewältigung«* (Baecker 1999, S. 28).

Und von Schlippe ergänzt:

> » *Paradoxerweise steigert Vereinfachung die Komplexität. Wer sich als ›dumm, krank oder böse‹ etikettiert erlebt, mag sich dagegen wehren und mit ähnlichem Vokabular zum Gegenangriff übergehen, so könnten die Verhältnisse eskalieren* « *(v. Schlippe 2013, S. 213)*

> » *... und wer sich nicht dagegen sträubt, gerät womöglich in chronifizierende Kreisläufe, etwa der irgendwann nicht mehr entrinnbaren Komplexität psychiatrischer Kontexte* « *(von Schlippe 2014, S. 2).*

Eine Komplexitätsreduktion des Weingenusses auf Alkohol führt ebenfalls, wie wir tagtäglich den Medien entnehmen können, zu weiteren Komplikationen unserer Lebenswelt – bis hin zur »nicht mehr entrinnbaren Komplexität psychiatrischer Kontexte« (vgl. auch die Ausführungen zum *French paradox*).

Zurück also zur Komplexität des Weingenusses: Zum systemisch konzipierten Terroir, das sich in einem wie auch immer Großen Gewächs manifestiert, gehört neben der Rebe, der Beschaffenheit des Weinbergs, den Aktivitäten des Winzers, den Interaktionen der Inhaltsstoffe wie Alkohol, Säure, Phenole usw. natürlich auch die Konstruktion der phänomenalen Beschreibungen des Weintrinkers. Es sind also die Beziehungen bzw. Transaktionen zwischen den einzelnen Elementen des Gesamtsystems, welche die Qualität des Weines ausmachen. Und jedes dieser Kontextelemente stellt je nach Fokussierung ja auch wieder komplexe (Sub-)Systeme dar, beispielsweise das »System« des Winzers als Kellermeister, das Mikroklima des Weinbergs, die Bodenbeschaffenheit und die Bodengare[10], das Genusserlebnis des Weintrinkers oder die Verkaufsaktivitäten des Marketingchefs. Jede Sichtweise (Fragestellung) berücksichtigt eines dieser Subsysteme, und es wird klar, dass eine eindimensionale, lineare Betrachtungsweise die Transaktionen der jeweiligen Elemente nicht abbilden kann. Wenn wir also heute im umfassenden Sinne von Terroir sprechen, meinen wir nicht nur die biologisch-physikalisch-geologischen Interaktionen des Weinbergs, sondern wir beziehen uns zunehmend mehr auf ein Gesamterlebnis

10 Der optimale physikalische, chemische und biologische Zustand der Ackerkrume.

terroir, das wir als stimmig, typisch, d. h. als dessen Komplexität abbildend bewerten. Und wenn Weintrinker mit sich und anderen kommunizieren, wenn sie den einzelnen Elementen und Subsystemen nachspüren, sind sie in ihren erkenntnisleitenden Strategien gar nicht so weit entfernt von anderen Teilnehmern systemischer Praxis (z. B. in Therapie, Coaching oder Organisationsentwicklung). Auch sie haben implizite oder explizite Theorien, wie sie die vorfindbare Komplexität für sich bedeutungsvoll reduzieren. Informationen aus Weinbüchern oder in Weinseminaren würden die Fähigkeit zur Beobachtung und die sinnhafte Einordnung des Systems Wein oder Weingenuss möglicherweise erleichtern. Aber wichtig ist für alle, die sich auf eine systemische Praxis einlassen wollen, nicht so sehr der »Methodenkoffer« an Interventionen (z. B. Strategien der Weinverkostung [Auge, Nase, Zunge, Abgang] vs. Schritte der Auftragsklärung, Wahl adäquater Gläser vs. Wahl adäquater Aufstellungsformate usw.), sondern adäquate Haltungen dem jeweiligen Gegenstand gegenüber. Systemisch orientierte Autoren haben als Einladung zur Komplexitätsreduktion unterschiedliche Theorien angeboten. Dem Terroirgedanken am nächsten stehen Systemtheorien, die sich in biologischer Perspektive mit den Ökosystemen lebender Organismen beschäftigen und zahlreiche Hinweise auf komplexe Interaktionen innerhalb gemeinsamer Lebenswelten gegeben haben.

Einige, in der Tradition Luhmanns, würden die Subsysteme (biologisch, psychologisch soziokulturell) in ihrer Wechselwirkung und Differenz analysieren. Eher narrativ orientierte Weintrinker lassen sich auf die tradierten Erzählungen der vorfindbaren Großen Gewächse oder Einzellagen, der Biografien von Winzern und die Erzählungen der Weinkritiker ein, um diese mit den Narrativen der eigenen Weintrinkergeschichte abzugleichen.

Wir hatten erwähnt, dass alle impliziten wie expliziten Theorien einen Vorschlag beinhalten, wie wir die Komplexität unserer Lebenswelt reduzieren können, um Bedeutung (Sinn) zu gewinnen und damit überlebensfähig zu sein. Systemische Praxis ist somit eine »angewandte Erkenntnistheorie«, die uns über eine »eingebaute« Selbst-Beobachtung (v. Schlippe 2014, S. 24) mit der wahrgenommenen Umwelt verbindet. Und auch der Terroirbegriff beinhaltet implizit eine Theorie, wie wir Wein in unsere Lebenswelt integrieren können. Sie reduziert Komplexität auf eine Weise, dass wir nicht nur mehrdimensionale Interaktionen nachvollziehen können, sondern auch mit Paradoxien und Kontingenzen umgehen können – beispielsweise mit der Erfahrung, dass das Geschmackserlebnis nicht notwendigerweise vorhersehbar und auch ganz anders möglich ist. Es stimmt uns darauf ein, dass wir uns auch bei unerwarteten Erfahrungen nicht enttäuscht oder angewidert abwenden. Sofern wir es in unserer eigenen Biografie als stimmig (bedeutsam, sinnvoll) erleben, werden wir darauf mit Neugier und Interesse reagieren. Sollte dies nicht mehr der Fall sein, steht es uns frei, das Terroir zu verlassen. Aussagen wie »Auch wenn Großes Gewächs draufsteht, das ist für mich kein Riesling mehr« oder »Bei Chablis sollte man inzwischen doch mal genauer hinschauen, wo und wie er produziert wurde« sind Hinweise auf systemisch kompatible Überlebensstrategien.

Ohne den Terroirgedanken und ohne systemisches Denken und Handeln würden uns hilfreiche Modelle der Komplexitätsreduktion fehlen. Wir würden im Supermarkt die Weine nach vorgefertigten, an einzelnen (linear-kausal definierten) Merkmalen aussuchen, z. B. nach deutschen Qualitätsstufen, nach assoziationsreichen Namen (Liebfrauenmilch oder Krötenbrunnen) oder nach peppigen bzw. seriösen Etiketten. Ähnlich würden wir ohne systemische Praxis der kulturellen und sprachlichen Tradition folgen und »alltagsweltlich Handeln auf Individuen« (Luhmann 1984, S. 229) – nach der Aussage von Luhmann bedeutet es, dass wir geneigt sind, Handlungen auf die immanenten Eigenschaften von Individuen zu reduzieren. Unser Umgang mit »Eigenschaften« und »Verhalten« ist hier ein gutes Beispiel. Unsere Sprache verführt dazu, Eigenschaften nicht als Prozesse von Wechselwirkungen zu sehen, sondern zu »ontologisieren«: »Der Wein ist zu süß, er enthält zu viel Restsüße«, denken wir.

In einigen fernöstlichen Sprachen, z. B. einer indischen, würde man sagen: »Ich schmecke süß durch den Zucker.« Und ein terroirgeschulter Weinkenner, auch wenn er nicht in Poona sozialisiert wurde, könnte sagen: »Bei diesem Jahrgang steht der Restzucker etwas im Vordergrund, kann aber durch die anderen Inhaltsstoffe wie Alkohol, Säure etc. ein wenig eingebunden werden.« Gleicher Alkohol-, Zucker- und Säuregehalt kann je nach Interaktion mit den anderen Inhaltsstoffen und dem Kontext der Weinprobe sehr unterschiedlich wahrgenommen werden. Eine solche Aussage ist Resultat eines zugrunde liegenden Modells, das in bester systemischer Tradition die Elemente einer »Ganzheit« in einem transaktionalen Prozess sieht. Wie beim Prozess der Vorurteilsbildung wird eine differenziertere Sichtweise umso eher gelingen, je weniger Handlungsdruck wir erleben und je mehr wir uns auf Kontingenzerfahrungen einlassen (es ist nichts unmöglich und es ist nichts notwendig so). Und Tante Klara läge nicht so ganz falsch, wenn sie sagen würde: »Übung macht den Meister.« Sie sagte das zur Zeit der Geburtstags- und Konfirmationsfeste meiner Kindheit und Jugend. Essensbegleiter waren ein Rhein- und ein Moselwein, der eine war herber, der andere lieblicher, also der eine ein typischer Herrenwein und der andere wurde von den Damen bevorzugt. Und so teilte sich für mich die Welt der Weintrinker auf. Noch zum Abitur, ich bin in Dortmund (!) groß geworden, hatte ich Schwierigkeiten, die beiden Weine blind zu unterscheiden. Bei den damals noch acht Dortmunder Biersorten gelang mir eine Blindzuordnung deutlich treffsicherer. (Wenn ich mich recht entsinne, hatte ich dabei auch so etwas wie den Terroirgedanken [»mit Felsquellwasser gebraut«] im Hinterkopf. – Das Bier der Brauerei, die an meinem Schulweg lag, fand ich häufig fade, aber auch von unterschiedlicher Qualität.)

Während der Studienzeit setzte ich mich zwangsläufig mit unterschiedlichen Persönlichkeitsmodellen menschlichen Handelns auseinander, und immer wieder wurde in Diskussionen die vereinfachende Strategie einer Komplexitätsreduktion auf relativ statische Konzepte deutlich. Und obwohl schon seit den 1930er-Jahren Kurt Lewin Verhalten als Funktion von Person und Umwelt ansah, obwohl kognitive Behavioristen sich schon länger dafür interessierten, was sich im Gegensatz zum Black-box-Modell zwischen den Ohren abspielte, und obwohl einige sozialpsychologisch orientierte Etikettierungsmodelle auf die soziale Zuschreibung von deviantem

Verhalten und Behinderungen aufmerksam machten, feierte die monokausale Zuschreibung in der Motivationspsychologie, in medizinischen Erklärungsmustern von Verhaltensbesonderheiten und »Heil«-pädagogischen Empfehlungen fröhliche Urstände.

Alternativ dazu gab es auch umfänglichere Erklärungsversuche: Marxistisch-materialistische Autoren suchten die materiellen Bedingungen des richtigen Bewusstseins – in bester materialistischer Tradition – vornehmlich zwischen den Ohren, und eine andere Gruppe entdeckte das unverbindliche Konzept der Ganzheitlichkeit für sich: Die Lebenswelt war komplex, und so konnte man sich ihr auch nur allumfassend nähern. Man konnte den Eindruck gewinnen: Immer wenn man sich nicht mit der genaueren Modellierung von Transaktionen, mit unterschiedlichen Subsystemen beschäftigen wollte (oder konnte), reklamierte man für sich das Konzept einer Ganzheitlichkeit: »Im Gegensatz zu dir«, hieß es dann manchmal, »sehe ich das Ganze (!?) eher ganzheitlich und humanistisch.« Und gegen ein solchermaßen aufgeladenes Argument (Tante Klara nannte es »moralinsauren Bullshit«, und auf weiteren Bullshit werden wir im weiteren Verlauf noch genauer zu sprechen kommen) konnte man (zumindest ich) dann nichts mehr erwidern (vgl. hierzu auch Holtz u. Schöler 1998, S. 19). Eines Tages nahm mich Tante Klara beiseite: »Nach all den Überlegungen zur problemerzeugenden Komplexitätsreduktion wundert es mich gar nicht mehr, dass sich die Ganzheitspsychologen der 30er-Jahre so schnell den faschistischen Theorien verbunden fühlten und von ihnen vereinnahmen ließen. Ja, es ist nur ein schmaler Grat zwischen ganzheitlichem Terroir und verschwiemeltem Blut-und-Boden-Terror.« »Aber nicht bei den Franzosen«, sagte ich – damals noch etwas unerfahren. »Es ist der Unterschied zwischen ›poètes du terroir‹ und den ›Heimatdichtern‹.« Das Vichy-Regime und die Le Pen-Bewegung hatte ich damals noch ausgeblendet.

Eigentlich hat ein anderer bekennender Weintrinker, der französische Philosoph Alain, mindestens zwei Kriterien systemisch orientierten Weingenusses nahegelegt. In seinen Kolumnen unter dem Titel *Propos* resümierte er einmal: »Sich beobachten heißt sich verändern« (s. hierzu auch von Schlippe 2014) und an anderer Stelle,

Europa litt bereits unter faschistischen und anderen autoritären Komplexitätsreduktionen, sagte er 1930 in den *Propos sur la religion*: »Nichts ist gefährlicher als eine Idee, wenn man nur eine hat« (1970, S. 224).

Ich teile weitgehend die Auffassung von Schlippes, dass systemische Praxis weniger der Einsatz systemischer Interventionen als vielmehr die Praxis aufgrund von Haltungen im Rahmen eines systemischen Erkenntnisprozesses ist.

> » *Handlungen ›an sich‹ können zwar bestimmte Wirkungen haben oder auf Motive zurückzuführen sein, die der Beobachter dann auch bewerten kann, aber sie ›sind‹ genauso wenig systemisch, wie sie ›katholisch‹ oder ›grün‹ sind … Ganz anders sieht es bei der Begründung oder Erklärung von Handlungen aus. Sie können in dem Sinne systemisch sein, dass sie aus system-theoretischen Überlegungen abgeleitet werden* « *(Simon 2012, S. 13).*

Ähnliches berichten auch Weiterbildungsteilnehmer, die ihre Theorie der Praxis als »Umsetzungen angewandter Erkenntnistheorie« (von Schlippe 2014, S. 7) begreifen und ihre kreativen Interventionen vornehmlich als Ergebnis veränderter Haltungen interpretieren.

Es ist der Unterschied zwischen Terroir-Wein als Produkt zielgerichteter Interventionen (Rebsorte x Lage x Bodenbegrünung) und einem Wein, der die ständige »systemische« Interaktion des Winzers mit den vorfindbaren Bedingungen erkennen lässt. Es gibt Appellationen oder Große Gewächse, welche die Kriterien optimaler Bedingungen erkennen lassen, als Geschmackserlebnis aber enttäuschen. Und es gibt »kleinere« Weine, die durchschnittliche Elemente integrieren müssen, aufgrund der intensiven systemischen Praxis aber zu einer erstaunlichen Größe finden.

Für beides, die Kreation terroirbezogener Weine wie für systemische Haltungen im Beratungsprozess, gilt jedoch: Es ist nahezu unmöglich, ständig systemisch unterwegs zu sein. Aber wir können versuchen, systemischer zu denken und zu handeln (Kleve 2010, S. 41). Und das beginnt bei der alainschen Selbstbeobachtung und endet noch lange nicht bei Luhmanns Kontingenzerwartung, dass nichts unmöglich ist und alles auch ganz anders sein kann.

Auch ich habe bisher trotz bester Vorsätze beim Wein nicht systemisch arbeiten können – vom Coaching will ich hier mal schweigen –, aber ich versuche ständig, systemischer zu arbeiten, auch indem ich mich beim Produktionsprozess weitestgehend selbst beobachte. A propos, ich werde den nächsten, systemischer begleiteten Wein in Erinnerung an Alain *Propos* nennen. Hoffen wir, dass er ein Großes Gewächs wird *und* der Appellation genügt.

Planung und Visionen – die Pflege des Weinbergs

»Ein gutes Gespräch«, pflegte Tante Klara zu sagen, »gelingt vor allem dann, wenn der Boden dazu bereitet ist.« Ich war damals noch zu jung, um metaphorische Aussagen dieser Qualität einigermaßen verstehen zu können. Und so prüfte ich vor Tante Klaras legendären Kaffeekränzchen besonders sorgfältig den Parkettboden ihres Wohnzimmers, fand aber keine bedeutsamen Veränderungen. Bei den ebenso legendären Tortenböden ihrer Obsttörtchen glaubte ich dann, ihre Aussage verstanden zu haben – und vergaß sie daraufhin ob ihrer wahrgenommenen Banalität.

Erst als ich durch Zufall und Wohlwollen eines Nachbarn in Südfrankreich einen ehemaligen, von Garrigue überwucherten Weinberg pachten konnte, fielen mir ihre Worte wieder ein. Ich wollte möglichst naturnah starten, ich wollte mit der Natur ins Gespräch kommen. Aber wie sollte hierzu bestmöglich der Boden bereitet werden?

Naturnah hieß für mich vor allem, dem »Terroir« nicht entgegenzuwirken. Es musste etwas verändert werden, aber was, erschloss sich mir nicht auf den ersten Blick. Also machte ich zunächst mal eine geologisch-biologische Ortsbegehung, um wahrzunehmen, welches Angebot mir dieser überwucherte Berghang machte. Das Wort des anderen großen Weinfreundes, Goethe, fiel mir ein: »Man sieht nur, was man weiß.« Aber was wusste ich, und welches Wissen war nötig, um zielgerichtet wahrnehmen zu können? Natürlich gab es Anleitungen zur Planung und Anlage eines Weinbergs, und der Vorbereitung des Bodens waren darin einige Seiten gewidmet. Aber wo gab es Hinweise, was vom Vorhandenen beizubehalten und was zur Rückführung in einen natürlichen Weinberg zu beseitigen ist?

Mir wurde deutlich, dass ein Großteil meines Vorwissens von meinen persönlichen Zielen abhing: Was wollte ich eigentlich mit dem Weinberg machen, und wozu diente ein naturbelassener Weinberg? Er war ja kein Selbstzweck, ich wollte einen Wein machen, der vor allem meinen Geschmacksvorstellungen entsprach. Also ging ich zunächst durch den künftigen Weinberg, analysierte die Bodenbeschaffenheit, soweit mir das möglich war, und machte ihm insgeheim Angebote, wo und wie ich Veränderungen vornehmen wollte.

Der künftige Weinberg schwieg dazu, ließ mich machen und zeigte mir dann im Verlauf des ersten Jahres, was er mit sich machen ließ – und was nicht. Natürlich informierte ich mich, wie die Weinberge der Nachbarn aussahen, sprach mit Winzern der örtlichen Genossenschaft, der ich beizutreten gedachte, welche Bedingungen bei der örtlichen Appellation einzuhalten waren (Rebsorten, Anzahl der Rebstöcke, Bodenbearbeitung, Bewässerung, Mengenbegrenzung etc.). Ich versuchte, mein Bild von einem gesunden Weinberg beizubehalten: Bruyere-Sträucher rodete ich, Schopflavendel ließ ich stehen, ebenso wilde Olivenbäumchen und bunte Frühjahrsblüher, sofern sie mir Platz für die Pflanzung neuer Reben ließen. Ebenso ließ ich wilde und noch vorhandene (offensichtlich) veredelte Rebstöcke stehen, ich war gespannt, ob sie den gängigen Rebsorten entsprachen. Ich ließ in einem Labor eine chemisch-physikalische Bodenanalyse vornehmen: Der Boden hatte einen relativ hohen Humusanteil, war aber etwas zu sauer: das Ergebnis sauren Regens in den letzten Jahren. Hier bot sich eine Grundkalkung im Winter an. Ansonsten hatte die Wartezeit dem Boden wohl gutgetan. Auch der Humusanteil versprach eine gute Speicherfähigkeit des Regens, die Bodenbegrünung sollte ein Übriges tun. Der Boden schien also bereitet für die Pflanzung im kommenden Frühjahr. Tante Klara wäre wohl stolz gewesen. Die Pflanzung verlief zufriedenstellend, ich ließ vorhandene Wildreben zum Zwecke späterer Veredelung und noch vorhandene »edle« Reben stehen und pflanzte im günstigen Abstand – nach meinem Verständnis so eng, dass die Sonnenstrahlen das künftige Blätterdach und möglichst wenig Bodenfläche bestrahlen konnten. Mein Ziel war, einen Wein aus

Grenache, Mourvedre und Syrah zu entwickeln, irgendwie war ich ein Mourvedre-Fan und hatte diese Cuvée aus dem Rhonetal in guter Erinnerung.

Ich will mich im Folgenden kurzfassen: Ich beobachtete mit Freuden jeden kleinen Fortschritt auf dem Wege zu meinem Traumweinberg – der Weinberg mochte jedoch nicht all meine Vorlieben mit mir teilen. Und es fiel mir in meinem freudetrunkenen Blick zunächst schwer, seine Mitteilungen rechtzeitig zu verstehen: Nur ein geringer Teil der Neupflanzen, weit weniger als die üblichen 80 %, überlebten das erste Jahr. Wie mir ein befreundeter Winzer erklärte, hatte ich in meinen Visionen einiges übersehen. »Du hast nicht zugehört. Deine Parzelle heißt Les Coules, so steht es im Kataster, und das bedeutet: In diesem Teil des Berges läuft das Wasser nur so durch den Felsen, die Pflanzen bilden hohe Tagwurzeln in der Humusschicht, werden nicht in die Tiefe gezwungen, wo sie dann nach einigen Jahren ohne Bewässerungshilfe ihre Nährstoffe heraufholen könnten. Außerdem: Mit Grenache mag das noch gutgehen, es kommt natürlich auf die Klone an, Mourvedre ist schon heikler, und Syrah mag dein Arrangement gar nicht. Es tut mir leid, aber du hast Lehrgeld bezahlt.«

Wäre es günstiger gewesen, in weiser Voraussicht: das Lehrgeld in einen bereits existierenden, funktionierenden Weinberg zu investieren? Mein Winzerkollege riet mir, wenn ich denn schon Syrah hinzuziehen wolle, eine Parzelle am Ufer des Ballaurie mit einem großen Anteil an Schwemmland zu pachten. Das möge diese Rebsorte, und ich müsse auch nicht so lange warten (ca. 4 Jahre), bis ich mit der Ernte beginnen könne.

Es war ein mühsamer, lehrreicher Weg bis zur ersten Ernte, lehrreich vor allem, weil ich zuhören lernte – den Menschen und der Natur – und weil ich merkte, dass es trotz aller Bereitschaft öko-systemisch zu denken und zu handeln, Bedingungen gab – die den gestandenen Winzern teils offenkundig, teils verdeckt waren –, die eine Kommunikation mit dem Weinberg erschwerten, wenn nicht gar unmöglich machten. Ich wurde in meinen Zielen bescheidener. So genoss ich es nach einiger Zeit, wenn ich spürte, dass der Weinberg auf meine Angebote zu reagieren begann. Ich lernte, Abstriche an meinen Ideen zu machen, und beobachtete bereits leichte Veränderungen (bei mir und dem Weinberg). Ich erinnerte mich an de Shazers Aussagen: »Wenn etwas nicht funktioniert, mach etwas anderes, und wenn etwas funktioniert, mach mehr davon.« Ich spürte: Es war eben doch etwas anderes, einen Weinberg anzulegen als einen Ziergarten.

Und noch etwas anderes lernte ich: Es war ein Unterschied, ob ich meine Vorstellungen dabei einfach mal etwas ausprobieren und Reaktionen abwarten wollte oder ob ich mit meinen Visionen in einen möglichst gleichrangigen Dialog mit dem Weinberg treten konnte. Ich musste dem Weinberg Angebote machen. Der Wein war eine Kulturpflanze. Es traf sicherlich zu, dass Reben überall heimisch werden konnten, von Norddeich Mole Nordhang bis Atlasgebirge Südhang. Es gab jedoch so etwas wie eine optimale Passung, und bei der Kulturpflanze war Erziehung eine unabdingbare Voraussetzung, um diese Passung auch zu ermöglichen. Der Erziehungsschnitt, bei dem häufig nicht nur der Wein, sondern auch mein Herz blutete, ließ bei mir all die Parolen von »Fordern und Fördern«, »Mut zur Erziehung« bis hin zu »schwarzer Pädagogik eines Struwwelpeters« vor mein geistiges Auge treten. Und noch etwas anderes wurde mir nachhaltig deutlich: Ohne Visionen, längerfristige Zielvorstellungen und Schritte auf dem Wege dahin ließ sich eine Passung, bei der sich auch der Rebstock wohlfühlen konnte, nicht erreichen: Das Wachstum der Rebe war auf längerfristige Ziele ausgerichtet, es gab kritische Phasen in der Entwicklung, es war eine spannende, aber notwendige Herausforderung, jeden Rebstock zu kennen und bei allen Maßnahmen die nachfolgenden Entwicklungsschritte im Auge zu behalten. Und gleichzeitig zu beachten, dass die Bodenbegrünung je nach Entwicklungszeitpunkt Unterstützung oder Konkurrenz (und hierbei resilienzstärkend oder -schwächend) bedeuten konnte.

Beim Schneiden wurde mir vor allem deutlich, wie Übung den Meister macht. Ich ließ mir die Technik von Freunden zeigen. Während ich zunächst minutenlang um den Rebstock herumging, um mir, wie erforderlich, ein Bild zu machen, wie er im nächsten und übernächsten (!) Jahr auszusehen habe, hatten die Experten sofort den Blick für den richtigen Ansatz, die Entfernung überflüssigen

Holzes usw. und schnitten, ehe ich das Vorgehen nachvollziehen konnte. Auch später waren entwicklungsbezogene Entscheidungen zu treffen. Wann sollten welche Geiztriebe entfernt werden, Triebe eingekürzt, Blätter entfernt werden? Man musste darauf achten, wann der Rebstock sein Wachstum einstellte, um Kraft für die Trauben zu sammeln. Und man musste hierbei die Niederschlagsneigung beachten, denn ein Regen zur »Unzeit« bremste das Rebenwachstum nicht, der Reifeprozess der Trauben war beeinträchtigt. Und bei all dem war auf ein gesundes Verhältnis von Schadinsekten (zumeist 6 Beine) und Nutzinsekten (zumeist 8 Beine) zu achten. Aber wie sollte man diese schnellen millimetergroßen Milben prozentual abschätzen? Was war es doch für ein schönes Gefühl, wenn der Rebstock das eigene Unvermögen nicht übelgenommen hatte und die eigenen Selbstheilungskräfte aktiviert hatte – und einem damit die eigenen Zweifel nahm, ob man nicht doch lieber das eigene Unvermögen und den Zeitaufwand mithilfe der Pharmaindustrie hätte kompensieren sollen.

Mit all diesen Überlegungen, Hoffnungen und Enttäuschungen im Weinberg wurde ich jedoch zunehmend entspannter und entwickelte eine besondere Form von Gelassenheit, die auch – wie ich bemerkte – für die heimischen professionellen Coachingsitzungen nützlich war:

Ich war nicht mehr der alleinige Experte für die Entwicklungsprozesse meiner Klienten, aber ich musste versuchen, auch meine Visionen in die gemeinsame Planung einzubringen. Ich stellte fest, dass ich mit den Narrativen meiner Gesprächspartner dann gemeinsam förderliche Fortschreibungen unterstützen konnte, wenn Elemente auch bei mir und meinen Bedeutungsgebungen anknüpfen konnten; wenn meine Anregungen zum rechten Zeitpunkt auch einmal einen harten Schnitt beinhalteten, wenn ich die Selbstheilungskräfte ebenso freudig wahrnahm wie die Hinweise auf eine notwendige Veränderung der Rahmenbedingungen. Es war wichtig festzuhalten, dass mittelfristige Zielsetzungen und Handlungen immer in Übereinstimmung mit den längerfristigen Zielen standen, dass Ziele jedoch jederzeit aufgrund aktueller neuer Erfahrungen zu modifizieren waren.

Und vor allem musste, Tante Klara sei Dank, der Boden erst mal bereitet sein. So wie die Rahmenbedingungen waren, so wie die Eingangsfragen und die Auftragsklärung betrieben wurde, so wurde der Boden bereitet für einen überschaubaren und nachvollziehbaren Coachingprozess. Und vor allem für einen für alle Beteiligten zufriedenstellenden Abschluss. Die Achtsamkeit und Übung im Weinberg haben mich in dieser Sichtweise sehr bestärkt. Ich glaube, de Shazer und Tante Klara hätten sich gut verstanden. Sie hätte dessen Aussage »It's simple but not easy« voll und ganz unterstützt und sicher nicht nur in Hinblick auf ihre Tortenböden.

Zum Problem der Passung würde ich gerne noch etwas ergänzen:

Auch wenn die Rebe sich im Laufe der Zeit, wie kaum eine andere Pflanze, den unterschiedlichen Bedingungen anpassen konnte, bedeutet dies nicht, dass sie sich auf den von uns auserwählten Böden auch im Sinne unserer Erwartungen entwickeln kann. Es gibt Alleskönner unter den Reben, Chardonnay oder Merlot etwa, die nahezu überall wachsen können, die jedoch je nach Terroir unterschiedliche Qualitäten und Geschmacksrichtungen entwickeln können. Unterschiede werden auch deutlich, wenn je nach klimatischen Bedingungen unterschiedliche Klone, die Unterlagen der aufgepfropften Edelreben, verwendet werden. Diese reagieren jeweils besonders auf die Bodenbedingungen, das Wurzelwerk erschließt auf sehr spezifische Weise die vorhandenen Mineralstoffe. Optimale Passungen, jeweils auch definiert nach den Geschmackserwartungen der Winzer und Konsumenten, sind eher als Glücksfall zu verstehen. Und so finden wir hervorragende Pinot Noirs auf den Kalkböden der Cote d'Or im Burgund, einen sehr besonderen Riesling auf den Devon-Schiefer-Böden der Mittelmosel, einen Nebbiolo auf den Kalksteinböden bei Serralunga und einen Chardonnay im Chablis, z. B. der von Les Clos. Groß dürfte die Enttäuschung der Weintrinker sein, wenn sie im Chablis ihre Liebe zum Chardonnay entdeckt haben und dann diese Rebsorte aus anderen Weinbauregionen verkosten.

Ein großer Wein wird im Weinberg gemacht, sagt man in Frankreich, aber die Vorstellungen, was denn ein optimaler Weinberg sein könne, werden auch in Frankreich lebhaft diskutiert und inzwischen als nicht entscheidbar angesehen. Und vielleicht ist es auch der

Weinbautradition zu verdanken, dass ein österreichisches »Passt scho« nicht resignierend klingt, sondern den »k. u. k.«-geprägten leichtfüßigen Optimismus widerspiegelt. Passung ist gefragt, und das setzt Flexibilität bei allen Beteiligten voraus. Wahrscheinlich war es das, was Tante Klara mir vermitteln wollte, wenn sie schon früh auf die Bodenbearbeitung hinwies.

Nicht jeder, der vorhat, einen guten Wein zu produzieren, ist in der glücklichen Lage, Erbe einer »Großen Lage« zu sein oder einen Weinberg in einem bevorzugten Anbaugebiet erwerben zu können. Und nicht jeder, der sich von seinen Ansprüchen her berufen fühlt, möglichst optimale Coachingsitzungen durchführen zu können, findet diesen Zielen angemessene Voraussetzungen und Rahmenbedingungen.

Und so passiert es häufig, dass Coachs wie Winzer sich entgegen ihren Idealvorstellungen mit einem Plan B vertraut machen müssen, ja, dass es eine zielführende Strategie sein kann, die Beteiligten eines Coachingprozesses mal mit einem Plan B zu konfrontieren.

»Wo es einen Plan A gibt«, pflegte Tante Klara zu sagen, »existieren zumindest noch 25 andere Buchstaben im Alphabet. Und glaube deiner alten Tante«, ergänzte sie dann, »im Nachhinein haben sich die anderen Buchstaben häufig als optimale Buchstabierhilfen erwiesen.« Und in der Tat, für die Geschichte des Weinbaus ist es nachgewiesen: Ein ursprünglich unwirtliches Terroir hat sich bei sorgfältiger Analyse und Abstimmung mit passenden Rebsorten und Anbaubedingungen als wahrer Glücksgriff erwiesen. Es sind die Überlegungen des Weinbauern, was möglich sein kann und welche Maßnahmen optimal darauf abzustimmen seien. Weder das fränkische Hinterland noch der Sylvaner für sich genommen versprachen großartige Weine. Die Passung spezifischer geologischer Bedingungen (Keuper, Muschelkalk und Buntsandstein) mit spezifischen Klonen der Reben sowie eine darauf abgestimmte Bearbeitung des Weinbergs führten zu bemerkenswerten Erfolgen. Dass ein großer Merlot auf der roten, eisenhaltigen Lehmerde Pomerols gelingt, weiß der Kenner. Überraschenderweise tauchen dann aber auch einige große Merlots in anderen Gegenden unter anderen Bedingungen auf, so etwa im Burgenland (»Passt scho«) oder in Slowenien.

Es ist beruhigend für den anspruchsvollen Coach – wenn man denn bereit ist die Rahmenbedingungen durchzubuchstabieren –, dass man auch mit Plan B, C oder D zu allseits zufriedenstellenden Ergebnissen kommen kann.

Oft haben mich Kollegen darauf angesprochen, wie ich so entspannt und zufrieden von meiner Arbeit im Weinberg zurückkommen könne. Vielleicht war es der Umgang mit Rückschlägen, erwartungswidrigen Entwicklungen und meinem Versuch, im Weinberg das französische Alphabet abzuarbeiten, der mich mit Ruhe und Gelassenheit in auch schwierigere Beratungssituationen starten ließen.

Rückblickend kann ich sagen: Wenn all meine Schritte im Weinberg nachhaltige Fußstapfen hinterlassen hätten, würde sich mancher über die verschlungenen Pfade, allzu breitgetrampelte Passagen und reichlich Unkraut wundern. Und in dieser Rückschau höre ich Tante Klara sagen: »Mein Reden: Umwege erhöhen die Ortskenntnis.« Das muss ich damals wohl überhört haben. Oder noch nicht verstanden. Ich war, wie gesagt, nach Aussagen der Entwicklungspsychologen noch nicht in der Lage, bestimmte Metaphern zu verstehen, und außerdem fing ich damals gerade an zu pubertieren.

Sicherlich hätte ich mir einige Umwege ersparen können, aber ich bin sicher, dass der jetzt von mir produzierte Wein nur mit diesen Umwegen, mit den Kompromissen aller Beteiligten – und natürlich mit dem nahen Mittelmeer – so authentisch geworden ist. Bei der Verkostung des ersten Jahrgangs schenkte mir ein Freund, Jean-Claude, ein kleines Büchlein. Es war der Nachdruck eines alten okzitanischen Traktats der Klosterfrau Simone de St. Claire, die, in ihrem Kloster Mas Grenier unweit von Toulouse, alte Winzerweisheiten zusammengetragen hatte. »Dies hätte dir viele Umwege erspart«, bemerkte er, »aber ich habe den Eindruck, du zitierst gerne, machst aber dann doch, was du willst.« Das Büchlein trug den Titel *Tractatus vini. Dictons des vignerons d'ici* (St. Claire 1528), was man wohl mit »Weinbauernregeln aus der Region« übersetzen könnte.

Ich habe mir die Mühe gemacht, diese aus dem Okzitanischen zu übertragen und widme sie angehenden Winzern wie gestandenen Coachingkollegen. Leider ist es mir, aus mangelndem

Sprachempfinden, nicht gelungen, den pragmatischen Charme der okzitanischen Sprache auch nur annähernd wiederzugeben. Ich habe den Versuch dennoch unternommen, da mir bei der Lektüre gewisse Schnittmengen mit systemischen Rezepten und Handlungsanleitungen auffielen (z. B. Simon 2018). Dies ist erstaunlich, sollte jedoch als Zeichen der ökologischen Bodenständigkeit und Weitsicht mediterraner Winzer (und natürlich der Klosterfrauen) verstanden werden.

22 Regeln zur Pflege des Weinbergs aus dem Tractatus vini

1. Hat der Winzer Visionen, muss sich das für viele lohnen.
2. Will er nicht allzu schief es sehn, dann fragt er sein Belief-System.
3. Viel besser als Ertragsvermehrung ist eine gute Auftragsklärung.
4. Es ist bisweilen angenehm, fragt er sich: Wer will was von wem?
5. Jeder Winzer lebt verkehrt, wenn er nicht auf den Weinberg hört.
6. Die beste aller Subventionen ist der Verzicht auf Instruktionen.
7. Nicht nur im Juni und April macht der Weinberg, was er will.
8. Ist Sylvester hell und klar, folgt am nächsten Tag Neujahr.
9. Bevor du fängst zu fragen an, setz dich erst hin und denke dann.
10. Will er guten Wein kredenzen, achte er auf Kontingenzen.
11. Soll der Weinberg bald genesen, braucht man viele Hypothesen.
12. Der Weinberg steht von selber still, spürt er nicht, was der Winzer will.
13. Weiß der Winzer nicht mehr weiter, fragt er besser den Begleiter.
14. Die Quelle der Zufriedenheit ist fokussierte Achtsamkeit.
15. Kommt ihm nichts mehr in den Sinn, schaut er mal genauer hin.

16. Steht er dann noch auf dem Schlauch, achtet er auf seinen Bauch.
17. Klappt es nicht mit Visionen, braucht man dringend Subventionen.
18. Was du heute kannst besorgen, ist gedacht für übermorgen.
19. Der Winzer zeigt am meisten Mut, wenn er auch mal was andres tut.
20. Der Winzer wechsle schnell das Beet, wenn es ihm damit dreckig geht.
21. Wenn er partout nicht weiterkann, dann lass er einen andren ran.
22. Ist die Natur ihm ganz egal, nimmt er Chemie aus dem Regal.

1. Hat der Winzer Visionen, muss sich das für viele lohnen

Nicht von ungefähr beginnt das Traktat mit Visionen. Klerikale Überlegungen kreisten oft um Visionen (Lourdes war in der Nähe, aber noch nicht erschlossen). Und schon früh zeigte sich, dass die besten Visionen nichts brachten, wenn man nicht andere (und vor allem die richtigen Leute – die Katharerschlösser waren in der Nähe) dafür begeistern konnte. Und auch den Winzern ging es ähnlich. Sie mussten von ihren Visionen nicht nur die vorgesetzten Institutionen, sondern vor allem den Weinberg (mit all seinen Subsystemen) überzeugen. Visionen ließen sich nachhaltig nur entwickeln und versprachen Realisierungschancen, wenn man an die vorfindbaren Ressourcen und Möglichkeiten anknüpfte und diese als Co-Konstruktionen einer von möglichst vielen geteilten Wirklichkeit verstand. Wirklichkeit war das, was wirkte, und je mehr im Sinne dieser Visionen wirksam wurde, desto runder, nachhaltiger, komplexer war das Ergebnis. Aber wie kam man zu gemeinsamen Visionen? Es war zunächst gut, die eigenen Überzeugungen und impliziten Vorannahmen abzuklären und zu kommunizieren:

2. **Will er nicht allzu schief es sehn, dann fragt er sein Belief-System**

Und natürlich gab es auch beim Weinberg und der beteiligten Nachbarschaft traditionelle Belief-Systeme. Diese galt es anzusprechen und in Hinblick auf die gemeinsamen Visionen abzustimmen. Noch heute wird berichtet, dass einige Winzer sagen, sie wüssten erst, dass sie einen guten Wein gemacht haben, wenn sie auf ihr Bankkonto schauen. Und das beinhaltet ja nicht nur qualitative, sondern auch quantitative Überlegungen. Hierzu gibt das Traktat einen guten Hinweis:

3. **Viel besser als Ertragsvermehrung ist eine gute Auftragsklärung**

Und um diesen wichtigen Schritt zu verdeutlichen, heißt es im Folgenden:

4. **Es ist bisweilen angenehm, fragt er sich: Wer will was von wem?**

In der Tat, kaum ein Winzer, Weinberg, Weinkunde und kaum eine Weinbehörde haben ein Interesse daran, den Weinsee noch zu vergrößern und auf eine komplexe Qualität zu verzichten. Vor allem der Weinberg wird es einem danken, wenn er nicht bis an die Belastungsgrenze ausgepowert wird, wenn das Streben nach Selbstoptimierung die Kompetenzen und Ressourcen des Systems nicht überfordert. Jedweder Raubbau zulasten kurzfristiger Qualitätssteigerung wird sich mittelfristig (bereits im nächsten Jahr) rächen. Und daher:

5. **Jeder Winzer lebt verkehrt, wenn er nicht auf den Weinberg hört**

In der Tat sind einige Winzer so von ihren eigenen Visionen überzeugt, dass sie den Weinberg in seinen Bedürfnissen und Zielvorstellungen gar nicht mehr wahrnehmen. Im Weinkeller kann man versuchen, einiges auszugleichen – und einige »Winemaker« sind darin wahre Zauberkünstler –, aber sehr viele Weinexperten berichten, dass so etwas spürbar ist und

Langeweile und Uniformität fördert. Mit einem Satz: Der Wein verliert seine Bodenständigkeit und seine Individualität – weil ihm Gewalt angetan wurde. Und dies führt stets zu einer Verarmung all seiner Ausdrucksmöglichkeiten. Man kann dem Weinberg und dem Wein Angebote machen, und man kann sicher die Kommunikation so gestalten, dass beide bereit sind, diese Angebote zu integrieren, aber man kann ihnen nicht seine Visionen als Experte einer vermuteten Wirklichkeit überstülpen. Daher empfiehlt der okzitanische Winzer:

6. Die beste aller Subventionen ist der Verzicht auf Instruktionen

Auch der Weinberg und die vielen Subsysteme sind autopoetische Organismen (s. Maturana u. Varela 1987), d. h., man kann ihnen nichts instruktiv verordnen, aber man kann ihnen Informationen und Hilfen anbieten – man kann den Boden so bereiten, dass sie diese Angebote auch bereitwillig in ihr System übernehmen. Das, was Pädagogen als Instruktoren seit Generationen hat verzweifeln lassen, blieb okzitanischen Winzern, wenn sie denn diese Regeln befolgten, erspart. Und sie lernten, eher als manche Pädagogen, dass man auch die Eigenwilligkeit seiner Zöglinge als Ressourcen berücksichtigen und sie manchmal in Ruhe lassen musste. Dies spiegelt sich in der Weinbauernregel wider:

7. Nicht nur im Juni und April macht der Weinberg, was er will

Es gibt Phasen im Weinjahr, da müssen sich die Angebote an das System erst mal »setzen«. Und es gibt auch hier kritische Phasen, wo allzu penetrante Angebote eher das Gegenteil bewirken. Versucht der Winzer beispielsweise zu dem Zeitpunkt, an dem die Rebe ihr Wachstum zugunsten der Traubenreifung aufgibt, ihr Nahrungsangebote zu machen, wird sie munter weiterwachsen, die Trauben erhalten keine weitere Aufbauhilfe, werden wässerig oder fad. Die Behandlung des Blattwerks sowie die Reduktion der noch grünen Trauben folgt ähnlichen

Gesetzmäßigkeiten, und der Winzer tut gut daran, einige der unumstößlichen Gesetzmäßigkeiten einfach zu akzeptieren. Zum Beispiel: »Sei niemals der Experte für die Wirklichkeit des Weinbergs« oder »Glaube nicht, dass du deinen Weinberg einfach so verstehen könntest«. Diese Binsenweisheiten, die einige Jahrhunderte später in der Aussage mündeten: »Da beißt keine Reblaus eine Wurzel ab«, versucht das okzitanische Traktat noch einmal eindringlich in der Aussage festzuhalten (und ich lege Ihnen nahe, diese nicht weiter zu hinterfragen):

8. **Ist Sylvester hell und klar,**
   folgt am nächsten Tag Neujahr

Aber selbst eine solche Aussage blieb in der Nachfolge nicht unwidersprochen. Nicht nur die bereits oben erwähnten Templer, auch die Katharer setzten sich mit diesen Gewissheiten auseinander und befanden: So einfach ist es ja nun auch nicht.

Je nach Sichtweise wurden sie von den einen daraufhin als Ketzer, von den anderen wohlwollender als dynamisch junge Weinrebellen bezeichnet. Es gibt keine *unumstößlichen* Gewissheiten, und es entwickelten sich sehr unterschiedliche Zugangsweisen.

Die »Kon-Templer« riefen zu mehr Bedachtsamkeit auf und verkündeten:

9. **Bevor du fängst zu fragen an,**
   setz dich erst hin und denke dann

Die Templer, in ihrer Tradition mit den Unwägbarkeiten des Krieges vertraut, brachten aus dem Orient die modifizierten Gedanken altgriechischer Philosophen zurück und gaben dem Jungwinzer die Maxime mit:

10. **Will er guten Wein kredenzen,**
    achte er auf Kontingenzen

Sie sprachen sich dafür aus, den Prozess im Weinberg und im Weinkeller als prinzipiell unvorhersehbar einzustufen und ständig zu kommunizieren, dass nichts unmöglich und nichts notwendig so bleiben müsse. Vor allem hinderlich beim Umgang mit

Kontingenz schien ihnen eine einseitige Fixierung auf überkommene Gewissheiten und das Festhalten an ursprünglichen Visionen. Vor allem, wenn der Winzer betriebsblind zu werden drohte und der Rebbestand demzufolge zunehmend kränkelte, empfahlen die Templer:

11. **Soll der Weinberg bald genesen, braucht man viele Hypothesen**

»Es könnte alles auch ganz anders sein.« Diese Aussage machte die Templer bei den Traditionalisten unbeliebt, und man warf ihnen einen gewissen Nihilismus vor, den sie aber durch weitere Zusatzannahmen zu entkräften suchten. So sprachen sie sich für einen Zusammenschluss Gleichgesinnter aus, nicht so sehr aus Vermarktungsüberlegungen, sondern, um das Wissen mehrerer auch dem Weinbau zukommen zu lassen. Sie schlossen sich zu den ersten Genossenschaften zusammen, deren Grundidee ursprünglich war, sich in einem problematischen Weinberg zu treffen und dort verschiedene Hypothesen zu formulieren. Der betroffene Winzer und der Weinberg hörten zu. Letzteres wurde ursprünglich als problematisch angesehen. Als man aber bemerkte, wie auch der Weinberg bei und nach diesen Zusammentreffen förmlich aufblühte, behielt man diese Praxis bei und feierte sich noch lange für diesen eher zufällig entwickelten Ansatz.

Andererseits erkannten sie bei den Zusammentreffen aber auch, dass der Weinberg stets spüren musste, dass der Winzer zwar nicht der Experte für alles war, dass er jedoch auch eine grundlegende Kompetenz ausstrahlen musste, um zu vermitteln, dass er den Entwicklungsprozess verantwortlich begleiten konnte. Daher hieß es:

12. **Der Weinberg steht von selber still, spürt er nicht, was der Winzer will**

Diese Hypothese entband ihn jedoch nicht von der Notwendigkeit, Zweifel über die Angemessenheit der Weinbergsreaktionen und Bedenken in die nächsten Schritte auch offen anzusprechen:

13. **Weiß der Winzer nicht mehr weiter, fragt er besser den Begleiter**

Wie Fragenstellen ja eh die geeignetere Strategie war, um Veränderungen anzustoßen, als Antworten zu geben. Fragen schienen die Aufmerksamkeit auf das gesamte System zu richten, verhinderten allzu schnelle Lösungsvorschläge und schienen ein geeignetes Mittel, die gemeinsamen Visionen mit den Ressourcen des Systems abzugleichen. So setzte sich bald die Erkenntnis durch:

14. **Die Quelle der Zufriedenheit ist fokussierte Achtsamkeit**

– eine Grundhaltung, die sich vor allem als nützlich erwies, wenn die Ideen zu versiegen schienen:

15. **Kommt ihm nichts mehr in den Sinn, schaut er mal genauer hin**

– wobei es sehr von Vorteil war, wenn der Winzer die eigenen Befindlichkeiten dabei nicht vergaß:

16. **Steht er dann noch auf dem Schlauch, achtet er auf seinen Bauch**

Gemeint war mit all dem zunächst das Fragenstellen und die Aufmerksamkeitsfokussierung im jeweils definierten System. Der erfolgreiche Ideenaustausch in den Genossenschaften oder Kooperativen erweiterte diesen Ansatz jedoch entscheidend. Es kam, sehr zur Freude aller Genossenschaftler, gewissermaßen zu einer Beobachtung zweiter Ordnung. Der Winzer wurde durch seine Interaktion ja selbst zum Teil des Systems, und es schien hilfreich zu sein, die Beobachtung des beobachtenden Winzers in seiner Suche nach Veränderungen selbst zum Gegenstand der Beobachtungen zu machen. So war zunächst die Bauernregel nach Simone de St. Claire zu verstehen:

17. Klappt es nicht mit Visionen, braucht man dringend Subventionen

Dies ist eine Aussage, die in der Folgezeit zu zahlreichen Missverständnissen führte. Mit der zwangsweisen Auflösung der Genossenschaften der Templer und Katharer in Okzitanien gab es zwei unterschiedliche Auffassungen, was unter Subventionen zu verstehen sei. Die bodenständigen Winzer verstanden im traditionellen Sinne unter *subvenire* (lat.) »zu Hilfe eilen«, und man traf sich weiterhin in kleinen Gruppen, um mit dem hilfesuchenden Winzer weitere Hypothesen und alternative Perspektiven zu erarbeiten. Die andere Gruppe, die sich mehr den zentralistischen Versprechungen des neuen Mutterlandes Frankreich zugehörig fühlte, verstand unter Subventionen eher materielle Hilfeleistungen. Diese Gruppe ist in der Folgezeit eher in das Bewusstsein der Weininteressierten geraten. Die anderen, unabhängigen Winzer (nicht zu verwechseln mit den *vignerons independants*) blieben beim traditionellen Verständnis genossenschaftlicher Subventionen. Um nicht mit den anderen in einen Topf (!) geworfen zu werden, nannten sie die Art ihrer Zusammenkünfte dann Supervisionen. Im Laufe der Zeit – spätestens, seit der Gedanke der *Liberté*, *Egalité* und *Fraternité* auch bis ins Languedoc vordrang – schien ihnen der Begriff Intervisionen (einige schlugen auch kollegiale Supervision vor) dann doch angemessener.

In diesen Intervisionsgruppen kristallisierten sich einige weitere Regeln heraus, die Simone de St. Claire dann auch abschließend aufführt. Die wichtigste war, bei der Zielplanung den Weg zum Ziel sowie die kurz- und mittelfristigen Zwischenschritte stets im Blick zu haben. Die Weinstöcke zeigten ja allzu deutlich, dass die Entwicklung auf die Fruchtbarkeit der Folgejahre hinwies und dass dies bei der Planung und bei der Instandhaltung (z.B. Erziehungsschnitt) vornehmlich zu berücksichtigen war. Dies wurde deutlich in der Weinbauernregel:

18. **Was du heute kannst besorgen,
ist gedacht für übermorgen**

Andere Regeln, die sich in der Folge herauskristallisierten, betrafen die Maxime: »Wenns nicht funktioniert, lass es sein und mach was anderes« (vgl. de Shazer 1989). Zunächst einmal wurde es als Stärke und nicht als Eingeständnis von Schwäche angesehen, wenn man alternative Strategien in Betracht zog:

19. **Der Winzer zeigt am meisten Mut,
wenn er auch mal was andres tut**

Vor allem, wenn er feststellte, dass es ihm mit dem geplanten Prozess selbst nicht gut ging:

20. **Der Winzer wechsle schnell das Beet,
wenn es ihm damit dreckig geht**

Und natürlich auch, wenn man gemeinsam feststellte, dass »die Chemie« zwischen den Beteiligten nicht stimmte. Es war kein Eingeständnis von Unvermögen des Winzers, wenn man zu diesem Ergebnis kam, es gehörte zu einer angemessenen Gestaltung des Beratungsprozesses, diese Passungsbedingungen zu einem allseits verträglichen Abschluss zu führen:

21. **Wenn er partout nicht weiterkann,
dann lass er einen andren ran**

Zahlreiche Untersuchungen zur Reaktion von Psychotherapeuten und Beratern auf solche Passungsprobleme (z. B.) zeigen, wie schwer es den »Experten« fällt, eine solche Entwicklung zu akzeptieren. So wird den Klienten die Schuld für einen solchen Beziehungsabbruch gegeben, sie werden als undankbar bezeichnet oder gar als dermaßen krank, dass ihnen nur mit Medikation geholfen werden könne. Ähnliches Denken finden wir ansatzweise schon bei den bodenständigen okzitanischen Winzern im Umgang mit ihrem undankbaren Weinberg, und so schließen die Regeln des Traktats auch mit dem Hinweis:

22. **Ist die Natur ihm ganz egal, nimmt er Chemie aus dem Regal**
An meinen Kommentaren mag deutlich geworden sein, dass mir die Weinbauernregeln im Weinberg ein guter Begleiter geworden sind, der mich vor größeren Enttäuschungen bewahrt. Da meine Kollegen mich, wie oben erwähnt, nach meiner Ausgeglichenheit nach getaner Weinbergsarbeit fragen, schenke ich ihnen bisweilen statt einer Antwort eine Kopie des Traktats. Nicht jeder kann mit dem Büchlein etwas anfangen. »So ist das mit der Passung«, pflegte Tante Klara zu sagen, »keine schlechte Idee, aber leider der falsche Klient.« Es ist müßig zu betonen, dass Tante Klara den Traktat mit den Weinbauernregeln in ihr Herz geschlossen hatte. »Die Verfasserin, Simone de St. Claire, war Benediktinerin, wie ihre Ordensschwester Hildegard von Bingen. Auch ich habe einen Hang zum Mystischen. Und die Produkte der Klosterfrauen sind mir dabei eine große Hilfe.«

Die Sache mit dem Unkraut – wer definiert was?

Un-Arten und Un-Kraut

»Unkraut vergeht nicht«, pflegte Tante Klara nicht ohne Stolz zu sagen, wenn sie über ihre Erfahrungen in der ersten Hälfte des 20. Jahrhunderts berichtete. Eigentlich war diese Epoche von zahlreichen Ungeheuerlichkeiten geprägt, die unmöglichen gesellschaftlichen Verwerfungen der Kaiserzeit, die Unmenschlichkeit der beiden Weltkriege und der Herrschaft der Nationalsozialisten und die Unsicherheiten nach den Weltkriegen. In ihren Erzählungen war die Betonung negativer Erfahrungen unüberhörbar, und es ist unnötig zu erwähnen, dass die häufige Verwendung von Begriffen, die mit »un-» begannen, hierzu nicht un-wesentlich beitrugen. Dies verstärkte natürlich die Koketterie, mit der sie sich selbst in die Reihe der Un-Wörter einreihte: Ihr, beziehungsweise Mitgliedern ihrer Familie, war zeitweise eine lebens-un-werte Existenz bescheinigt worden, und es war schon bewundernswert, mit welcher Un-Erschrockenheit und Un-Nahbarkeit Tante Klara sich in den un-möglichsten Situationen Respekt verschafft hatte. Diese

Erzählungen führten bei mir schon früh zu der Ansicht, dass die negative Etikettierung durch die Vorsilbe »un-« nicht nur durch den Zeitgeist, sondern auch durch die jeweilige Perspektive relativiert werden musste. Hinzu kam, dass meine Tante mir bei Spaziergängen durch Wiesen und Felder wunderschöne Blumen und Gräser zeigte, deren Nutzen betonte – nicht nur als Beikräuter für den Melissengeist—und auf den Verlust ökologischer Vielfalt im Zuge einer Ökonomisierung der Landwirtschaft hinwies.

»Mein Mann wurde von einigen Zeitgenossen als ungehobelter Klotz bezeichnet, aber das war es gerade, was mich an ihm faszinierte«, so begann eine ihrer Lieblingsgeschichten, während ihr verklärter Blick bei den Wanderungen nach naturbelassenen Baumstämmen des Unterholzes Ausschau hielt.

»Unkraut vergeht nicht«, vergewisserte sich Tante Klara noch einmal, »aber bisweilen habe ich den Eindruck, dass in unserer Landwirtschaft die chemische Industrie nichts unversucht lässt«. Ihr Blick wanderte auf dem Heimweg über eintönige Monokulturen.

In meinem späteren Leben hat mich der Umgang mit Un-Arten menschlichen Verhaltens, auch eingedenk Tante Klaras, stets beschäftigt. Als Assistent am »Institut für Erziehungsschwierigkeiten« war ein Gutteil meiner Tätigkeit die Diskussion über Begriffe, mit denen menschliche Un-Arten belegt wurden: Erziehungsschwierigkeiten, Erziehungsstörungen, Verhaltensstörungen, Verhaltensauffälligkeiten, Verhaltensbesonderheiten, herausfordernde Verhaltensweisen, emotional-soziale Besonderheiten usw. Es war der Beginn der 70er-Jahre des vorigen Jahrhunderts, und die Sonderpädagogik begann, ihre Tradition als »heilpädagogische« Wissenschaft mit ihrer Anlehnung an medizinische Modellannahmen zugunsten einer sozialwissenschaftlichen Orientierung zu hinterfragen. Die notwendige Diskussion ihrer Begriffe vor dem Hintergrund theoretischer Modellannahmen schien allen die notwendige Voraussetzung auf dem Wege zu einer eigenständigen Wissenschaft zu sein. Am Rande sei erwähnt, dass diese Diskussionen mangels stringentem Wissenschaftsverständnis selten über das Werfen pädagogischer Nebelkerzen und über tautologisches Ringelreihen hinausgingen und, da eher *über* die Träger dieser Zuschreibungen als *mit* ihnen diskutiert wurde, dies weniger einer Veränderung der sonderpädagogischen Landschaft als dem Erhalt sonderpädagogischer Lehrstühle diente.

Interessanterweise kamen wichtige Anregungen aus einem anderen Bereich medizinisch belasteter Disziplinen – der Psychotherapie, und hier zunächst aus den Modellüberlegungen der Verhaltenstherapie bzw. der behavioristisch orientierten Verhaltensmodifikation. Diese führten – wenn auch zunächst mit sehr einfachen mechanistischen Annahmen, dann aber im Zuge ihrer kognitiven Erweiterung – Verhaltensunterschiede auf Wechselwirkungen mit Umweltbedingungen zurück. Auch die sozialwissenschaftlichen Annahmen zur Wirkung von Etikettierungsprozessen und der sozialen Kontrolle von Normabweichungen schienen mit diesen Grundannahmen kompatibel. Und schließlich boten die Systemtheorien eine neue Sichtweise auf das, was in den bisherigen heilpädagogischen und psychotherapeutischen Modelldiskussionen so nebelkerzenhaft als »ganzheitlich« bezeichnet wurde.

Es war wohl kein Zufall, sondern den gesellschaftspolitischen Vorstellungen zu Beginn der 1970er-Jahre geschuldet, dass auch im Weinbau eine neue »Bewegung« auftauchte, die als »neue« Umweltbewegung bezeichnet wurde und – wie im ebenfalls neuen Verständnis von Verhaltensbesonderheiten – eine neue Sicht auf Natur- und Umweltprozesse eröffnete.

Beginnen wir zum besseren Verständnis mit den Unterschieden von »alter« und »neuer« Umweltbewegung.

Die alte Sichtweise: Die Natur als Subjekt und als Objekt

Mit Beginn des 19. Jahrhunderts – geprägt durch das spannungsreiche Verhältnis von Aufklärung, Industrialisierung und gesellschaftlichen, revolutionären Veränderungen – suchte man in einer romantischen Wendung hin zu Natur und Innerlichkeit, die Grundbedürfnisse des Menschen in einer engen Verbindung mit der zu bewahrenden Umwelt zu sehen. Diese »alte« Umweltbewegung entstand auf dem Boden »der großen Naturschwärmerei und des Naturkults, im Zeitalter Rousseaus, des Sturm und Drang, der frühen Romantik« (Radkau 2011, S. 39), in der die Natur wie eine

»säkularisierte Göttin« verehrt wurde. Naturschutz war bereits damals ein Hinweis auf die Endlichkeit natürlicher Ressourcen, wie etwa der »Holznot« um 1790, die in der zunehmenden Holzgewinnung verortet wurde. Naturschutz war eine zentrale Aufgabe, die in der Schaffung von Naturschutzgebieten und Nationalparks ihren Ausdruck fand – das erste deutsche Naturschutzgebiet war ab 1836 der Drachenfels am Rhein.

Ökologische Ideen und Initiativen entstanden also da, wo man einer »Versündigung« gegen die Natur entgegentreten musste, um mögliche Defekte, »Störfälle der Natur« und Defizite in der Harmonie zwischen Mensch und von ihm vorfindbarer Natur wieder auszugleichen.

Man wird den romantischen Ideen zu Beginn des 19. Jahrhunderts allerdings nicht gerecht, wenn man sie nur als Verklärung der Natur und der natürlichen menschlichen Bedürfnisse, als Rückzug vor den »tiefgreifenden« Veränderungen von Gesellschaft und Arbeitswelt versteht. In den philosophischen Überlegungen der Schlegel-Brüder sowie von Fichte und Schelling bis hin zu den Dichtern Novalis und Tieck sollte auch »als Wagestück der Vernunft« ein angemessener, Bedeutung herstellender Versuch unternommen werden, eine Antwort auf die Widersprüche und Deformationen gesellschaftlicher Entwicklungen zu finden. Imaginationen und Innerlichkeit, aber auch Selbstgenuss und Witz waren Versuche, das Individuum mit den Schrecken der objektiven Welt zu versöhnen und einem Sinnverlust entgegenzuwirken.

Somit war die Romantik auch keineswegs eine Gegenposition zur Aufklärung, sie wollte vielmehr dort wirksam sein, wo

> » *die Religionen und rationalen Wissenschaften die Frage nach dem Sinn des Ganzen und nach den ›Perspektiven jenseits von klaren und deutlichen Begriffen‹ nicht mehr zu stellen, bzw. nicht mehr zu beantworten in der Lage sind* « *(Zimmermann 2021).*

Ihr Ziel war nicht Weltflucht, sondern ein Angebot zum Überleben in Fantasien, Imaginationen und dem Aufzeigen der Grenzen einer aufgeklärten Vernunft. Nicht von ungefähr kam Mitte des 19. Jahrhunderts die Beschäftigung mit Kippfiguren auf, welche in ihrem Hinweis auf Täuschungen der Wahrnehmung einen Zugang zu vorbewussten Tiefen der Menschenpsyche und der Subjektivierung religiöser und monokausaler Erklärungsversuche lieferte. Die Kippfigur war in ihrer multistabilen Wahrnehmung ein Symbol für kontingente Handlungsplanung.

Bereits Tante Klara, die bei einem Gläschen Melissengeist, den sie dann zu Punsch verfeinerte, gerne die Fantasien und menschlichen Abgründe romantischer Autoren (wie der Brüder Grimm, E.T.A. Hoffmann, Edgar Allen Poe) goutierte, gab mir auf den Weg: »Solltest du einmal psychologische Beratung zu deinem Tätigkeitsfeld machen, vergiss nicht die metaphorische Bedeutung der Kippfiguren und die in der Romantik betonten Schöpfungskräfte tiefgründiger Seelentätigkeit. Es gibt mehr Dinge zwischen Himmel und Erde, als sich unsere Schulweisheit träumen lässt, und linear-kausale Erklärungen sind der Feind wissbegieriger Weinproben. Ich sage nur ›Kontingenz‹« – und bei Nennung dieses Wortes nahm sie einen tiefen Schluck: »Es ist nichts unmöglich, und es könnte auch alles anders sein. Und ich sage nur ›Nietzsche‹« – wieder nahm Tante Klara einen Schluck Punsch –, »der die Ideen der Romantik in ihrem ›mannigfachen Suchen, Experimentiren, Zerstören, Verheißen, Ahnen, Hoffen‹ zum ›Carneval aller Götter und Mythen‹ erklärte, ›bei dem es dem geistigen Mittelstande mit Recht bange um sich selbst werden musste‹ (ebd.). Und dieses erkenntnistheoretische Wechselbad wird sich fortsetzen«, so Tante Klara, »von den Erkenntnissen der Psychoanalyse bis hin zu den Befunden der Neurobiologen, von denen einige in ihren linear-kausalen Schlussfolgerungen auch weiterhin dem von Nietzsche angesprochenen geistigen Mittelstande zuzurechnen sind, auch wenn zu befürchten steht« – und hier leerte Tante Klara ihr Glas – »dass ihnen noch nicht einmal mehr bange um sich selbst wird.« An die punschgeschwängerten romantischen Exkurse der Tante erinnere ich mich auch heute noch mit einem gewissen Erschauern, dankbar bin ich ihr jedoch bis heute, weil sie mir mit ihren Assoziationen die Vorliebe für Nachschlagewerke und das mit deren Lektüre verbundene Gläschen Rotwein und Querlesen ans Herz legte: »Auch der Brockhaus, mein Junge, ist ein Kind der Aufklärung und der Romantik.«

Wer es nachvollziehen möchte: Man nehme ein Getränk seiner Wahl und den Großen Brockhaus in der 20. Auflage und folge den Kapiteln: Romantik, Hölderlin, Schiller, Görres, Nietzsche, Richard Wagner, Ganzheitspsychologie, Völkischer Nationalismus, Heidegger, Kippfiguren, Wittgenstein, Hirnforschung usw. usw.

»Nun ja«, pflegen meine Töchter zu sagen: »Dieser enzyklopädische Wissenserwerb mag einen gewissen Charme haben, vor allem beim Rotwein. Aber wo bleibt dann das tiefergehende Verständnis, das du ja gerade noch in der romantischen Sinnsuche ausgemacht zu haben glaubst?« Und zu ihren Kindern gewandt fahren sie fort: »So ist Opa: Er weiß von allem ein bisschen und von jedem bisschen alles! Man kann das genießen, muss es aber nicht«. Doch dies alles nur am Rande.

Die Erziehung von Kindern und Reben

Das Lebensgefühl Mitte des 19. Jahrhunderts war durch eine Bewusstmachung des Verhältnisses von Natur und Gesellschaft bestimmt. In den Nachwehen der Französischen Revolution wurde Rousseaus Gesellschaftskritik begierig aufgenommen, und in seinen Erziehungsvorstellungen suchte man eine Antwort auf das Verhältnis von Natur und Kultur: Bei entsprechenden Umweltbedingungen wachsen Pflanzen und Bäume von alleine, ihren Bedürfnissen entsprechend. Sollte man also nicht auch der menschlichen Entwicklung und Erziehung die Chance geben, sich von selbst zu entfalten? Aber, so die Überlegung, waren beispielsweise der Wein wie auch der Mensch nicht so sehr Natur- als vielmehr Kulturpflanzen, die durch Erziehung von Anfang an auf die gesellschaftlichen Anforderungen vorzubereiten waren? Natürlich gab es in der Entwicklung begünstigende Umweltbedingungen. Seit dem Mittelalter bereitete man im Weinbau wie in der Kindererziehung zu diesem Zwecke den Boden. Dieser musste, um Auswaschungen zu vermeiden, befestigt werden. Er musste gedüngt werden. Die Reben mussten mit Kammern oder Pfählen geschützt und mit Reisig festgebunden werden.

Dies verbrauchte enorm viele Ressourcen, was, wie bereits erwähnt, mit der Ausrufung der »Holznot« erste Naturschutzmaßnahmen nahelegte. Und diese wurden erstmals vor dem Hintergrund gesellschaftlicher und kultureller Vorgaben diskutiert.

Gab es etwa auch eine Ausbeutung natürlicher Ressourcen in der menschlichen Erziehung? War die Erziehung zur »Frömmigkeit und Nützlichkeit« auch mit Mitteln des Zurechtstutzens und des Festbindens wie im Weinbau zu erreichen? Rousseau war der Auffassung, dass eine natürliche Erziehung vor allem in jungen Jahren die grundlegenden natürlichen Bedürfnisse des Kindes zu berücksichtigen habe und dass die Schlüsselkompetenzen der Frömmigkeit und der Nützlichkeit zu hinterfragen seien. Die zunehmende Industrialisierung mit ihrer Ausdifferenzierung von Bürgertum und Proletariat ließ diese Schlüsselkompetenzen je nach Stand nun sehr unterschiedlich erscheinen. Im 18. Jahrhundert war der Anteil verarmter, herumstreunender, bettelnder Kinder sehr groß, und es gab wenige Berührungspunkte zu den bürgerlichen wohlbehütenden Altersgenossen, die zu sittlich wertvollen, artigen Kindern erzogen werden sollten. Von daher gab es auch unterschiedliche Erziehungsvorstellungen, und Abweichungen von erwünschten, »normalen« Verhaltensweisen wurden sehr unterschiedlich wahrgenommen.

Wenn die Kinder artig sind

Heinrich Hoffmann, der Autor des Struwwelpeters und zahlreicher Weinlieder für Ärzte, lässt uns an diesen Vorstellungen teilhaben. Die Kinder sollten sich »artig« in die bürgerlichen Erziehungsstrukturen integrieren. Es ist von der Bezeichnung her ein Verweis auf die »Art« des Menschen: ein biblisches Konzept »ein jegliches nach seiner Art« und ein biologisches Konzept, wie es etwa 100 Jahre vorher zur Systematik der Lebewesen von Linné aufgegriffen wurde. Wenn es nicht den Vorstellungen des Menschseins entsprach, konnte man erwartungswidriges Verhalten demnach als »unartig« bezeichnen.

Artiges Verhalten wurde belohnt, wie wir von Hoffmann erfahren, und darunter verstand er, dass Kinder als artig bezeichnet werden, wenn sie u. a.

» Ihre Suppe essen
und das Brot auch nicht vergessen,
wenn sie, ohne Lärm zu machen,
still sind bei den Siebensachen,
beim Spaziergehn auf den Gassen
von Mama sich führen lassen «
(zit. nach Holtz u. Weiner 2008, S. 13).

Man beachte die sehr positive Formulierung von erwarteten Kompetenzen. Defizite oder gar Defekte wurden noch nicht thematisiert. Und auch der sicherlich später noch einmal von uns angesprochene Zappelphilipp leidet noch nicht an einem Syndrom, weder ADHS noch DMDD (*Disruptive mood dysregulation disorder*). Er testet seine oppositionellen Tendenzen und Bewegungsbedürfnisse mit seinem Vater erst einmal aus, und zwar so, dass es eine Art hat, aber – auch in Hoffmanns Perspektive – durchaus entwicklungs- und artgerecht. Dass all die im Struwwelpeter aufgezeigten und im Sinne Rousseaus natürlichen Bedürfnisse der Protagonisten zu gesellschaftlichen bzw. familiären Problemen führen, ist dann bei Hoffmann nachzulesen (vgl. Holtz u. Weiner 2008).

Etwas weniger geräuschlos erfolgte der Umgang mit den proletarischen Kindern. Un-Arten als Abweichungen von den geforderten gesellschaftlichen Erziehungsvorstellungen wurden drastischer sanktioniert und ähnelten deutlicher der biologisch geprägten Reberziehung des Zurechtstutzens und Hochbindens:

Wenn Proletarierkinder aus der Art schlagen

Seit dem Mittelalter gab es eine lange Tradition, abweichendes Verhalten als eine Störung göttlicher bzw. gottgewollter staatlicher Ordnung anzusehen. Christliche Hospitäler, Arbeitshäuser, Rettungs- und Waisenhäuser kümmerten sich um diejenigen, die nicht im Schoße der Familie angemessen erzogen werden konnten, also arme, verwahrloste und verwilderte Kinder, die ansonsten durch Bettelei und Diebstähle ihr Überleben zu sichern trachteten und von pietistischen Waisenhausbetreibern (wie etwa August Hermann Francke, 1663–1727, in Halle) vornehmlich zur »Frömmigkeit und Nützlichkeit« erzogen werden sollten. Da dies bisweilen an

Ausbeutung und wenig kindgemäße Erziehung erinnerte, entbrannte mit dem ausgehenden 18. Jahrhundert der sogenannte »Waisenhausstreit«, der zur Schließung zahlreicher Anstalten führte. Maßgeblich beteiligt waren die Philanthropen, die, angeregt durch Rousseau (1712–1778), die Natur des Kindes und die naturgemäße Erziehung in den Vordergrund stellen wollten. Aber um das Überleben der neuen Einrichtungen zu gewährleisten, sollten auch hier aus ökonomischen und pädagogischen Gründen Arbeitsaufträge eingeholt werden. Die Entwicklung von Industrieschulen, die das Erziehungsziel der »Industriosität« verfolgten, war die Folge. In diese wurden auch schwererziehbare Kinder aus gut situierten Familien aufgenommen, vorwiegend waren es aber »disziplinierende Einrichtungen für proletarische Kinder und Jugendliche« (Myschker 1989, S. 159).

Zu sanktionierende Verhaltensabweichungen bezogen sich demgemäß nicht nur auf Entwicklungsfehler bzw. Defizite, sondern auch auf die Entwicklung ökonomisch zweckmäßiger Arbeitstugenden. Es versteht sich, dass diese Normen in gut romantischer Tradition mit Naturgesetzlichkeiten begründet wurden.

Der Status der Industrieschulen wurde jedoch durch zahlreiche Ereignisse infrage gestellt. Die Wirren der napoleonischen Kriege und die Entwicklung einer nicht berufsbildenden, sondern allgemeinen Volksschule (als noch naturgemäßere kindliche Erziehungseinrichtung) trugen dazu bei. Aber auch die Begründungen durch andere »Naturgesetze«, deren Missachtung als Versündigung an der Natur angemahnt wurde, bestimmten die Diskussion.

Einen großen Einfluss hatten die Thesen des Pfarrers und Oxforder Professors für Geschichte und Nationalökonomie Malthus (1766–1834), die er in seinem *Essay on the principle of population* (Malthus 1798) zur Diskussion stellte. Sein göttliches Naturgesetz ging davon aus, dass

> » *sich die Bevölkerung stets schneller vermehrt als sich die Produktion von Nahrungsmitteln erhöhen lässt. Armut, Elend, Verwahrlosung, Laster sind die gottgewollten Regulative gegen zu starke Bevölkerungszunahme. Jegliche Hilfen sind deshalb abzulehnen* « *(Myschker 1989).*

Menschen mit diesen proletarischen Verhaltensbesonderheiten seien daher nicht in die natürliche Gemeinschaft aufzunehmen, sondern bestenfalls von den Interaktionen mit der Normalbevölkerung fernzuhalten.

Die Kontroverse über diese unterschiedlichen Naturgesetze führte u. a. zu einer Rückbesinnung auf rousseausche Grundannahmen, die vor allem in der Schweiz durch Pestalozzi erarbeitet wurden. Nicht der »Zwang einer äußeren Ordnung und Ordentlichkeit« oder ein »Einpredigen von Regeln und Vorschriften« (Pestalozzi 1799, S. 18) macht die Gefühle und Kräfte der zu Erziehenden für eine positive Entwicklung bereit, sondern »die Befriedigung ihrer täglichen Bedürfnisse« (s. hierzu Myschker 1989). Hier wurden die in der Romantik geforderten Naturgesetze also unter einer kindgemäßeren Perspektive formuliert:

- Ziel öffentlicher Erziehung und der Umgang mit abweichendem Verhalten wird bestimmt durch das Zusammenleben wie in »einer großen Haushaltung« (ebd., S. 19) (Familienprinzip).
- Sozialverhalten lässt sich durch »Angewöhnung an die bloße Attitude« bis hin zum inneren Halt und zur inneren Haltung trainieren (kindgemäße Sozialerziehung).
- Eine Orientierung an den Grundbedürfnissen der Heranwachsenden sollte gewährleistet sein (Bedürfnisorientierung).
- Verhaltensabweichungen, Ressourcen und Kompetenzen sollten in einem wechselseitigen Verhältnis gesehen werden: Der Mensch ist das, »was ihn erhebt und was ihn erniedrigt, was ihn stärkt und ihn entkräftet« (ebd.).

Nicht der Defekt, sondern die Verhaltenspotenziale sollten Gegenstand einer angemessenen Förderung sein. Ein später Nachfahre Pestalozzis, der Schweizer Heilpädagoge Paul Moor, der ab 1930 gemeinsam mit seiner Frau das Kinderheim Schloss Ketschendorf (mit »25 psychopathischen Knaben und Mädchen«) leitete, hat dies zusammengefasst:

» Wo immer ein Kind versagt, haben wir nicht nur zu fragen: Was tut man dagegen? Pädagogisch wichtiger ist die Frage: Was tut man dafür? Nämlich für das, was werden sollte und werden könnte ... (›Nicht gegen den Fehler erziehen, sondern für das Fehlende‹)

Wir haben nie nur das entwicklungsgehemmte Kind als solches zu erziehen, sondern immer auch seine Umgebung. (...)

Alle die keinen inneren Halt besitzen, brauchen Menschen, die ihrerseits einen inneren Halt besitzen, als äußeren Halt. Dieser kann aus Strukturen, Lebensfreude, Hilfe bei der Lebensgestaltung und Alltagsbewältigung bestehen « (Moor 1966).

Die Familienorientierung wurde in der Folgezeit von verschiedenen Erziehungsheimen übernommen. »Familie, Schule und Arbeit« sollten »eine organische Einheit bilden«, so formulierte es Wichern (1833) für das »Rauhe Haus« in Hamburg. Dieses neupietistisch geprägte Kinderdorf in der Nähe Hamburgs für »Verkommene«, »Missratene« und »sittlich Verwahrloste« war aus Sicht der Verantwortlichen und des diese Erziehungsinstanz tragenden Bürgertums als Sozialisierungsinstanz äußerst erfolgreich. Aus

» der Sicht des Proletariats jedoch, des ›vierten Standes‹, dem die Zöglinge entstammten, musste das Erziehungssystem als Disziplinierungsmittel für ein christlich-demütiges, den Produktionsverhältnissen angepasstes Leben, als Zwangssystem gegen Anpassungsverweigerung und revolutionäre Tendenzen verstanden werden « (Myschker 1989, S. 160).

Aber auch für diese unterschiedlichen Auffassungen hätte Pestalozzi Verständnis gehabt:

» Es ist das Los des Menschen, dass die Wahrheit keiner hat. Sie haben sie alle, aber verteilt, und wer nur bei einem lernt, der vernimmt nie, was die anderen wissen « (Quelle unbekannt).

Nicht nur Rousseau, ein Freund erkenntnistheoretischer Paradoxa, sondern auch das Bild der Kippfigur hatten den Pädagogen geprägt.

Und so wie Mitte des 19. Jahrhunderts Naturschutzgesetze zum Erhalt natürlicher Ressourcen gefordert wurden, auch zur rentablen und qualitativ angemessenen Entwicklung des Weinbaus, forderten die Vertreter einer artgerechten Erziehung und Sozialisation das Umfeld erzieherischer Maßnahmen zur Stabilisierung ihrer Zöglinge ein.

Von den Unarten zu den Verhaltensstörungen: Das medizinische Modell

In diesem gesellschaftlichen und ideologischen Umfeld entwickelte sich nun auch das Verständnis von Verhaltensstörungen: Während die Aufklärung die göttlichen Einwirkungen auf psychopathologisches Verhalten mit guten Argumenten entkräftet hatte und Exorzismen sowie kirchliche Unterweisung nicht mehr als die Mittel der Wahl ansah, meldeten sich nun auch die Vertreter medizinischer Modellvorstellungen zu Wort. Im Vordergrund stand hier eine materialistische Orientierung, nach der Verhaltensabweichungen vor allem durch somatische Veränderungen – bevorzugt hirnphysiologischer Natur – erklärt wurden. Rückgriffe auf vorchristliche Modelle wie die Lehre von den Körpersäften des Hippokrates wurden ebenfalls diskutiert und waren bis in die Mitte des 19. Jahrhunderts nicht aus der Mode gekommen. Aber auch hier thematisierte man neben den biologischen Erklärungsansätzen im Blick auf die gesellschaftlichen Verwerfungen die Bedeutung intakter Umweltbedingungen wie Natur, Umfeld und Familie, aber auch die elementaren menschlichen Bedürfnisse.

So schreibt der Berliner Psychiater Griesinger (1817–1869), der in den Geisteskrankheiten grundsätzlich Gehirnkrankheiten sah, dass in Bezug auf Vorbereitung und unmittelbare Auslösung Umweltbedingungen – wie Störung der Beziehung zu den Eltern, Kränkung oder Gemütsmisshandlung – die »häufigsten Quellen des schizophrenen Irreseins« seien (Griesinger 1861). Aber auch für andere psychische und moralische Phänomene bei Kindern und Erwachsenen war vor allem das Gehirn als »psychisches Organ« verantwortlich, es waren demnach »psychische Krankheiten«, deren Entstehen allerdings nicht unwesentlich von der Qualität der Umwelt und den jeweiligen Entwicklungsbedingungen abhing. Griesinger, der 1838 über die Diphtherie promoviert und 1857 ein Buch über

Infektionskrankheiten veröffentlicht hatte, war ein erklärter Gegner romantischer Modellvorstellungen in der Medizin. Vor und während seiner Tätigkeit an der Berliner Charité, an der er 1865 den neugeschaffenen Lehrstuhl für Psychiatrie und Neurologie erhielt, suchte er präventive und kurative Maßnahmen bei psychischen Krankheiten vor allem in einer »wohlgeordneten psychischen und leiblichen Diätetik«, die vor allem Umweltmaßnahmen und naturgemäße Erziehung einschloss. Medikamente waren zu dem Zeitpunkt noch nicht en vogue, aber bisweilen verordnete er Abführmittel und Stechäpfel, dessen Inhaltsstoff Scopolamin bis zur Einführung der Neuroleptika zur Beruhigung von hocherregten Patienten verwendet wurde.

Krankheiten im Weinberg

Etwa zur gleichen Zeit versuchten die Winzer, mit einer Verbesserung der Bodenqualität, der Zugabe von natürlichem Dünger und geeigneten Erziehungsmaßnahmen der steigenden Nachfrage nach Wein zu entsprechen. Man diskutierte u. a. den Anbau ertragreicherer Reben, doch mit Einführung robusterer Rebstöcke aus Übersee wurden auch einige für den Weinbau verheerende Krankheiten eingeschleppt, die Prävention und kurative Maßnahmen nachhaltig veränderten. Zuerst war es der echte Mehltau (*Oidium*), der mit Einführung neuer Reben (um 1845) eingeschleppt wurde. Als daraufhin resistente Reben aus Nordamerika geordert wurden, brachten diese die Reblaus mit (1863), die alle romantischen Überlegungen zum Naturschutz zurückdrängte. Und als dann eine Lösung in der Aufforstung mit resistenten Unterlagen erfolgte, kam mit diesen um 1878 noch der falsche Mehltau (*Peronospera*) hinzu. Mit natürlichen Maßnahmen war nach damaliger Auffassung dem Befall nicht beizukommen, vor allem chemische Interventionen wurden entwickelt, so die Bordeaux-Brühe mit einem hohen Anteil von Kupfersulfat und Kalk. Gegen die Reblaus fand sich zunächst kein Mittel, die französische Regierung setzte Preisgelder für erfolgversprechende Strategien aus, aber keine der Ideen hatte Erfolg: Man flutete die Weingärten mit Wasser, setzte hochgiftigen Schwefelwasserstoff ein und vergrub tote Kröten im Wurzelbereich der Reben.

Die Katastrophe war nicht aufzuhalten, in den europäischen Weinbergen wurden bis 1900 nahezu 80 % der Weinbauflächen zerstört. Dieser ungeheure Verlust und die Hilflosigkeit gegenüber dem Insekt führten dann auch zu einer neuen Bezeichnung für die Gefahr. Im Jahre 1880 wurde der Begriff des »Schädlings« erfunden. Es war eine neue Dimension, die den Begriff des Un-Geziefers ablöste (das althochdeutsche biblische Wort *zepar* für Geziefer bedeutete »das Gott wohlgefällige Opfertier«). Etwa zu diesem Zeitpunkt wurden dann reblausresistente Wurzelstöcke aus den USA eingeführt, die mit heimischen Edelreben aufgepfropft wurden.

All das geschah in unruhigen Zeiten, die die Aufklärer wie die Romantiker aus ihren geistigen Rückzugsgebieten rissen. Der deutsch-französische Krieg wie auch das Erstarken nationalistischer Strömungen erschwerte nicht nur die grenzüberschreitende Kooperation im Weinbau, sondern gab den romantischen Strömungen einen Drall ins nationale Naturempfinden. Und was die Naturwissenschaften betraf, entwickelten sich mehr oder weniger fruchtbare Wettbewerbe zwischen den Nationen Deutschland und Frankreich. Louis Pasteur, einer der Urväter wissenschaftlicher Weinbereitung, lieferte sich heftige Diskussionen beispielsweise mit Robert Koch in der Entwicklung der Mikrobiologie als Wissenschaft. Beider Befunde führten auch zu einem geänderten Verständnis von Naturschutz. Waren zunächst noch die Folgen zunehmender Industrialisierung und der damit verbundenen Verschmutzung von Straßen, Äckern und Wäldern Gegenstand erster Naturschutzverordnungen, verschob sich der Schwerpunkt mit Aufkommen der Bakteriologie als Teilgebiet der Biologie (Mikrobiologie) und der damit verbundenen Erforschung von Seuchen (Infektionen) um 1900 vom spezifischen Naturschutz auf die Analyse und Behandlung gesundheitlicher Probleme als Indikator natürlicher Lebensführung.

Diese Entwicklung spiegelt sich auch in den damaligen Überlegungen zum psychopathologischen Verhalten wider. Der uns schon vertraute Berliner Psychiater Griesinger sah die Gefahren zunehmender negativer Folgen der Industrialisierung für die menschliche Psyche und mahnte eine gesunde Lebensführung an.

In seinem Buch *Die Pathologie und Therapie der psychischen Krankheiten* (1861) betont er als präventive Maßnahme die Bedeutung einer »wohlgeordneten psychischen und leiblichen Diätetik«, worunter er Folgendes versteht:

> *Alles was ein Vorherrschen der Fantasie, was körperliche und psychische Weichlichkeit, was eine zu frühe Entwicklung des Geschlechtstriebes veranlassen könnte, müsste entfernt gehalten, es müsste immer so viel als möglich auf die einfachsten, geordnetsten äußeren Lebensverhältnisse, auf die Vermeidung anhaltender Leidenschaften, auf Gewöhnung an Unterordnung unter objektiv gegebene Verhältnisse gesorgt werden* (Griesinger 1861, S. 475).

Und auch ein anderer bekannter Psychiater dieser Zeit, Richard von Krafft-Ebing, der Griesinger und dessen hirnanatomische Untersuchungen während einer Rekonvaleszenz, nach einer Typhuserkrankung in Zürich, kennengelernt hatte, schloss sich dessen diätetischen Vorstellungen an. In seiner Schrift *Über gesunde und kranke Nerven* plädierte er für »ein richtiges Verhältnis zwischen Besitz und Verausgabung von Nervenkraft« (1885, S. 18). Jedoch: Dieses Verhältnis ist trotz »riesenhaften Aufschwungs, welchen Wissenschaften, Künste, Gewerbe und Handel (...) genommen haben« (ebd., S. 1) zutiefst gestört. Es sind die Bedingungen der naturentfremdeten Lebensweise und eine Überreizung durch die »moderne Civilisation, namentlich in den Centren derselben, in den Grossstädten« (ebd., S. 2).

> *Die Furcht vor Seuchen, politischen Umwälzungen, Börsenkrach's, Kriegen, vor dem Socialismus u. a. schrecklichen Dingen erhält unzählige Menschen in einer permanenten Sorge und Aufregung und lässt sie nicht zum ruhigen Genuss ihres Daseins gelangen* (ebd., S. 4).

Und dieses nicht nach den eigenen natürlichen Bedürfnissen ausgerichtete Leben zehrt an der eigenen »Nervensubstanz« und »bereitet ein vorzeitiges Alter mit mannigfachen geistigen und leiblichen Gebrechen« (S. 12). Krafft-Ebing hat noch die Hoffnung, dass die aufgezeigte Entwicklung durch geeignete Maßnahmen, u.a. die Fürsorge des Staates, gestoppt werden kann. Aber auch eine gesündere Lebensführung »in associativer Thätigkeit seiner Bürger« (ebd., S. 77) mit sinnvoller Arbeit, nutzbringender Erholung und Verzicht auf allzu viele Genussmittel, mit ausreichendem Schlaf vor Mitternacht, einer angemessenen Work-Life-Balance (»wirklichen Hirnferien«, wenn möglich auf dem Lande) und nicht zuletzt einer Eheschließung in »anthropologisch gutem Sinn« kann »eine wunderbar stärkende Kraft« (ebd., S. 79ff.) entfalten. Noch wird also an die Eigenverantwortung von Staat und Bürger appelliert – noch werden keine Psychopharmaka empfohlen. Knapp 10 Jahre später wird das erste synthetisch hergestellte Sedativum Chloralhydrat vermarktet. In den ersten 18 Monaten nach seiner Einführung werden in England 17 Millionen Einzeldosen verbraucht – es löst Ängste, entspannt und lässt besser schlafen, auch schon vor Mitternacht.

Es ist die Zeit, in der im Weinbau die Bordelaiser Brühe gegen den falschen Mehltau nahezu flächendeckend zum Einsatz kommt. Sie enthält Kupfer-Ionen, die in den Pilzsporen als Enzymgifte wirken und deren Keimung verhindern können. Sie wirkt protektiv, muss also vorbeugend ausgebracht werden. Nach den Katastrophen im Weinbau werden im deutschsprachigen Raum weitere Konsequenzen erwogen. Wie lässt sich die natürliche Pflege der Reben verbessern? Welche Hilfen kann uns die neue mikrobiologische Forschung bereitstellen? Und wie lassen sich die Grenzen vor der Invasion pathogener Erreger und Neophyten schließen? Nimmt uns beispielsweise das Franzosenkraut als Un-Kraut die Nährstoffe aus dem Boden oder lässt es sich als Viehfutter oder Würzpflanze noch irgendwie nutzen? Mit dieser Überlegung und der Abkehr vom Mischsatz als Schutz vor weiterer Kontamination wurden Bestrebungen um eine natürliche Biodiversität nicht gefördert. Die in der Romantik thematisierte Ganzheitlichkeit löste sich, auch wegen ihrer begrifflichen Unschärfe, in allgemeine Forderungen nach dem großen Ganzen auf. Trotz aller Reformbewegungen – wie die »Lebensreform«, »Reformpädagogik«, »Jugendbewegung« und »Jugendstil«, welche eine »Sehnsucht nach selbst organisierter ›natürlicher‹ Gemeinschaft ohne alles beherrschende staatliche Bürokratie« (Radkau 2011, S. 60) zum Ausdruck brachten – war die Natur ein diffuses unpolitisches Rückzugsgebiet. Gesetzgebungen zum Schutze der Natur, wie sie ja auch Krafft-Ebing als Aufgabe des Staates zur psychischen Hygiene vorschwebten, bezogen sich auf solche Rückzugsgebiete, auf sehr spezifische schützenswerte Gebiete und Tierarten. Der Bund für Vogelschutz, ein Vorläufer des NABU[11], entstand. Die Auswahl des besonders zu schützenden Vogels des Jahres (und anderer Pflanzen und Tiere) verdeckte jedoch – bis in unsere Zeit – den Blick auf komplexere, menschengemachte Ungleichgewichte in der Natur.

Im Dilemma von Aufklärung und Romantik: Psychoanalyse und andere Ursprünge moderner Psychotherapie

Das bereits geschilderte Spannungsverhältnis von Aufklärung und Romantik bestimmte in der Folgezeit den Umgang mit Un-Kräutern und Parasiten im Weinberg. Aber auch die sich entwickelnden Psychotherapien, und deren jeweiliges Konzept von psychischen Un-Arten und Krankheitserregern, waren ein Kind ihrer Zeit: Die materialistische und naturwissenschaftliche Grundausrichtung der Psychoanalyse Sigmund Freuds und einiger seiner Schüler schloss wesentliche romantische Elemente ein: die Konzeption des Unbewussten, die intensive Beschäftigung mit den Tiefen und Abgründen des Seelenlebens, die Beschäftigung mit Träumen und der Traumdeutung, der kreative Prozess der Sublimierung, die Beschäftigung mit Mythen und Symbolen finden ihre Vorläufer und Begleiter in den philosophischen und literarischen Zeugnissen der Romantik.

An einem anderen Beispiel wird die Entwicklung der Psychotherapie von mittelalterlichen religiösen Vorstellungen hin zum spannungsreichen Wechselspiel von Romantik und Aufklärung deutlich: In den Ursprüngen der Hypnose und imaginativer Verfahren in der Tradition Mesmers.

Franz Anton Mesmer (1734–1815) hatte den »animalischen Magnetismus« als neue physikalische Wirkkraft entdeckt. Darunter verstand er ein »subtiles physikalisches Fluidum«, welches das Universum erfüllt und »eine Verbindung zwischen dem Menschen, der Erde und den Himmelskörpern« (Mesmer 1985) sowie einzelnen Menschen herstellt. Ein Ungleichgewicht des Fluidums bzw. das

11 Naturschutzbund Deutschland.

Stocken des Fluidums im Körper führt zu Krankheiten. Mit speziellen Streichbewegungen, den sogenannten »passes« versuchte Mesmer, das erforderliche Fließen wiederherzustellen.

Etwa zur gleichen Zeit, um 1770, hatte ein Vorarlberger Dorfgeistlicher, Johann Joseph Gassner, mit seinen Exorzismen enorme Erfolge. Er reiste auf Einladung einer von ihm geheilten Gräfin durch Oberschwaben und erregte die Aufmerksamkeit höchster Kreise. Immerhin lockte er von Oktober 1774 bis April 1775 ca. 20.000 Besucher und Behandlungswillige an, seine Schrift *Weise, fromm und gesund zu leben und gottselig zu sterben, oder nützlicher Unterricht wider den Teufel zu streiten* (Gaßner 1775) erreicht in den nächsten vier Jahren 12 Auflagen, womit er für nachfolgende Guru-Autoren bis in unsere Zeit Vorbild dafür bleibt, wie man die Kombination von pädagogischem Zeigefinger, nahezu göttlicher Gewissheit und Gesundheitstipps zum Erfolgsmodell machen kann. Natürlich erregt er mit seinen Tätigkeiten und Veröffentlichungen Aufmerksamkeit, rund 150 Streitschriften für oder gegen ihn erscheinen. Der Bischof von Regensburg ernennt ihn zum Hofkaplan und Geistlichen Rat.

Ein Mitglied der Kurbayerischen Akademie der Wissenschaften, der Theatinerpater Ferdinand Sterzinger, ist sein erbitterter Gegner, fürchtet er doch nach 10 Jahren bayerischer Aufklärung einen gefährlichen reaktionären Rückschritt. Mesmer, der in Wien mit seinen Demonstrationen nicht sehr erfolgreich ist, sieht eine Chance, sich in diesem Streit zu profilieren. Beinahe zufällig startet er seine Heilaktionen in Oberschwaben, die Zeitungen berichten von seinen Wunderkuren auf natürlicher Grundlage, und irgendwann erscheint eine weitere Streitschrift mit dem Titel *Politische Frage, ob ein weislich regierender Landesfürst über die gaßnerischen Kuren ohne Nachteil seiner Untertanen noch länger gleichgültig sein kann.* Nun ist der bayerische Kurfürst Maximilian III. Joseph, Gründer der Akademie und aufgeklärter Landesfürst, gefordert, und Mesmer wird im Auftrag der Akademie gebeten, als Gutachter die Unterschiede und Gemeinsamkeiten beider therapeutischen Ansätze zu erläutern:

> >> *Am 25. November gibt Mesmer vor der Kommission eine Darbietung seiner magnetischen Heilkräfte, die dem Vernehmen*

nach alle Anwesenden überzeugt. Das aufgeklärte akademische Publikum spürt magnetische Ströme in Gestalt eines teils warmen, teils kalten Windes, wann immer Mesmer seinen Finger auf es richtet. Die Ströme durchdringen Türen und selbst dicke Mauern. Man lässt sich von Mesmer magnetisch aufladen und spürt alsdann, wenn man selbst einen Finger in Richtung eines Spiegels hält, den vom Spiegel reflektierten Magnetismus. Außerdem versetzt Mesmer den Sekretär der Akademie und weitere Personen durch seinen magnetischen Finger nach Belieben in konvulsivische Zuckungen. In Bezug auf Gassner erklärt Mesmer, dass dieser, ohne es zu wissen, mit der gerade demonstrierten Kraft des animalischen Magnetismus heile und dass sein Exorzismus ohne Zweifel auf rein natürlichen Ursachen beruhe « *(Baier 2015, S. 52).*

Die Akademie ist überzeugt, hat sie doch nun eine aufgeklärte, naturwissenschaftlich belastbare Begründung für Gaßners und Mesmers Methoden. In tiefer Dankbarkeit und Erleichterung wird Mesmer zum Mitglied der Münchner Akademie der Wissenschaften ernannt.

Aber so recht kann er sich auch im aufgeklärten Bayern nicht durchsetzen, und so zieht er nach Paris, wo er das Gefallen des königlichen Hofes findet und große Erfolge feiert. Doch Mesmers Behandlungsmodell wird auch dort kritisch beäugt. Die medizinische Fakultät der Universität und die französische Gesellschaft für Medizin setzen eine königliche Kommission ein, und nun soll Mesmers Methode mit naturwissenschaftlichen Mitteln erneut überprüft werden. Der ehemalige Gutachter sieht sich also nun selbst einer erneuten Begutachtung gegenüber. Die Kommission unter dem Vorsitz von Benjamin Franklin, seit 1776 Botschafter in Frankreich, will es besonders gut machen und bittet die führenden Naturwissenschaftler und Mediziner ihrer Zeit als Sachverständige um eine Stellungnahme. Mitglieder sind u. a. der Astronom Bailly, der durch die Berechnung der Umlaufbahn des halleyschen Kometen bekannt geworden war, der Chemiker Lavoisier, der gerade den Sauerstoff entdeckt hatte, und der Mediziner Jean-Ignace Guillotin, dessen Erfindung bald ausgiebig zum Einsatz kommen sollte. Die Kommission kommt zu dem Ergebnis, dass die Erfolge des animalischen Magnetismus nicht auf die vom Autor genannten naturwissenschaftlichen

Annahmen zurückzuführen seien, sondern auf Imagination und die Einbildungskraft der Patienten.

Allein der Botaniker Antoine Laurent de Jussieu veröffentlichte ein Minderheitenvotum, das ein positives Urteil über Mesmers Verfahren ausdrückte: Allerdings beruhe es nicht auf einem Fluidum, sondern auf der Übertragung von Körperwärme.

Es gibt nun einige Autoren (z.B. Peter 2000), die diesen Urteilsspruch als den Beginn der modernen Hypnose bzw. überhaupt der modernen Psychotherapie mit ihrem Wirkfaktor der suggestiven bzw. imaginativen Beziehung zwischen Therapeut und Patient ansehen. Der sich zu Beginn des 19. Jahrhunderts nach der Französischen Revolution ausbreitende Mesmerismus (1816 wurden in Berlin und in Bonn je ein Lehrstuhl für Animalischen Magnetismus eingerichtet) beschäftigte nicht nur die naturwissenschaftlichen Überlegungen dieser Zeit, sondern wurde begierig in die philosophischen und literarischen Strömungen der Romantik integriert. Schelling, Schopenhauer, Schlegel und Fichte beschäftigten sich mit den Grundannahmen des Mesmerismus. Edgar Allen Poe, E.T.A. Hoffmann und Heinrich von Kleist verarbeiten in ihren literarischen Werken die Beziehungen von übernatürlichen Kräften, Imaginationen, Suggestionen und Traum, und so schließt sich wieder der Kreis zu den Vorläufern freudscher Grundannahmen.

Ein jedes nach seiner Art: Die Systematisierung im Weinbau und in der Psychopathologie

Die Vorschau auf die Entwicklung moderner Strömungen im Weinbau, in der Psychopathologie und Psychotherapie wäre unvollständig, wenn wir nicht noch auf eine weitere Entwicklungslinie naturwissenschaftlichen Fortschritts zu sprechen kämen. Das ausgehende 18. Jahrhundert ist auch ein Zeitalter der Systematisierung. Dank Tante Klaras Aufforderung zum enzyklopädischen Wissenserwerb springe ich einen Abschnitt nach oben und erinnere an den Botaniker de Jussieu (das ist derjenige, der bei Mesmer ein Minderheitenvotum zu seinen Gunsten abgegeben hat). De Jussieus Verdienst als Biologe ist u.a. sein Hauptwerk *Genera Plantarum* (1789). Darin verknüpfte Jussieu seine Beschreibung der Pflanzengattungen anhand einer Vielzahl korrelierender Merkmale zu einer natürlichen Pflanzensystematik, die innerhalb weniger Jahrzehnte das linnésche System ablöste. Nahezu alle Naturwissenschaften entwickelten zur Ordnung und besseren Vorhersagbarkeit solche Taxonomien, das Periodensystem der Chemie entstand 1868. Die Weinwirtschaft dieser Zeit sah ebenfalls die Vorteile solcher Taxonomien, eine Systematik der Pflanzen und der geologischen Bodenbedingungen schien ein erfolgversprechendes Hilfsmittel in der Qualitätsverbesserung und Widerstandsfähigkeit der Rebanlagen nach dem Reblausbefall. Ebenso erfolgversprechend erschien aus ökonomischen Überlegungen eine Taxonomie der Weingüter nach Qualität, und so begann man ab 1850 im Bordeaux, die einzelnen Chateaus entsprechend zu systematisieren.

Dem zunehmenden Interesse an Taxonomien und Systematisierungen konnten sich auch die Wissenschaften, die sich mit psychischen Störungen befassten, nicht entziehen. Zudem hatten sie eine lange Tradition: Bereits 1763 veröffentliche der Arzt und Botaniker Francois Boissier de Sauvages de Lacroix (1706–1767) seine *Nosologia methodica* (1763), in der er, analog zum botanischen Werk Linnés, eine Klassifikation der Krankheiten darstellte. Aber eine Systematisierung psychischer Krankheiten fand naturgemäß erst dann Interesse, als unterschiedliche Arten diskutiert wurden.

Die vorherrschende Meinung Griesingers etwa, dass sich die vielfältigen Erscheinungsformen psychischer Krankheit auf eine alleinige Ursache, eine Einheitspsychose, zurückführen ließen, wurde durch eine wachsende Zahl klinischer Studien zunehmend infrage gestellt. Es war Emil Kraepelin, im gleichen Jahr geboren wie Sigmund Freud (1856), der in der Folge einen wesentlichen Beitrag zur Systematisierung psychischer Störungen leistete. Sein botanisches Interesse war groß. Ursprünglich hatte er mit dem Studium der Biologie und Chemie begonnen, sein Bruder Karl war ein bekannter Botaniker. Bereits während ihrer Gymnasialzeit erkundeten sie die heimatliche Flora. Karl machte den Bruder mit den wissenschaftlichen Grundlagen der Biologie vertraut, vor allem mit der botanischen Klassifikation. Emils Interesse an den nichtspekulativen Naturwissenschaften war groß. In Leipzig arbeitete er 1882/83 am ersten Lehrstuhl für experimentelle Psychologie bei Wilhelm Wundt – in der Hoffnung, dessen psychophysische Methoden auch für die Psychiatrie nutzbar zu machen. 1986 kam Kraepelin zu der Aussage, in der Kausalanalyse zwischen Hirnfunktion und psychischer Krankheit benötigte die Psychiatrie weniger »spekulative« Theorien und mehr Laborforschung über Hirnprozesse. In der nachfolgenden Zeit entwickelte er während seiner Tätigkeit in Heidelberg aufgrund seiner empirischen Befunde als Alternative eine Nosologie mit einer Zweiteilung der endogenen Psychosen in manisch-depressives Irresein und Dementia praecox. So kann er als Mitbegründer einer Systematik psychischer Krankheiten gelten.

In München wandte er sich auch vermehrt sozialpolitischen Fragen zu. Neben einer Reform des Strafvollzugs, in der er ein größeres Mitspracherecht von Psychiatern bei der Beurteilung von Schuld und Strafe forderte, trat er für die Einrichtung von Trinkerheilanstalten ein und beteiligte sich, wie wir es ja schon bei Griesinger und Krafft-Ebing gesehen hatten, an gesundheitspolitischen Überlegungen. Nicht nur die durch allerlei Missstände geförderte Nervenschwäche, auch eine mit all diesen Bedingungen verbundene »Entartung« zeige die Notwendigkeit einer umfassenden »psychischen Volkshygiene«. Denn die auch von seinen Vorgängern angesprochenen »degenerativen Kräfte« behindern den »Kampf ums Dasein« (Kraepelin 1919). Und zu diesen negativen Kräften zählen durchaus auch (sozial) staatliche Maßnahmen, die zur »Verweichlichung der Bevölkerung« beitragen. Wenn man so will, wird hier die Frage nach den überlebenswichtigen Ressourcen und Resilienzen von Individuen und Volksgemeinschaften aufgeworfen und unter Einbezug präventiver eugenischer Maßnahmen diskutiert.

Der Begriff der Entartung, der ja einen degenerativen Prozess gegenüber den »Un«-Arten hinzufügte, beherrschte bereits die Diskussion unter Kraepelins Vorgängern. Griesinger wie Krafft-Ebing waren Anhänger des französischen Psychiaters Benedict Augustin Morel (1809–1873), der das medizinische Modell degenerativer Veränderungen auf psychische Entwicklungsprozesse übertrug. Zwar waren zunächst nur die Prädispositionen zu Neurasthenien erblich, Psychoneurosen waren nach Krafft-Ebing jedoch

Übergangszustände zur Entartung. Diese Überlegungen bestimmten bis in die Mitte des 20. Jahrhunderts die Überlegungen einer auch psychischen Volkshygiene. Einige Psychiater, wie der andere Heidelberger, Karl Jaspers, taten die Übernahme der somatischen Degenerationsideen jedoch schon frühzeitig als spekulativ und unwissenschaftlich ab, da es sich um eine zwar intuitiv (und vor allem künstlerisch) erfassbare Wirklichkeit handele, um eine Typologie, die zwar unseren Formensinn schärfe, aber nicht zu praktischen Schlussfolgerungen berechtige.

Degeneration und Neuzüchtungen im Weinbau

Um Degenerationserscheinungen im Weinbau vorzubeugen, versuchte man, durch Neuzüchtungen die positiven Merkmale verschiedener Reben mittels Kreuzung miteinander zu vereinen. In den USA wollte man so die Qualität und die Erntemengen positiv beeinflussen, in Europa begann die Zucht möglichst widerstandsfähiger, aber ebenfalls qualitativ anspruchsvoller Sorten. Im elsässischen Colmar gelang dem Züchter Christian Oberlin 1897 eine Rotweinsorte durch Kreuzung von Vitis Riparia und Gamay, die widerstandsfähig gegen die Reblaus und den falschen Mehltau war. Noch 1958 war sie im Elsass mit 4.500 Hektar Rebfläche vertreten, auch auf der anderen Seite des Rheines war »der Oberlin« vor dem ersten Weltkrieg verbreitet und bei den Bauern im Rheingraben als unkomplizierte und kräftige Hausrebe sehr beliebt. Knapp 30 Jahre später – Elsass gehörte nun wieder dem Erzfeind Frankreich, und es mehrten sich die Stimmen, man habe mit französischen Neuzüchtungen schlechte Erfahrungen gemacht – wurde für die Weinbauern deutscher Scholle auch der Oberlin verboten und eine Rodung angeordnet.

Ganz Baden fügte sich diesem Dekret. Nein, nicht ganz Baden, ein kleines Dorf nördlich von Heidelberg, seit 1903 eingemeindet, leistet Widerstand. Die Oberlin-Besitzer, ansonsten der vorherrschenden Politik nicht ganz abgeneigt, wollen sich von einem erklärten Antialkoholiker und dessen Gefolgsleuten nicht ihren Zaubertrank verbieten lassen. Und sie möchten ihn schon gar nicht eintauschen gegen die zur Verrieselung[12] neigenden deutschen Neuzüchtungen (1936)

12 Befruchtungsstörung der Weinrebe, bei der ungewöhnlich viele Blüten oder kleine Beeren vom Stielgerüst abgestoßen werden. Die Gründe können vielfältig sein.

aus der Rebenzüchtungsanstalt des Kaiser-Wilhelm-Instituts in Müncheberg – auch wenn diese so klangvolle Namen haben wie Aris und Siegfried (und die, was man ja nicht so genau wissen muss, selbst wieder Kreuzungen aus Oberlin und Riesling sind). Es bleibt festzuhalten, dass durch diese, wie der französische Kollege sagen würde, *résistance* der manchmal unbeugsamen Dorfbewohner eine Traubensorte erhalten geblieben ist, über die Nachfahren und »Neigeschmeckte« auch heute noch Zauberdinge zu berichten wissen.

Seit den katastrophalen Erfahrungen des 19. Jahrhunderts stand also eine Selektion widerstandsfähiger und qualitativ hochstehender Trauben und ein Anbau in einem Qualität und Widerstand gewährleistenden Umfeld im Vordergrund. Monokulturen, Düngung und ein Zurückdämmen konkurrierender Pflanzen, des Un-Krauts, waren dabei erforderlich.

Der deutsche Wein war, wie auch der französische, sehr begehrt. Zur besseren Vermarktung bildeten sich um die Jahrhundertwende Interessengemeinschaften – wie 1910 der Verband deutscher Naturweinversteigerer –, die hochstehende Qualitätsmerkmale zu gewährleisten versprachen. Es versteht sich von selbst, dass diese Vereinigungen auch die typischen Ausprägungen deutscher Qualitätsweine definierten. Das vom Franzosen Chaptal vorgeschlagene Trockenzuckern wurde als unnatürlich abgelehnt und auch das von dem »ersten deutschen ›Socialisten‹« (Singer 1894) zur Rettung der darbenden Moselwinzer vorgeschlagene Verfahren der Nasszuckerung wurde als degenerative Einmischung empfunden, die mehr Entartung als Aufartung nach sich zöge. Ideale Eigenschaften oder Kompetenzen, die sich in der imperialen Gründerzeit und in der nachfolgenden Militarisierung als Erziehungsideale und Normvorstellungen etablierten – wie Ordnung, Selbstbeherrschung und Mäßigung –, entsprachen den idealen Geschmackskriterien deutscher Weine, wie »stahlig«, »geradlinig« und »ehrlich«.

Abweichungen von der Normalität und krankhafte Prozesse

Nun ist es ja nicht neu, dass die Vorstellungen über Normalität den vorherrschenden Erziehungsidealen entsprechen, interessant ist jedoch, ab welchem Ausmaß man die Abweichungen als Störungen bzw. als Krankheiten bezeichnet. Bei den Weinen war es klar. Mit der Erforschung mikrobiologischer Prozesse hatte man ein Kriterium gefunden: Galten die Abweichungen als durch Mikroorganismen verursacht, sprach man fortan von »Weinkrankheiten«, »Fehler« waren die Abweichungen, die das sensorische Empfinden bei einer Weinprobe nachhaltig beeinträchtigten. Aber Pilzbefall konnte auch schon auf dem Weinberg auftreten, wenn abgefaulte oder schlecht durchlüftete Unkräuter mikroorganismische Prozesse auslösten. Ja, auch schon eine unzureichende Bodenbearbeitung oder übermäßige Düngung, etwa mit Stickstoff, lösten parasitäre Prozesse aus.

Vom unartigen zum kranken Zappelphilipp

Wie steht es nun mit der Beurteilung abweichenden Verhaltens: Wann gewinnt eine Diskrepanz von den normativen Erwartungen Krankheitswert? Nehmen wir also wieder die »Fallschilderung« des Zappelphilipps aus der romantischen Epoche, um dessen Deutung in den Gründerjahren bis in die Mitte des vorigen Jahrhunderts nachzuzeichnen. Schließlich hat sich die Geschichte ja zur Erfindung eines »Syndroms« angeboten.

Die organpathologischen Grundannahmen Griesingers und die Funktionsstörungen als »psychische Krankheiten« hatten wir ja weiter oben schon kennengelernt. Es war die »nervöse Konstitution«, sicherlich mitbedingt durch und eine Antwort auf die degenerativen Wirkungen einer sich abzeichnenden Industrialisierung und Abkehr von der Natur, welche auffälliges Verhalten verursachten. Diese Annahme blieb nicht unwidersprochen, alternative Erklärungsversuche reichten von konstitutionellen Charakterfehlern (Strümpell, 1812–1899), einer neuropathischen Konstitution (Czerny, 1863–1841) bis hin zu neurotischen Unarten, denen durch eine angemessene Erziehung zu begegnen sei, so der Wiener Ordinarius für Kinderheilkunde Franz Hamburger (1874–1954). Es sei den Eltern zu empfehlen, »ihre Kinder vom elften Jahre an in die Hitler-Jugend zu geben. Die meisten Kinder verlieren ihre Neurosen, wenn sie den Betrieb in der HJ mitmachen« (Hamburger 1939).

Dass nahezu alle Nerven- und Kinderärzte mit ihren normativen Vorstellungen Gesundheitsempfehlungen verknüpften, hatten wir bereits gesehen. In den USA war das nicht anders. Der Neurologe George Miller Beard (1839–1883) beschrieb eine typisch amerikanische »societal illness« (1869), die »American nervousness«, die er vergleichbar dem Kulturpessimismus seiner deutschen Kollegen auf fünf umweltbezogene Einflussfaktoren zurückführte: auf Dampfkraft, Tagespresse, Telegraf, Wissenschaften und nicht zuletzt die »mental activity of women«. Seine im Jahre 1869 eingeführte Bezeichnung »Neurasthenie« fand weltweit Beachtung (s. hierzu ausführlicher Seidler 2004). Einem weiteren Trend der Zeit folgend schlug er u. a. eine Art Kurbehandlung vor. Nach seiner Auffassung trafen die genannten Kulturerscheinungen bei den Betroffenen vor allem auf Mangelerscheinungen bestimmter chemischer Elemente, z. B. Phosphor. Ursprünglich sollten also im Sinne einer Kur fehlende Stärkungsmittel zugeführt werden: Phosphor und Ähnliches für den nervösen und kulturgeschädigten Menschen, Stickstoff und Ähnliches im Rahmen einer Bodenkur für den Wein.

Manchmal schienen die zusätzlichen Gaben plausibel, häufig jedoch führte die Experimentierfreude nach Kraepelin aber auch zu beobachtbaren Veränderungen, die zunächst nicht plausibel schienen, wobei man deren Mechanismen noch nicht zu verstehen glaubte. Die chemischen Produkte der Farbenfabriken, den Vorläufern von Bayer und BASF, lieferten Substanzen, die sich auch auf vermutete psychoorganische Prozesse bei Menschen auswirkten: Trypanrot gegen die Schlafkrankheit (Paul Ehrlich überprüfte es 1901 auch als Mittel gegen Trypanosoma equinum, eine Parasitenerkrankung bei Einhufern) sowie Methylenblau, ein Phenothiazin-Derivat gegen Malaria, dessen sedierende und antipsychotische Wirkung es zu einem begehrten Vorläufer späterer Neuroleptika werden ließ. Der Beginn der psychopharmakologischen Forschung war – wie auch der Einsatz und die Erforschung von Stärkungsmitteln, Fungiziden und Pestiziden – im Weinbau von zahlreichen, oftmals schädlichen Rückschlägen begleitet. Das lag vor allem daran, dass die zugrunde liegenden linear-kausalen Grundannahmen, vor allem in Bezug auf organmedizinische Defekte, weder im Umgang mit Verhaltensauffälligkeiten noch bei der Qualitätssteigerung im Weinbau ein angemessenes Erklärungsmodell liefern konnten. Es lag nicht so sehr daran, dass der Einfluss von Umweltfaktoren nicht gesehen worden wäre, es war viel mehr der Mangel an einem Prozessmodell, das in der Lage war, komplexere Wechselwirkungen abzubilden.

Natur und menschliches Wesen versus Blut und Boden

Die Entwicklungen in den 30er- und 40er-Jahren des 20. Jahrhunderts möchte ich, auch aus Rücksicht auf Tante Klara, hier nur kurz streifen. Die Verlautbarungen und die angeordnete Praxis im Umkreis von Entartung und Aufartung, von Schädlingen und deutscher Scholle förderten weder den Umweltschutz, noch trugen sie zum besseren Verständnis der psychogenen Erkrankungen bei. Wie sollten sie auch? In Bezug auf Umweltschutz und Weinförderung waren die erwünschten Optionen eher durch zufällige Konstellationen, Konkurrenzdenken und Überlebensstrategien gekennzeichnet. Vorkriegszeit und Kriegszeit waren durch abnehmende Absatzmärkte, Arbeitskräftemangel und Ausbeutung von Anbauflächen gekennzeichnet. Die manuelle und mechanische Bearbeitung wich großflächiger maschineller Bewirtschaftung. Nicht nur bei Kartoffeln und Getreide musste eine solche Ernte durch reichlich Herbizide und Fungizide vorbereitet werden. Der romantisch verklärte Klein- und Weinbauer war buntbebilderte Propaganda, und eine naturbezogene Flächenplanung erfolgte nur da, wo sehr konkrete individuelle Wünsche erfüllt werden sollten, etwa bei der Ausweitung der Naturparks Schorfheide und Rominter Heide für den Reichsforstmeister, Reichsjägermeister und Präsidenten des Reichsforschungsrats Hermann Göring (1943–1945).

Ob die Granden des sogenannten Dritten Reichs, sieht man einmal vom Reichsjägermeister ab, große Unterstützer des deutschen Weinbaus waren, ist nicht verbürgt. Nach seinem Tode fand man bei dem erklärten Antialkoholiker Hitler einen riesigen Weinkeller mit ca. einer halben Million Flaschen vor allem französischen Weins und Champagners.

Auch die offiziellen Unterstützungskampagnen der deutschen Weinwirtschaft entstanden eher aus einem konkurrenzbeladenen Zuständigkeitsgerangel zwischen verschiedenen Gauleitern, Reichsnährstand und Deutscher Arbeitsfront und unter Druck einiger Landräte und Winzerfunktionäre, die sich auch als Teil der »Volksgemeinschaft« und diese in der Pflicht sahen. Dabei gab es auch schon in der Weimarer Republik Werbung für den deutschen Wein: »Wein ist Volksgetränk.«

Die Rekordernte von 1934 hatte zu einer Überproduktion geführt. Die Qualität war hervorragend, aber es gab massive Absatzprobleme. Leider galt der zuständige Reichsbauernführer als Bewunderer der Germanen, die sich ja bekanntermaßen eher an Bier und Met berauschten. Die für 1935 geplante Weinpropaganda erreichte bisher nie dagewesene Ausmaße. Vor allem die von nun an geplante Großveranstaltung des »Festes der deutschen Traube und des Deutschen Weins« mit der Wahl einer Weinkönigin war ein voller Erfolg. Hinzu kamen sogenannte Weinpatenschaften mit Städten und Gemeinden im ganzen Reich. 1936 meldeten sich über 900 Städte für eine oder mehrere Winzergemeinden. Sie erhielten Kontingente an Flaschenwein zu Festpreisen. Die Preise waren günstig und die Qualität sehr gut. Ein Kälteeinbruch im gleichen Jahr reduzierte jedoch die Erntemenge erheblich, die gute Qualität ließ sich auch ohne diese Propaganda verkaufen. Aber die Regierung stand unter Druck und wollte liefern und die weinseligen Volksgenossen nicht enttäuschen, die sich schon auf ein »Saufen für den Führer« eingestellt hatten. Die Einführung von Höchstpreisen, die Aussetzung der qualitativ hochwertigen Weinversteigerungen und vor allem Weinpanschereien und noch mehr staatliche Interventionen waren die Folge. Mit dem Weinraub vor allem in Frankreich während des Zweiten Weltkriegs sollte der gesteigerte Weinhunger dann wieder befriedigt werden. In Deutschland zeichnete sich in der Folge der Weg ab, Masse statt Klasse zu produzieren. Und dies wurde noch bis weit in die Nachkriegszeit beibehalten.

Umwelt- und Naturschutz wurde in dieser Zeit, wie wir gesehen haben, nur sporadisch und zufällig umgesetzt, dennoch war eine ideologische Tendenz zu erkennen, gesellschaftliche Veränderungen – wie wir dies schon in den Aussagen Griesingers und Krafft-Ebings, aber auch in den Grundannahmen Kraepelins gesehen hatten – als unnatürlich, das Organische deformierend, wahrzunehmen. Neurasthenien waren ebenso die Zeichen einer unnatürlichen gesellschaftlichen Entwicklung wie die menschengemachten Eingriffe in die Natur, denen der naturgesetzliche Wandel in Vaterland und Mutterboden nicht angemessen folgen konnte. Das Recht des Stärkeren war eines dieser Naturgesetze, das sich gegen Wildwuchs und Verweichlichung wandte, Stärkungsmittel und Mittel wie Herbizide und Pestizide, die eine unnatürliche Ausbreitung artfremden Unkrauts bzw. krankmachender Parasiten und Schädlinge eindämmen sollten, waren natürliche Helfer. Während bis Ende des 19. Jahrhunderts noch Eisensulfat, Kupfersulfat und Schwefelsäure zur Unkrautbeseitigung eingesetzt wurden, gelang Bayer 1892 mit Dinitrokresol (DNOC) das erste synthetische Insektizid, das ab 1925 dann auch als Herbizid eingesetzt wurde. Die 40er- und 50er-Jahre des vorigen Jahrhunderts wurden zur Blütezeit pharmakologischer und chemischer Forschung.

Und wer hat's mal wieder erfunden? Richtig: die Schweizer

1944 experimentierte der Schweizer Chemiker Leandro Panizzon, angestellt beim Pharmakonzern Ciba, mit dem von ihm synthetisierten Metylphenidat. Und wie es bei Schweizern häufiger vorkommt, siehe Piaget, experimentierte auch er gerne in der Familie und probierte die Wirkung der neuen Substanz an seiner Frau aus. Vielleicht dachte er sich etwas dabei, vielleicht war ihm seine Frau etwas zu zurückhaltend. Zu seiner angenehmen Überraschung wurde sie lebhafter, und sie konnte sich besser konzentrieren, was ihr u. a. beim Tennisspielen (es soll die Vorhand gewesen sein) zugutekam. Erfreut über diese Win-win-Situation nannte er das Produkt, da seine Frau auch noch auf den schönen Namen Rita hörte, ihr zu Ehren Ritalin.

Bei einem anderen Schweizer Pharmaunternehmen, Cilag, entwickelte Henri Martin etwas später (1950) ein Aminosäurederivat, das er glücklicherweise nicht in der Familie ausprobierte, vielleicht aber im Vorgarten oder im Trinkwasser. Man wusste auch noch nicht so genau, wozu es gut sein könne, das Produkt wurde später an die Firma Monsanto verkauft, die sich zu dieser Zeit mit Problemen der Wasserenthärtung beschäftigte. Schließlich entdeckte man, dass sich dieses Glyphosat in Kombination mit anderen Substanzen sehr gut zur Unkrautvernichtung eignete. Unter der Bezeichnung Roundup trat es dann 1971 seinen Siegeszug an. Auffallend ist an den geschilderten Beispielen, dass es offenbar häufig Produkte gab, von denen man zunächst noch nicht wusste, wozu man sie einsetzen sollte. Die Erforschung neurobiologischer Prozesse und die Verwendung anderer als der von Kraepelin vorgeschlagenen Forschungsdesigns steckte noch in den Kinderschuhen.

Im Übrigen entdeckte man 1949 die antimanische Wirkung von Lithium, ab 1950 wurde Chlorpromazin synthetisch hergestellt, nach längeren Versuchen entdeckte man dessen antipsychotische Wirkung. Trotz aller Zufallsbefunde war die Entdeckung der neuen Substanzen von nachhaltiger Wirkung. In der Folge kam es zu einer deutlichen Abnahme der Bettenbelegung in psychiatrischen Krankenhäusern. Ob dies jedoch vornehmlich auf Fortschritte psycho- und soziotherapeutischer Maßnahmen in dieser Zeit zurückgeführt werden konnte, ließ sich nicht eindeutig nachvollziehen.

Es ist gegen alles ein Kraut gewachsen – Die wundersame Vermehrung der Krankheiten

Auch die Systematisierung psychischer Krankheiten und Verhaltensstörungen machte mit Beginn der 1950er-Jahre große Fortschritte. 1952 erschien erstmals das »Diagnostische und statistische Handbuch psychischer Störungen«, so die wörtliche Übersetzung. Es liegt aktuell in der fünften Auflage (DSM-V) vor, die 2013 veröffentlicht wurde. Als 2008 die Autoren für die Neuauflage der Öffentlichkeit vorgestellt wurden, fiel nicht nur den Insidern auf, dass, wie auch schon in der Vorgängerversion, über die Hälfte der Beteiligten in irgendeiner Form Geld von der Pharmaindustrie erhalten hatte. Mehr noch, bei den neuen Krankheitsbildern wurde deutlich, dass die Beiträge der Co-Autoren in einigen Bereichen nahezu deckungsgleich mit den Werbe- und Forschungsbroschüren der Konzerne waren. Es schien so, dass die Erfindung neuer Syndrome, wenn sie denn in das neue Manual aufgenommen wurden, für viele Beteiligte zu einer warmen Gelddusche führten, denn in den meisten Fällen waren die neuen Krankheitsbilder insofern sehr gut aufgestellt, als in nahezu allen Fällen auch gegen sie ein Kraut gewachsen war. Um nicht falsch verstanden zu werden: Ich möchte hier kein generelles Pharma-Bashing veranstalten und die Integrität der beteiligten Autoren nicht infrage stellen (die inzwischen auch bei allen Veröffentlichungen angeben müssen, von wem sie gesponsort werden). Es gab jedoch gute Gründe, bei den beteiligten 28 Autoren und generell bei einschlägigen Veröffentlichungen Transparenz herzustellen. Während der Zeit der Mitarbeit durften die Beteiligten nicht mehr als 10.000 US-Dollar pro Jahr durch Tätigkeiten für die Hersteller einnehmen. Für einige der Autoren dürfte dies mit merklichen finanziellen Einbußen gegenüber früheren Jahren verbunden gewesen sein. Es gab eine intensive Diskussion, u. a. in der *New York Times*. In Leserbriefen zeigte man sich schockiert über die Abhängigkeiten bei der »Bibel« der US-Psychiater, da doch die Beschreibung der meisten Erkrankungen allein auf deren textlicher Beschreibung beruhe und Definitionen bestimmter Syndrome – und hier wurde auf das Beispiel ADHS verwiesen – so allgemein gefasst seien, dass praktisch jeder darunter falle.

Ein anderer Einwand bezog sich auf das zu beobachtende *Disease mongering*: Man »erfand« Krankheiten und Patientengruppen, um Menschen zu behandeln und sie in den Genuss der Medikamente zu bringen. Und in der Tat umfasste jede Neufassung des Manuals eine Gruppe neuer Verhaltensbereiche mit Krankheitswert, die zuvor noch als normale Varianten menschlicher Lebensführung angesehen wurden, nun aber über Nacht pathologisiert wurden. Statistische Überlegungen gehen davon aus, dass mit dem neuen DSM-V in Deutschland ca. zwei Drittel der Bewohner als psychisch krank zu bezeichnen sei und mit Erscheinen des Handbuchs über 20 % über Nacht erkrankten, ohne es zunächst zu bemerken. So kamen etwa folgende Verhaltensbesonderheiten mit Krankheitswert hinzu: *Temper dysregulation disorders* als bipolare Störung bei Kindern und Jugendlichen, von Tante Klara noch schmunzelnd als Zeichen irgendeiner Trotzphase bezeichnet, führten in der Folge zu einer Medikation schon 2- bis 3-Jähriger, Wutanfälle wurden als Ausdruck einer *Intermittent explosive disorder* eingeordnet, Verträumte litten unter einer *Cognitive tempo disorder*. Sammler, nicht nur Messies (für die es ja schon eine Kategorie gab), leiden unter der *Hoarding disorder*, überschießende Gefühlsäußerungen sind *Dysruption mood dysregulation disorders.* Dass Trauer nun nicht erst nach einem Jahr, sondern bereits nach 6 Monaten als »Anhaltende Trauerstörung« gilt, wird nicht nur vom Deutschen Hospiz- und Palliativ-Verband e. V. als unangemessen zurückgewiesen. Diese Kategorisierung laufe dem positiven Verständnis von Trauer zuwider. Da in vielen Fällen jedoch Hilfsangebote nötig seien, solle stattdessen besser eine »Belastungsstörung nach Verlust« eingeführt werden.

Hier wird ein Dilemma deutlich: Es ist seit Beginn der Industrialisierung unbestritten, dass gesellschaftliche Entwicklungen zu wachsenden Herausforderungen für die Gesunderhaltung der Bevölkerung führen. Ebenso, dass Unterstützungsangebote bereitgestellt werden sollten. Es birgt jedoch massive Risiken und Nebenwirkungen, wenn körperliche wie psychische Antworten von Individuen, die einen protektiven Wert haben dürften, pathologisiert werden und nach den Vorstellungen eines organmedizinischen Krankheitsmodells behandelt werden. Trauer, Angst, Schüchternheit und auch Wut können kompetente Strategien im Umgang mit Belastungen sein. Diese als Symptome zugrunde liegender individueller Fehlfunktionen zu interpretieren, füllt zwar die Kassen des Gesundheitssystems einschließlich der Pharmaindustrie, kann jedoch zu Entmündigungen der Individuen führen. Dies sollte bei allem Verständnis für die Segnungen einer freien Marktwirtschaft in aller Transparenz diskutiert werden – auch, dass offenbar psychische Krankheiten bisweilen nach der Verfügbarkeit von Medikamenten definiert werden.

»The way to sell drugs is to sell psychiatry illness«, so beschreibt der Bioethiker Carl Elliott die allem Aufklärungsdenken entrückte Profitlogik in der Pharmabranche. Auch bei Paxil, einem Produkt von Glaxo Smith Kline, brauchte man einige Zeit, bis man auf die allseits verbreitete Schüchternheit und etwas verklemmte Zurückhaltung vieler Mitbürger stieß. Diese Art von Zurückhaltung, wahrscheinlich überlebensnotwendig zur Zeit der Säbelzahntiger und ein liebreizend emotionales Zeichen – nicht nur bei Frauen – während der Romantik (s. o.), schien nicht so recht in die Zeit der Reaganomics mit ihrem übersteigerten Selbstdarstellungs- und Präsenzwahn zu passen. Und dies traf vor allem für die Mittelschichtfrauen zu, aber auch für die Erwartungen an Kinder, die auf die gesellschaftlichen Anforderungen vorbereitet werden sollten. So beschreibt die US-Historikerin Anjana Shrivastava die dreifache Belastung der Mittelschichtmütter:

> »*Einmal vom Schönheits und Jugendgebot, dann vom Mutterideal und schließlich vom Erfolg im Beruf. Ohne diese Drogen könnten die Frauen nur ein ganz, ganz einfaches Leben führen. Die Natur des Menschen ist vielfach den Anforderungen des modernen Großstadtlebens nicht mehr gewachsen, deswegen muss die Chemie hier helfend eingreifen*« *(zit. nach Höge 2001).*

Das Problem war nur, dass die Zielgruppe ihr Leiden noch nicht richtig in die entlastenden Krankheitsbilder einordnen konnte und noch nicht so recht klar war, warum man Paxil nehmen sollte. So wurde eine Anzeigenkampagne gestartet, in der auf das Krankheitsbild der *Social anxiety disorder* hingewiesen wurde. Mehr noch: Selbsthilfegruppen wurden initiiert und finanziell unterstützt – so die *Anxiety disorders Association of America* und die Gruppe *Freedom from fear* sowie die *American Psychiatric Association* (APA) mit ins Boot geholt. Weitere Elterninitiativen diskutierten das Dilemma der zurückhaltenden, sich im richtigen Leben nicht durchsetzenden Kinder und deren möglicherweise geringen Erfolgschancen in der Gesellschaft. Der für das Produkt verantwortliche Chef der Pharmafirma stellte nach kurzer Zeit erleichtert fest: »Jeder Anbieter träumt davon, einen unbekannten Markt zu entdecken und zu entwickeln. Genau das gelang uns bei der Sozialangst«, und im Aktionärsbericht wurde dann stolz verkündet: »Paxil became No. 1 in the U.S. selective serotonin reuptake inhibitor market for new retail prescriptions in 2000« (ebd.).

Sicherlich ist es nicht nur für Aktionäre wichtig, an einem erfolgreichen Unternehmen beteiligt zu sein. Auch die Begründung, bei einem angemessenen Umsatz Geld für lebenswichtige Forschung zur Verfügung zu haben, ist nicht von der Hand zu weisen. Und es gibt Stimmen, dass auch den Patienten geholfen sei, wenn sie mit ihrem Leiden an der Welt nicht allein gelassen werden und sie sich auf eine entlastende Krankheitsdiagnose beziehen können. Ob nun die »Pille für Stille«, wie die ehemalige Hamburger Zeitung *Die Woche* das Medikament gegen Sozialphobie nannte, ob »mother's little helpers« oder die Medikamente gegen das »Zappelphilipp-Syndrom«: Es war gegen manch gesellschaftliches Ungemach ein Kräutlein gewachsen, beide mussten nur mehr oder weniger behutsam und werbewirksam zusammengeführt werden.

Und im Weinbau?

Neben der Arbeitserleichterung und Quantitätssteigerung in der Agrarindustrie, einschließlich Weinbau, profitierte auch die Arbeit im gutbürgerlichen Vor- und Hausgarten von der zunehmenden Menge an Insektiziden und Herbiziden, die etwas euphemistischer als Pflanzenschutzmittel bezeichnet werden. Nahezu 20 % der verbrauchten Menge werden dort, zumeist nach dem Gießkannenprinzip, ausgebracht. Wenn man einmal von Schwefel absieht, ist dies deutlich mehr als im Weinbau. Der unkrautbefreite blühende Vorgarten trug, nicht nur in US-amerikanischen Vorstadtsiedlungen, auch als Mittel der Selbstdarstellung durch diese »mother's little helpers« zur Identitätsentwicklung der Nachkriegszeit bei. Gleichzeitig mehrten sich aber Stimmen, die nicht nur die Gleichförmigkeit der Vorstädte aus städtebaulicher Perspektive kritisierten, sondern auch die gezielte Verringerung der Biodiversität durch Pestizide – auch kein schöner Begriff – anmahnten. Die tödliche Wirkung von Inhaltsstoffen wie Quecksilber oder DDT geriet in den Fokus der Öffentlichkeit. Auch wenn man schon vorher Kollateralschäden erwähnt hatte – etwa relativ früh das Schmetterlingssterben durch Stickstoffgaben –, traf dieses Thema mit Beginn der 1960er-Jahre auf zunehmend öffentliches Interesse.

1962 veröffentlichte die Biologin Rachel Carson ihr Buch *Silent Spring*, in dem sie auf die verheerenden Umwelt- und Gesundheitsschäden aufmerksam machte, die langfristig durch den Einsatz von Pestiziden entstehen. Sie stand damit in einer naturwissenschaftlichen Tradition, die auf neuen ökosystemischen Erkenntnismodellen beruhte. Bereits 1947 schrieb sie in einer Broschüre *Naturschutz in Aktion*:

> *... das Bewahren wilder Lebewesen und ihrer Lebensräume bedeutet auch eine Bewahrung der natürlichen Ressourcen, auf die der Mensch nicht weniger als Tiere angewiesen ist, um überleben zu können. Tier- und Pflanzenwelt, Wasser, Wald und Prärie sind alle Bestandteile einer für den Menschen essenziellen Umwelt* «
> *(Quaratiello 2004, S. 39).*

Es ist in den Naturwissenschaften der Übergang vom Naturschutz zum Umweltschutz, der die nachfolgenden Jahre charakterisiert. Das veränderte ökosystemische Erkenntnismodell legte nahe, Natur nicht als handelndes oder reagierendes Subjekt zu betrachten, das mit dem Menschen oder der Gesellschaft in mehr oder weniger erfreuliche Interaktion tritt. Eigenschaften der Natur, so eine ökosystemische Sichtweise, erwachsen aus dem komplexen Transaktionsverhältnis zwischen Betrachter und seiner Umwelt, d. h. auch aus den jeweiligen Vorannahmen des Beobachters. Politische wie veränderte erkenntnistheoretische Vorannahmen bestimmen unser Verhältnis zu und damit unser Verhalten gegenüber der Natur. Und mit der in allen Naturwissenschaften diskutierten Komplexität beobachtbarer Phänomene wird aus dem bisherigen Natur- oder Heimatschutz ein ökosystemisch begründeter Umweltschutz. Die Hinterfragung traditioneller politischer und wirtschaftlicher Modelle, etwa mit der Studentenbewegung der »68er«, begünstigt eine solch globalere Sichtweise ebenso wie die Erfahrungen mit Entlaubungsaktionen in Vietnam und anderen menschengemachten Katastrophen. Erklärungsmodelle, die monokausal lineare Sichtweisen durch komplexere vernetzte Rückkopplungsprozesse ersetzen, werden nun in Natur- wie Sozialwissenschaften diskutiert. Mit diesen Erkenntnissen wird auch die für den Weinberg nachteilige Einteilung in schädliche Unkräuter und schützenswerte Kulturpflanzen obsolet. Auch in den Sozialwissenschaften, in der Medizin und Pädagogik werden die Etikettierungen nach pathologischen Verhaltensstörungen und gesunden sozialen Kompetenzen – schließlich die Dichotomie von gesund und krank – hinterfragt. In allen Bereichen werden Modellvorstellungen diskutiert, die neben den Relativierungen durch den Beobachter die Gesamtheit aller Elemente und Verhaltensweisen in einen optimierenden Sinnzusammenhang stellen. Unkräuter werden zu Wildkräutern, die in der Entwicklung des Terroirs eine herausragende Bedeutung haben, zunächst als Zeigerpflanzen, die durch ihr Vorhandensein auf mögliche Mangelzustände des Systems hinweisen. In der Psychotherapieforschung wird die Bedeutung des Indexpatienten diskutiert – gewissermaßen die Zeigerpflanze des Familiensystems.

Mit zunehmender Beachtung der komplexen Transaktionsprozesse stellt man fest, dass ein Terroir sich nur dann zu wahrer Größe entwickelt, wenn alle Organismen des Systems, von den Wildpflanzen bis hin zu den Mikroorganismen, in eine komplexe Wechselwirkung eintreten können; und dass neben dieser emergenten Funktion auch die gemeinsamen Abwehrkräfte zum Zwecke autonomer Entwicklung gestärkt werden. Ein großer Wein, ein Großes Gewächs – so legt diese Sichtweise nahe – wird nur dann entstehen (Emergenz), wenn all diese komplexen Wechselwirkungen vom Winzer erkannt und unterstützend begleitet werden. Und auch hier gilt: Man kann den Weinberg nicht instruierend erziehen. Man kann unterstützende Angebote machen und beobachten, inwieweit das System bereit ist, sich darauf einzulassen. Und dies gilt nicht nur für das Erziehungssystem der Weinstöcke (inzwischen hat man gelernt, wann und wie man traumatisierende Eingriffe vermeiden kann). Es gilt auch für den Prozess der Weinbereitung, bei dem man nachvollziehen lernt, wie der Winzer als Beobachter mehr oder weniger merklich zum Teil des von ihm beobachteten Systems wird, den Prozess anregen oder verstören kann und bisweilen in der Verstörung den Wein zu grandiosen Entwicklungen ermuntert.

Schauen wir uns zur Würdigung des hochkomplexen Terroirs (s. o. Kap. »Terroir und System«) ein besonderes Subsystem an: die Lage, wie sie häufig kompexitätsreduzierend bezeichnet wird. Elemente, die sich je nach Betrachtung wieder als Subsysteme beschreiben lassen, sind die Rebe in ihrer genetischen Voraussetzung und ihrer kulturell bestimmten Erziehung, die klimatischen Bedingungen und schließlich das, was in brauner Vorzeit als Scholle, in unserer Diktion als mehr oder weniger begrünter Boden bezeichnet wird. Die emergente Entwicklung im oben bezeichneten Sinne hin zur hefebewehrten, phenolgesättigten Traube durchläuft einen wunderbaren Transaktionsprozess.

Für die Entwicklung eines erfolgversprechenden Terroirs bedeutet dies nicht nur die Wiedereinführung der Begrünung, um notwendige Nährstoffe hinzuzufügen und die Abwehr von Schadelementen zu fördern. Eine Entwicklung zu einem erfolgversprechenden Terroir ereignet sich in komplexen Transaktionsprozessen, von denen wir das »Bodenleben« als wesentlichen Faktor im Sinne einer Stabilisierung des Systems, zur Emergenz (Entfaltung des Terroirs) und zur Resilienz (Widerstandsfähigkeit) der Rebe wahrnehmen können. Und wenn wir hier von Leben sprechen, meinen wir auch den Prozess aller Organismen im Sinne Kegans (s. o.): Was ein Organismus macht, ist Organisieren, im Falle menschlichen Lebens ist es die Organisation von Bedeutungen, im Falle des Terroirs ist es die Organisation bedeutsamen Weines:

Die Rebe ist keine triviale Maschine, die Stickstoff und andere Bodenelemente in brauchbaren Traubensaft verwandelt und

> *dabei noch einige Spurenelemente aus totem Gestein zieht … Die Energie, die eine Rebpflanze durch Photosynthese gewinnt, wird nicht nur für das Wachstum von Blättern, Früchten, Zweigen und Wurzeln aufgewendet, sondern zu etwa 30 % für die Produktion von Wurzelexsudaten.*
>
> *Mit diesen Wurzelexsudaten versorgt eine ausgewachsene Rebe in gesundem Boden bis zu 5 Billionen Mikroorganismen (mehr als 50.000 Arten, vor allem Bakterien, Pilze, Protozoen, Nematoden), von denen sie im Tausch gegen Kohlenhydrate wichtige mineralische Nährstoffe, Wasser und Schutz vor Parasiten erhält. Wird dieses komplexe, höchst artenreiche Netzwerk von Mikroorganismen in der Rhizosphäre der Pflanzen durch Herbizide, Pestizide, Mineraldünger und ungeeignete Bodenbearbeitung zerstört oder nachhaltig geschwächt, gerät das gesamte biologische System der Rebe ins Ungleichgewicht. Die Folgen sind erhöhte Anfälligkeit gegenüber Parasiten und Pathogenen (z. B. Nematoden und Mehltau), geringere Widerstandsfähigkeit gegenüber Umwelteinflüssen (insbesondere Wasserstress und Karenzen), sinkende Lebenserwartung (die*

durchschnittliche Lebenserwartung einer Rebe beträgt 100 Jahre!) sowie Verlust der aromatischen Vielfalt des Weines.

Charakteristische Terroirweine können nur dann entstehen, wenn den Rebwurzeln die symbiotische Vernetzung mit der vielfältigen Bodenfauna erhalten bleibt, sodass die Rebe sich ihr Nährstoffsystem und ihre Nährstoffvielfalt optimal organisieren kann « *(H. P. Schmidt o. J., S. 2).*

Gut und schön, werden beispielsweise meine Winzerkollegen von den Steilhängen des Roussillon sagen, euch Deutschen ist die Sozial- und Agrarromantik wohl in Leib und Seele übergegangen. Wir erinnern dich nur an deine Versuche, in deinen Ferien zwei Wochen lang bei intensiver Hitze Unkräuter auszurupfen, welche du zu Recht als Nahrungskonkurrenz und nicht als kongeniale Beikräuter deiner Reben ausgemacht hattest. Maschinell lässt sich da nichts machen, und du kannst dir ja überlegen, ob du einen komplexen Wein produzieren willst, der aber für die Mehrheit unbezahlbar ist, wenn dessen Komplexität denn überhaupt wahrgenommen oder gewürdigt wird. Wenn wir so produzieren würden, müssten wir jährlich mindestens 800 € pro Hektar zuzahlen – ein teures Hobby, und Subventionen der EU werden wir bei den gegenwärtigen Zuteilungsstrukturen sicher nicht erhalten. Wo bleibt denn die Lobbyarbeit für diese Art biologisch nachhaltiger und qualitätsbewusster Produktion?

Und in der Tat: Da der zuweilen schlicht produzierte Wein Abnehmer finden muss, gibt es ausgiebige Werbekampagnen, die den viel zitierten Publikumsgeschmack an die vorhandenen Weine angleichen soll wie die Syndrome an die vorhandenen Medikamente: Der leichte Sommerwein, der bevorzugt von den Vorstadtmüttern auf den Terrassen ihrer unkrautbefreiten Vorgärten getrunken werden kann, die schnell trinkfertigen Weine für die jungen dynamischen Startup-Unternehmer, die bei ihren After-work-Treffen weder ein aufwändiges Karaffieren noch einen komplexen Abgang benötigen. Und für die eigene Selbstvergewisserung wird der wiedererkennbare typische Geschmack eingefordert, erwartungswidrige Unterschiede, die ja auch neugierig machen könnten, werden hingegen als irritierend wahrgenommen.

»Lass sie doch«, höre ich Tante Klara sagen, »jede Generation hat eben ihre Geschmacksvorstellungen, wer will denn noch Wein trinken, der eine mittelfristige Vermählung mit einem ausführlichen Essen eingehen kann und der in gesprächiger Runde Anlass zu intensiven und überraschenden Geschmackserlebnissen bietet? Was glaubst du, warum ich für den täglichen Gebrauch meinen Melissengeist habe. Das ist gleichbleibende Qualität, einer wie der andere.«

»Aber der Umweltschutz und die Nachhaltigkeit«, wage ich einzuwenden.

»Ach was, Nachhaltigkeit!«, fährt die Tante fort. »Es gibt immer Begriffe, die so lange zerredet werden, bis sie zu Nebelkerzen geworden sind und den klaren Blick auf das Wesentliche verschleiern. Die Ganzheitlichkeit in der Tradition der Romantik hattest du ja schon, jetzt die Nachhaltigkeit und in der Psychoszene gegenwärtig die ›bio-psycho-soziale‹ Sichtweise oder Achtsamkeit oder was auch immer. Schlagwörter, mit denen man sich wunderbar im Kreise drehen und über alles und nichts fabulieren kann. Und im Übrigen«, fährt Tante Klara fort, »gibt es ja auch im Agrarbereich die Chemielobby, die dem ganzen Ökobereich aus naheliegenden Gründen skeptisch gegenübersteht.« Hier sind es allerdings weniger die habilitierten als vielmehr die hemdsärmeligen Pharmavertreter, die als selbstlose Kleinbauern und kumpelhafte Influencer in den sozialen Medien aus bodenständiger Überzeugung ihre Stimme erheben. Mein Lieblingsblog ist der von »Bauer Willy«, immer wieder gerne schaue ich mir seine Youtube-Beiträge an, so z. B. seinen Beitrag »Der Raps, die Bienen und andere Insekten« oder »Meine Meinung zur Reform der Reform der Düngeverordnung«. Sehr schön, wie er diesen Beitrag mit den Worten beendet: »Machts gut. Ich reg mich auf, ich geh jetzt meine Blutdrucktabletten holen.« Er ist ein wahres pharmabewusstes Kind unserer Zeit, von dem das *Bauernblatt Schleswig-Holstein* schreibt: »Was macht diesen Mann, der einen an die Figur des Peter Lustig aus der Serie Löwenzahn erinnert, interessant? Was treibt ihn an?« Und diese Frage beantwortet es anders als etwa *taz* oder *Der Spiegel* (2019), die eher »sein berufliches Wirken als Agrarchemieberater und Pestizidverkäufer« als für sein Mitteilungsbedürfnis förderlich ansehen.

»Glaub deiner Tante, wir können nur etwas ändern, wenn wir in größeren Zusammenhängen denken.« (Tante Klara fing immer an, in größeren Zusammenhängen zu denken, wenn der Melissengeist, einer wie der andere, ihren steigenden Blutdruck zu regulieren begann.) »Ohne strukturelle Maßnahmen werden wir weder im Weinbau noch im Gesundheitssystem irgendetwas verändern können.« In diesen Situationen erinnerte sie mich dann bisweilen an eine Mischung aus Hildegard von Bingen und dem latzhosigen Peter Lustig. Ja, und ein bisschen auch an eine Mischung aus Rosa Luxemburg und Julia Klöckner.

Neuer Wein in neuen Schläuchen

Etwa zeitgleich mit der Publikation von *Silent Spring* erschien in den USA als vehemente Kritik an den Konzepten traditioneller Psychopathologie und Psychiatrie das Buch von Thomas Szasz *The myth of mental illness* (1961). Es wurde in unserem Sprachraum von einer durch die 68er-Generation mitgetragenen Kritik an den Gewalt- und Herrschaftsformen der Vergangenheit begierig aufgegriffen und u.a. im Kontext einer »Antipsychiatrie« diskutiert. Parallel dazu setzte aber auch eine breite Diskussion über die Angemessenheit herkömmlicher »medizinischer« Modellvorstellungen bei abweichendem Verhalten ein, hier sind u. a. die Vertreter verhaltenstherapeutischer Konzepte zu nennen (vgl. Keupp 1972). Aber auch die von Gregory Bateson inspirierte Forschungsgruppe am MRI[13] in Palo Alto, Kalifornien, beschäftigte sich seit Beginn der 1960er-Jahre mit alternativen Erklärungsmodellen, zunächst zur Schizophrenie. Und ein den Mitgliedern dieser Gruppe verbundener Psychiater, Milton H. Erickson, veröffentlichte zu diesem Zeitpunkt einen Beitrag zur Psychotherapie, in dem er mit dem Prinzip der Utilisation vorschlug, auch als Symptome oder Störungen bezeichnete Verhaltensbesonderheiten als unterstützende Faktoren im Therapieprozess zu nutzen.

Eine aufgrund des sich abzeichnenden »Paradigmenwechsels« (Keupp 1972) anstehende Neuformulierung psychiatrischer Klassifikation und Nosologie führte u.a. durch das Konzept der

13 Mental Research Institute.

Entwicklungspsychopathologie (Sroufe a. Rutter 1984; Cicchetti 1999; Achenbach u. Edelbrock 1978) zu Alternativen, die den Entwicklungsverlauf schädigender und protektiver Lebensereignisse berücksichtigten und in der Prognose und Intervention nicht so sehr die vermuteten Defekte als vielmehr die vorhandenen Kompetenzen bzw. Handlungsmöglichkeiten thematisierten (vgl. Holtz 1994, Holtz et al. 1984). Die salutogenetischen Befunde Antonovskys (s. o.) unterstützten diese Entwicklungen auch in Bezug auf das Konzept der seelischen Gesundheit.

Der letztgenannte Autor bringt den Unterschied mit einer Metapher auf den Punkt, indem er das menschliche Leben mit einem Fluss vergleicht:

Die Menschen schwimmen in einem Fluss voller Gefahren, Strudeln, Biegungen und Stromschnellen. Der Arzt einer *pathogenetisch orientierten Medizin* kann versuchen, den Ertrinkenden bei Gefahren aus dem Strom zu ziehen. In der *Salutogenese* geht es vielmehr darum, den Menschen zu einem guten und kundigen Schwimmer zu machen.

Das bedeutet: Wir können nicht verhindern, dass Menschen im Oberlauf in einen unbekannten und wilden Fluss fallen, aber wir können die Bedingungen für gutes Schwimmen erleichtern und unterstützen. Dabei sind Gewässerkunde und Schwimmunterricht hilfreicher als Thalassotherapie.

All dies war die Grundlage der heute diskutierten Kompetenz- und Ressourcenorientierung in Therapie und Beratung. Auch in der Klassifikation wurden zunehmend alternative Konzepte diskutiert, z. B. die *hierarchische Taxonomie der Psychopathologie* (HiTOP) von Kotov et al. 2017). Für den Bereich der Behinderungen wird dies besonders an der Veränderung des 1980 durch die WHO entwickelten ICIDH (*International Classification of Impairments, Disabilities and Handicaps*) deutlich, welche auf dem Krankheitsfolgenmodell, einem störungs- und defektorientierten Ansatz, beruhte, bis hin zur *International Classification of Functioning, Disability and Health* (ICF), die vornehmlich einen »ressourcenorientierten biopsychosozialen« Hintergrund erkennen lässt (vgl. Holtz 1994). All diese Entwicklungen führten zu einer anderen Sichtweise auf die Natur, hier die Natur des Menschen, die dann schnell auf die beruhigende Formel

»bio-psycho-sozial« verallgemeinert wurde. War damit das »medizinische« Denkmodell überwunden? Offenbar nur auf den ersten Blick. Bei den Innovationen dieser Zeit wurden weniger die komplexen Transaktionsmodelle der psychosozialen Fraktion, sondern die faszinierende Welt der neuen bildgebenden Verfahren und deren neurobiologische Interpretationen zur Kenntnis genommen. Verhaltensstörungen als Besonderheiten des Hirnstoffwechsels wurden intensiv diskutiert, entsprechende organisch abbildbare Prozesse ließen sich durch entsprechende Substanzen beeinflussen, sie unterstützten die unterstellten Heilungsprozesse. Und es wurde argumentiert, dies folge den gleichen Heilungsprinzipien wie das Insulin beim Diabetes (Kühle 1998) oder die Brille bei Fehlsichtigkeit (Kanders 2001).

Was bedeutet das Ganze nun für das Selbstverständnis des Coachs? Seine Abgrenzung zur Therapie ist klar durch Gesetze vorgegeben: Sobald sich die Interventionen auf Krankheiten beziehen – also vor allem auf diejenigen, die im DSM-V aufgelistet sind –, ist er verpflichtet, an die Spezialisten für Verhaltensstörungen zu überweisen, die auch Krankheiten heilen dürfen.

Aber er kann mit seinen Klienten die Biegungen und Gefahren von bekannten und weniger bekannten Flussläufen besprechen, er kann mit ihnen ein Schwimmtraining initiieren oder sie an ihre bisherigen Kenntnisse und Fähigkeiten für künftige Flussdurchquerungen erinnern. Und hierbei wird er seine Grenzen erkennen: Sollte der künftige Schwimmer über Atemprobleme oder vermehrte Wadenkrämpfe klagen, sollte der Coach dies durch Spezialisten abklären lassen und sich daran erinnern, wozu und wie er ausgebildet ist. Cecchin (pers. Mitteilung) war der Ansicht: Je mehr Therapie Hilfe zur Selbsthilfe wird, d. h. auch, je ressourcenorientierter die Interventionen werden, desto mehr wird Therapie zur Beratung.

Aber dadurch wird die Verantwortung des Coachs nicht kleiner, sich über die Grenzen seiner Möglichkeiten und die Beschränkungen seines Handlungsspielraums klar zu werden. Und so, wie er den leichten Schnupfen und mögliche allergische Reaktionen auf Latex-Schwimmanzüge noch einzuordnen weiß, aber bei intensiveren Atemproblemen für eine Überweisung plädiert, wird er ein Gespür dafür entwickeln, wann er ängstliche Reaktionen des Schwimmers als natürlich einordnet, durch schrittweise Gewöhnung ans Wasser unterstützend wirkt oder dieses Verhalten zwecks Abklärung einer Phobie einem Psychotherapeuten überantwortet. Vielleicht trifft er diesen dann wieder, wenn er seine Leute ans Wasser gewöhnt und der Therapeut mit seinen Patienten Systematische Desensibilisierung praktiziert. Und natürlich darf sich der Coach wundern, wenn das Flussufer durch das Auslegen von Handtüchern – wie an den Pools auf Mallorca – zunehmend mehr als Claim abgesteckt und damit verkleinert wird.

Wie dem auch sei: In dieser Gemengelage von Interessenvertretung, jeweiligen Modellvorstellungen und der Besitzstandswahrung traditioneller Erbhöfe vollzieht sich der Diskurs, ob Unkraut Beikraut, ob Unarten Kompetenzen sind, ob beide Zeigerpflanzen für systemische Unausgewogenheit oder beide vornehmlich zu unterdrückende Eigenschaften sind. Und hiervon wird abhängen, innerhalb welcher Grenzen der Einsatz chemischer Substanzen als unabdingbar gilt.

Es scheint, als ob die Diskussion systemischer Modellannahmen – die dazu beitrug, aus dem Natur- und Heimatschutz einen Umweltschutz zu machen, die zu einer eingehenden Erforschung sich selbst organisierender, autonomer und autopoietischer Systeme führte – hier eine Bewusstseinsänderung anstieß.

In meinem Weinberg gibt es jedoch neben dem festen Willen, trotz noch (!) unrentabler Arbeit ökobiologische Strategien zu intensivieren, zwei objektive Hindernisse, diese auch stringent umzusetzen: der Pilzbefall mit falschem Mehltau, der eine Anwendung von Bordeaux-Brühe, d. h. unter anderem Kupfer, nahelegt. Dies ist im ökologischen Weinbau zwar zugelassen, aber Kupfer setzt sich im Boden ab und schädigt diesen. Ferner sorgt eine Zikade (*Scaphoides titanus*) – ich traue mich kaum zu sagen, dass es die amerikanische Rebzikade ist – dafür, dass über Phytoplasmen die Rebstöcke infiziert werden können. Dies führt nach einiger Zeit zu einem Absterben der Rebstöcke. Die Krankheit, die goldgelbe Vergilbung (im Französischen hört es sich, ich denke immer an Baudelaire, poetischer an: *flavescence dorée*), breitet sich so intensiv aus, dass der gesamte Rebbestand gerodet werden müsste. Das würde bei meinen bis zu 80 Jahre alten Reben und bei meinem vergleichbaren Alter das Ende meines Winzerdaseins bedeuten. Zudem sind wir Winzer gegen Strafe verpflichtet, die Spritzmaßnahmen durchzuführen. Nach unserer Erkenntnis, dass wir nicht systemisch, sondern nur systemisch*er* arbeiten können, muss ich daher feststellen, dass ich wohl nicht ökologisch, bestenfalls ökologisch*er* arbeiten kann. (Netterweise werden in Frankreich schon diesbezügliche Gütesiegel gehandelt, also »ein bisschen ökobiologisch«. Im Coaching würde man das die Strategie der zweitbesten Lösung nennen.)

Dennoch kann man die Hoffnung haben, dass trotz einiger interessengeleiteter Störfeuer bei Winzern die neue Sichtweise Gehör findet, nicht nur die Pflanzen mit entsprechenden Maßnahmen, sondern die Umwelt zu schützen. Und auch die Pharmaindustrie scheint innerhalb bisher noch enger Grenzen nachzuziehen. Dieser Prozess ist mit dem Sinneswandel der Autoindustrie hin zu ökologisch sinnvolleren Alternativen zu vergleichen.

Zunächst wird vermehrt auf systemisch sinnvolle Präventivmaßnahmen gesetzt. Anstelle des Breitbandinsektizids werden nun auch konkurrierende Bakterienstämme erprobt (z.B. *Bacillus thuringiensis*), statt der Kupferbrühe wurden mir in letzter Zeit ebenfalls Mikroorganismen empfohlen (*B. amyloliquefaciens, B. pumilus*), die sich systemimmanent und zielgerichtet in das biologische System einbringen und die Selbstorganisation nicht merklich beeinträchtigen.

Und schließlich setzt trotz aller Influencer ein Umdenken ein, mit möglichst wenig Spritzmitteln auszukommen. Seit 2016 sind die französischen Weinbauern, wie auch ihre europäischen Kollegen, verpflichtet, einen Sachkundenachweis für den Kauf und die Anwendung von Pestiziden nachzuweisen, das *Certificat individuel de produits phytopharmaceutiques* (Certiphyto). Glaubt man den neuesten Verlautbarungen, sollen diese Weiterbildungen zu einer merklichen Reduktion von chemischen Produkten geführt haben – auch, weil der Erwerb des Sachkundenachweises mit Informationen über biologische Alternativen und die ökosystemische Sichtweise auf die Natur verbunden ist.

Ähnlich ist die Verschreibung von Psychopharmaka bei Verhaltensstörungen geregelt. Diese darf in Deutschland nur noch von »Spezialisten für Verhaltensstörungen« vorgenommen werden, und diese brauchen ebenfalls einen »Sachkundenachweis«, der über entsprechende Weiterbildungen gewährleistet werden soll. Hilfreich dürfte hierbei sein, dass die Beteiligung von Pharmafirmen welcher Art auch immer transparent gemacht wird. Dass in diesen Weiterbildungen auch Alternativen zu bisherigen Nosologien, Klassifikationen und diagnostischen Strategien angesprochen werden sollten, ist nachvollziehbar. Und hierzu gehört auch die Erkenntnis, dass es noch ein weiter Weg von der Klassifikation bis hin zu einer angemessenen Diagnose ist. Die Sichtweise der neuen Umweltbewegung, dass wir die Natur nicht unabhängig von unseren Vorannahmen begreifen können, schließt ja auch Poppers Aussage mit ein: »Klinische Beobachtungen sind, wie alle Beobachtungen, Interpretationen im Lichte der Theorien.« Ein meiner Ansicht nach gelungenes Weiterbildungsangebot, bei dem immerhin online 3 CME-Weiterbildungspunkte[14] erreicht werden können, wurde von Bruchmüller und Schneider (2011) unter folgendem Titel vorgestellt: *Fehldiagnose Aufmerksamkeitsdefizit- und Hyperaktivitätssyndrom? Empirische Befunde zur Frage der Überdiagnostizierung*. Hier werden empirische Befunde diskutiert, inwieweit Diagnosen durch entsprechende Heuristiken beeinflusst werden. Da solche Vorannahmen den Alltagsstrategien der Urteilsbildung nicht widersprechen und somit auch zum Verständnis der Urteilsbildung bei Coachs beitragen, werden wir darauf weiter unten im Kapitel »Im Wein liegt Wahrheit« ausführlicher zurückkommen.

Der Überdiagnostizierung, Überverschreibung und Überreaktion chemiebewusster Weinbauern wird also in den letzten Jahren eine empirisch fundierte und theoriengeleitete Aufklärung über Alternativen angeboten. Und dies trifft auch auf all die Spezialisten zu, die sich von Berufs wegen mit Verhaltensstörungen und pathologischen Verhaltensabweichungen beschäftigen.

So mutet es denn manchmal als Nachhutgefecht an, wenn bestimmte Pestizide und Psychopharmaka weiterhin die öffentliche

14 CME = Continuing Medical Education; Punkte sammeln auf CME.springer.de.

Diskussion bestimmen. Methylphenidat und Glyphosat sind hier an erster Stelle zu nennen, obwohl es zahlreiche Produkte gibt, die weitaus mehr Risiken und Nebenwirkungen haben. Beide stehen jedoch auch jeweils für die großen Bio-Narrative des letzten Jahrtausends, in denen es, so steht zu vermuten, um das Primat des Bio-Anteils im biopsychosozialen Modell geht:

Bei Methylphenidat ist es die Etablierung der bildgebenden Verfahren und das Primat der neurobiologisch interpretierten Stoffwechselprozesse des Menschen. Das hat nicht erst seit Griesinger eine lange Tradition. So wie früher der Verweis auf »Ganzheitlichkeit« ist heute eine beliebte Argumentationsfigur: »Wie neurobiolgische Befunde gezeigt haben ...!« Und dann beginnt das große »Neurobabbel«.

Bei Glyphosat ist es häufig die von Monsanto geförderte Strategie der Genmanipulation von Pflanzen – und damit die Manipulation der Natur –, die, mehr noch als die Diskussion über Risiken und Nebenwirkungen des Produkts, die Gemüter erhitzt.

Aber eigentlich sind die viel spannenderen Fragen, die mit beiden Produktgruppen verbunden sind: Wer definiert denn nun, was Unkräuter und was pathologische Unarten sind? Werden eigentlich alle pathologischen Verhaltensweisen erfunden oder nur die, für die es vorab ein Medikament gibt? Und wie ist der Definitionsprozess? Welche Strategien und Interessenlagen liegen dem zugrunde?

Tante Klara ist da erkenntnistheoretisch vorbelastet: »Die Geschichte der Natur, mein Junge, ist immer die Geschichte des Mensch-Natur-Verhältnisses. Sie beschreibt die soziale, kulturelle und ökonomische Aneignung, Nutzung und Beschreibung der Natur durch den Menschen. ›Natur‹ ist kein handelndes Subjekt. Sie besitzt keine Eigenschaften außer jenen, die der Mensch ihr zuschreibt. Melissengeist beispielsweise ist Natur, Unkräuter und Unarten aber auch.«

»Ich glaube«, versuche ich das Gespräch vom Melissengeist abzulenken, »meine Mit-Winzer in Südfrankreich sind ebenfalls auf einem guten und bemühten Weg, auch wenn sie bei dem einen oder anderen Zipperlein lieber den eigenen Banyuls trinken.«

»Kein Wunder«, sagt Tante Klara, »das sind ja in Mehrheit Katalanen. Und wenn die etwas von Selbstorganisation und Autonomie hören, dann sind sie hellwach.«

»Etwa wacher als Spezialisten für Verhaltensstörungen?«, wage ich nachzufragen.

»Du musst auch immer das letzte Wort haben«, sagt Tante Klara.

Stress, Resistenz und Resilienz

Nun hat mich der Klimawandel auch im Weinberg amtlicherseits erreicht. Angekündigt hatte er sich schon seit Jahren. Seit Beginn meiner Nebenerwerbstätigkeit hatte ich anhand von Bodenproben festgestellt, wie der saure Regen seine Spuren hinterließ und Einfluss auf das Mikroklima nahm. Auch die Freude mancher Urlauber nach noch mehr heißen Sommertagen hatte ich nicht uneingeschränkt geteilt, und mit Besorgnis nahm ich zur Kenntnis, dass sich die Windrichtung merklich änderte. Nicht mehr der hilfreiche Tramontane, den ich bei der Auswahl meines Weinbergs eingeplant hatte, schien vorherrschend zu sein, sondern die südlichen Meerwinde, Xaloc und Migjorn. Gespräche mit Mitgliedern des ortsansässigen Meeresforschungsinstituts bestätigten dies, sie befürchteten durch dieses Phänomen auch einen Einfluss auf die Veränderung der Meeresfauna.

Nun also bekam ich den amtlichen Bescheid. Der Staat erließ mir meine Grundsteuer für den Weinberg: wegen der Ernteeinbußen aufgrund des Hitzestresses (im Vorjahr waren es die Hagelniederschläge im Frühsommer). Zwei Dinge gingen mir durch den Kopf. Zum einen: Woher weiß der Staat – im Roussillon sagt man: woher weiß »Paris«, manchmal auch »der Franzose« –, wie es um meinen Weinberg bestellt ist? Als Nebenerwerbswinzer mit Migrationshintergrund hatte ich mich stets gescheut, Anträge auf Subventionen zu stellen. Und zum anderen dachte ich: Wenn »Paris« – oder war es »Brüssel«? – mir Geld schenkt, dann muss es schon sehr ernst sein.

Natürlich war mir der Ernst der Lage bereits aufgefallen: Circa 10 % der Rebstöcke wiesen Hitzeschäden an Blättern und Trauben auf. Und ich hatte auch schon mit den Kollegen aus der *Cooperative Terres des Templiers* gesprochen, die teilweise über noch größere Schäden klagten. Neben den Forderungen nach weiteren Subventionen waren vereinzelt auch Vorschläge für Präventionsmaßnahmen zu hören. Begriffe wie Stressresistenz und Resilienz fielen. Einen möglichen Kalauer über Burn-out hätte ich den Kooperateuren sicherlich ausführlich erklären müssen. Vorschläge, die gehandelt wurden, reichten von Anpflanzung resistenterer, eventuell genmanipulierter Rebsorten, bevorzugter Bewirtschaftung der Nordost-Hänge bis hin zu Vorschlägen einer engeren Bepflanzung, um auch dem Boden durch das Blätterdach mehr Schutz vor Aufheizung zu gewähren. Es kam die Idee auf, das Blätterdach schon bei geringerer Sonnenintensität auszudünnen, um die etwas sensibleren Reben zur Verdickung ihrer Schale zu nötigen. »Also ein dickes Fell«, meinte einer. »Oder eine Hornhaut«, sagte Gines, den ich nach zahlreichen Gesprächen auf dem Weg zum Öko-Winzer wähnte, »Mir hilft so etwas doch sehr, wenn ich bei Sommerhitze im Weinberg bin.«

Gines, ein zugewanderter Spanier aus der Nähe von Murcia, ist mir ein guter Freund und die beste Hilfe im Weinberg – vor allem, wenn ich nicht vor Ort sein kann. Und wir haben die heftigsten Diskussionen über Sinn und Unsinn von Biodiversität in meinem und seinem Weinberg. Es lag also nahe, ihn und Therese am Abend zu einem gemeinsamen Essen mit der Verkostung »unseres« neuen Weins einzuladen.

Gines war fast so stolz wie ich, wenn ein Wein aus »unserer« Produktion gelungen war. »Vielleicht kommt auch Tante Klara«, sagte ich noch. Gines war als Spanier nicht nur gerne stolz – wenn Therese ihn denn ließ –, sondern auch höflich. Daher verzog er bei der Ankündigung des Tantenbesuchs keine Miene.

Wie sollte denn das Gespräch am Abend verlaufen? Zunächst einmal hätte sich Tante Klara gemeldet und mit der ihr eigenen Einleitung »Hab ich es nicht immer gesagt« darauf hingewiesen, dass eine Steigerung der Biodiversität im Weinberg sowohl der Beikräuter (das ist, wie erwähnt, ihr Thema) als auch der *complantes*, des Mischsatzes, den Weinberg resistenter und vielleicht auch resilienter macht. Etwas mehr Stickstoff könnte einige Folgeschäden vermeiden, denn es sind ja nicht nur die geringeren Ernten. Der

Hitzestress führt auch in der Entwicklung des Weines zu Fehltönen und ungünstigen Begleiterscheinungen, wie dem »UTA«, dem untypischen Alterston, der den Wein nach Mottenkugeln, Akazienblüte oder Waschmaschine riechen lässt.

»Es ist ja verständlich, wenn du dich über solche Bemerkungen über das Altern aufregst, Tantchen.« »Nenn mich nicht Tantchen, mein Junge. Was mich aufregt, ist, dass all die Weinnasen nicht mehr die typische Alterung von der untypischen unterscheiden können. Ein mit Anstand gealterter Wein ist was Feines. Ich sage nur ›Edelfirne‹. Aber ich erwarte doch von Fachleuten, dass sie diese natürlichen Altersprozesse von den untypischen, infolge unsachgemäßen Umgangs mit uns Heranwachsenden, unterscheiden. Untersuchungen haben gezeigt, dass selbst Fachleute dies bei Weißweinen häufig nicht können (Schneider 2013). Das ist gerade so, als ob ich einen gut geratenen Trüffel nicht von einer Pilzkonserve unterscheiden könnte.«

»Aber unser Rotwein wird wohl nie mit UTA zu kämpfen haben, die gute Tanninstruktur wird das zu verhindern wissen.«

»Dafür wird er möglicherweise im Alter braun und schmeckt nach Uniformhose. Du wirst verstehen, wenn ich dieses Thema jetzt nicht auch noch vertiefen möchte. Mir geht es um etwas anderes:

Offensichtlich können oder wollen die Fachleute nicht mehr spezifizieren, worüber sie eigentlich reden. Was jetzt wieder an unscharfen Begriffen über Stress, Resistenz und Resilienz durch die Agrarwelt geistert, scheint mir eher geeignet zu sein, die wahren Ursachen und Interventionsmöglichkeiten zu verschleiern. Das meiste hast du ja schon in den voraufgehenden Kapiteln unter den Stichworten Designerwein und Selbstoptimierung, aber auch bei den Begriffen krank, gesund, leistungsfähig und verhaltensgestört angedeutet. Man muss sich doch immer fragen, wer definiert und mit welchen Absichten. Deine alte Frage der Auftragsklärung also: Wer will was von wem?«

»Meinst du, ich sollte das alles heute Abend mit Gines …?«

»Ich denke, ihr wollt den heutigen Abend bei einem Glas Rotwein genießen. Aber du solltest vorab schon mal klären, wie du's mit der Resilienz im Weinberg und im richtigen Leben hältst. Und bitte reg dich nicht gleich wieder auf.«

Zunächst einmal fällt auf, dass zur Beschreibung der Stabilität bzw. der Robustheit von Agrarsystemen (z. B. Petersen und Weigel 2015) die Elemente eines komplexen ökosystemischen Ansatzes sehr gut operationalisiert sind und eine Untersuchung der vielfältigen Wechselwirkungen nachvollziehbar machen. Natürlich lautet auch hier die Fragestellung nicht so sehr, »Wie können wir einen Klimawandel vermeiden bzw. abmildern?«, sondern vielmehr: »Welche Anhaltspunkte haben wir, um die Robustheit eines Systems auf möglichst verträgliche Weise zu gewährleisten?« Ferner: »Welche Hinweise haben wir auf die Vulnerabilität und die Empfindlichkeit von Systemen, und welche Fähigkeiten oder Ressourcen hat ein System, durch geeignete Anpassungsmaßnahmen die Folgen des Klimawandels abzumildern?« Und wenn das geklärt ist, lässt sich in dem komplexen System folgern:

> *»Die Vulnerabilität eines Systems ist umso höher, je größer die externe Störung (Exposition) und seine Empfindlichkeit sind und je geringer die Anpassungskapazität ist, bzw. je niedriger sowohl Resistenz als auch Resilienz sind«* (Petersen u. Weigel 2015, S. 24).

All diese Bedingungen bleiben Teil des Systems und sind daher systemimmanent veränderbar, denn: »Da das Auftreten von klimatischen bzw. witterungsbedingten Extremereignissen nicht durch den Menschen beeinflusst werden kann, kann das Risiko nur gesenkt werden, indem die Vulnerabilität reduziert wird« (ebd., S. 24 f.). Es bleibt also die Frage: Finden wir uns mit den Klima- und Wetterkapriolen ab, oder gibt es noch Möglichkeiten, beispielsweise durch eine Intensivierung der Biodiversität – bzw. die Vermeidung von deren Vernichtung – auf den Klimawandel einzuwirken? Und in der Tat zeigen einige Untersuchungen, dass die Resilienz eines Systems – also die Fähigkeit, sich nach Schädigungen relativ schnell zu erholen – durch die Einbindung in unterstützende Netzwerke, wie sie etwa die gezielte Biodiversität darstellt, erhöht werden kann. Maßnahmen zur Resistenz, etwa durch Neuzüchtung oder Genmanipulation widerstandsfähiger Reben, können in begrenztem Maße unterstützend wirken, führen jedoch selten zu vergleichbaren Qualitätsergebnissen und verstärken bisweilen noch die Umweltschäden.

Stress, Resilienz und Burn-out

Bei der Diskussion der Resistenz- und Resilienzkonstrukte in der Pädagogik sowie im Beratungs- und Therapiekontext scheinen wir uns die Fragen nach den Wechselwirkungen von vulnerablen und protektiven Faktoren gar nicht mehr zu stellen. Ursprünglich basierte sowohl das Stress-, das Burn-out- und das Resilienzkonstrukt auf transaktionalen Modellannahmen, die den bereits erwähnten Entwicklungsmodellen von Cicchetti (1999) und andere nicht unähnlich sind. Das Stresskonzept von Lazarus (1966) umfasst eine Vielzahl von (auch externen) Stressoren, die im Sinne unserer Grundannahmen dann transaktional auf der Bedeutungsebene zum Stresserleben und den entsprechenden körperlichen Reaktionen führen. Auch das Burn-out-Modell nach Freudenberger (1974) folgt diesem Ansatz und macht als wesentliche Unterscheidungsmerkmale zum generellen Stressmodell einen spezifischen Kontext aus (z. B. Maslach 1976): Freudenberger fand die von ihm als Burn-out bezeichnete Auffälligkeit vor allem bei Menschen in sozialpädagogischen Berufen. Deren Situation war gekennzeichnet durch

- die *Struktur der helfenden Beziehung* (ständige Konzentration auf die Negativaspekte der Probleme, Mangel an positiver Rückmeldung, große Diskrepanzen zwischen Anforderung und Belastbarkeit, geringe Änderungsmöglichkeiten)
- die *Arbeitsbedingungen* (Überlastung, große Verantwortung und geringe Verfügungsgewalt, Mangel an Unterstützung) und auch
- die *Persönlichkeit des Helfers* (u. a. Einstellungen des Helfers gegenüber seinem Beruf und sich selbst).

Und das »Ausbrennen« stellte sich als Prozess dar. Einem Stadium der Herausforderung und Begeisterung im Beruf folgte zunächst

- Hilflosigkeit und Stagnation
- dann Frustration

- und schließlich, gewissermaßen im Endstadium Apathie und Depression – verbunden mit emotionaler Erschöpfung und dem Gefühl verringerter persönlicher Erfüllung im Beruf (negative Selbsteinschätzung).

Um die letzte Station zu vermeiden, werden nun verschiedene Überlebensstrategien eingesetzt, neben dem *aktiven oder passiven »Ausstieg«* vor allem die *»Dehumanisierung«*, d.h. gleichgültige oder gefühllose Reaktionsweisen gegenüber den Menschen, welche die Empfänger der Hilfeleistungen sind (vor allem Zynismus, Schuldzuweisung und/oder Gleichgültigkeit).

Depression ist also nicht zwangsläufig ein Charakteristikum des Ausbrennens, und die Betroffenen probieren für sich Lösungen aus, um noch ein wenig Kontrolle über ihre eigene Situation zu gewährleisten. Aber diese für das Individuum zunächst kompetente Strategie der Distanzierung ist natürlich weder eine Hilfe zur Bewältigung der beruflichen Situation (einschließlich eines Versuchs, die Arbeitsbedingungen zu verändern oder in einen anderen Beruf zu wechseln), noch findet sie die ungeteilte Begeisterung der Arbeitgeber bzw. der Gesellschaft. Dennoch könnte die Diagnose Burnout ein Anlass sein, sich einmal mit den vulnerablen Bedingungen der beruflichen Situation zu beschäftigen und ein Änderungsmodell vorzuschlagen, das vulnerable wie protektive Bedingungen als veränderungsrelevant ansieht. Schauen wir uns die Diskussion der vergangenen Jahre zum Burn-out an, dann finden wir allerdings vor allem eine reduzierte Sichtweise auf die individuellen Voraussetzungen der Betroffenen und damit ein Ausblenden der spezifischen vulnerablen Kontexte.

Es sind Programme, die vor allem stressgeschädigte Individuen wieder an belastende Arbeitssituationen anpassen wollen und damit eine Reduzierung des komplexen transaktionalen Prozesses auf Verhaltensmanifestationen vornehmen, die dann zu einer psychischen Störung eingedampft werden.

Die Diskussion der vergangenen Jahre darüber, ob Burn-out denn nun als eine spezielle Form der Depression einzuordnen sei, ob es denn nicht auch in andere Krankheitseinheiten (z.B. Verbitterungssyndrom) passen würde oder ob es überhaupt als Krankheit behandlungsbedürftig sei, zeigen, dass weniger die Analyse des Gesamtkontextes als vielmehr die Verfügbarkeit medikamentöser oder psychotherapeutischer Hilfen im Vordergrund stehen.

Auch wenn man sich im Weinbau aus nachvollziehbaren Gründen mit dem Klimawandel abgefunden hat, versucht man doch eher, auf die Kontextbedingungen einzugehen. Die Verbrennungen und andere Zeichen werden ebenfalls als Symptome wahrgenommen, aber sie sind nicht vorrangig Hinweise auf die Unfähigkeit der Rebstöcke, sich dem Stress zu widersetzen, sondern Zeichen für eine sich abzeichnende bedrohliche Entwicklung. Und daher werden Hilfsangebote geplant, die natürlich die Stressresistenz der Rebstöcke in Abhängigkeit von seiner Biografie (z. B.: wie schonend der Frühjahrsschnitt erfolgte) in präventive und kurative Überlegungen einbeziehen. Darüber hinaus – und die Untersuchungen zeigen, dass dies noch wichtiger ist – wird jedoch darauf geachtet, die zusätzlichen Belastungsmomente zu reduzieren und vor allem die Kontextbedingungen so zu gestalten, dass der Rebstock sein Potenzial – auch unter erschwerten Bedingungen – entfalten kann. Und hier zeigt sich, dass ein artgerecht (!) gefördertes Netzwerk aus nötigem Beikraut, Bodenverbesserung und der Chance zu intensiver Verwurzelung erfolgversprechender und nachhaltiger ist als die Züchtung resistenterer Rebstöcke.

Cui bono?

»›*Cui bono?*‹, pflegte Hildegard von Bingen zu fragen«, sagte Tante Klara, »wobei das bei ihr wohl eher eine rhetorische Frage war. Für wen oder was erfolgversprechender?«

Zunächst für den Verbraucher: Eine geschmackliche Verbesserung aufgrund der Biodiversität scheint ja wohl nachgewiesen zu sein. In jüngsten Untersuchungen präferierten Weintrinker auch bei einer Blindverkostung die divers angebauten Weine. Aber es gibt ja noch andere Erfolgskriterien, und die sind bei einem Nebenerwerbswinzer, der komplexe und seine eigenen Erzeugnisse mag, andere als bei einem Weingutsbesitzer, der neben seinem Renommée auch auf die Wirtschaftlichkeit, die Art der Subventionen, den Publikumsgeschmack und anderes achten muss. Und auch, wenn ich mir die Frage stelle, ob mein Wein primär mir schmecken soll, muss ich dabei die Art der Produktion, Arbeitsaufwand und Umweltverträglichkeit in die Überlegungen einbeziehen.

Als Faustregel ist es aber immer gut, bei der Anwendung und Bewertung der zur Diskussion stehenden Konstrukte zu den Wurzeln zurückzugehen, wenn dieser Ausdruck hier einmal erlaubt ist.

Die Beschreibung und Erklärung des Stresskonzepts und des Burn-outs folgen heute anderen Kriterien als ursprünglich. Wer bescheinigt sich in Belastungssituationen nicht gerne oder wem wird nicht gerne bescheinigt, »Burn-out« zu haben: Schließlich hat man für die Firma gebrannt, und nun kann man sich, ohne Schuldgefühle und ohne als Versager abgestempelt zu werden, eine Auszeit und/oder ein wieder aufbauendes und stärkendes Coachingprogramm verordnen lassen. Und, vor Hippokrates sind wir alle gleich: Ist es wirklich kein Unterschied, ob ein gefragter Facharzt in privater Praxis durch selbstbestimmte Belastungen gestresst ist oder ob der Arzt oder die Pflegerin auf einer Intensivstation wegen Pandemiebelastung und Triage-Gedanken auf dem Zahnfleisch gehen?

Um hier zu differenzieren, werden wir keine angemessenen Coaching- oder Therapiesitzungen planen können, wenn wir nicht den jeweiligen Arbeitskontext einbeziehen.

In der Diskussion über angemessene Anbaumethoden im Weinberg hat sich zur Differenzialdiagnose eine Trennung von Resistenz und Resilienz als hilfreich erwiesen, da sie den Kontext ebenso wenig wie Biografie einbezieht. Resilient und selbstbewusster wird der Weinberg wohl vor allem durch sein Netzwerk.

Zurück zu den Wurzeln

Beim Resilienzkonzept in Pädagogik, Psychopathologie, Psychotherapie und Coaching ist eine Rückbesinnung auf die ursprünglichen Intentionen und eine genauere Begriffsbestimmung wohl ebenfalls hilfreich. Beide Begriffe, Stressresistenz wie Resilienz stammen ja aus dem Bereich der Materialprüfung. Der Widerstand gegen äußere Kräfte umschrieb den ersten, die Fähigkeit des Materials, sich nach

Einwirkungen wieder in den Ursprungszustand zurückzubilden, den zweiten Begriff. Von daher verwundert es auch nicht, wenn man in den »Gründer«-Jahren bei einer Internetsuche nach diesen Begriffen zunächst bei den Zahnärzten landete.

Und diese Materialeigenschaften wurden bei Stress und Resilienz in dem neuen psychosozialen Konzept mitgedacht, konnte es doch sowohl Eigenschaften als auch die Transaktionsprozesse von inneren und äußeren Kräften abbilden. Hinzu kam, dass beide im psychosozialen Kontext Bewertungskonstrukte wurden: Sie waren ein Urteil über die Wechselwirkungen, wie sie vom Individuum für die eigene Handlungsplanung als bedeutsam eingeordnet wurden. So wie die empfundene Angst ein Urteil über die Welt sein kann, waren subjektiv empfundener Stress, Depression oder Zynismus ein Urteil über die jeweilige Lebenswelt. Der Bereich zwischen den Ohren war demnach von großer Bedeutung, und neurophysiologische Befunde zeigten dankenswerterweise, dass sich da auch eine Menge tat.

Die Übernahme des Resilienzkonzepts in den Humanbereich beruhte jedoch noch auf einer weiteren Überlegung. Ursprünglich war Resilienz ein Hinweis darauf, wie einige Heranwachsende trotz widriger Umstände und schwerer Traumatisierungen eine relativ zufriedenstellende Entwicklung nehmen konnten und wie andere trotz offensichtlich ähnlicher Bedingungen scheiterten. Es lag von daher nahe, dieses Modell mit den Konzepten psychotraumatischer Belastungen in Zusammenhang zu bringen. Eine naheliegende Konsequenz hätte also sein können, den protektiven und präventiven Bedingungen kontextueller Faktoren eine verstärkte Aufmerksamkeit zu widmen.

Der Umgang mit Resilienz im psychosozialen Bereich verdeutlicht jedoch, dass ähnlich wie beim Burn-out zunehmend mehr die persönliche Verantwortung der betroffenen Individuen in den Fokus geriet. Welche Eigenschaften sind gefragt, um mit den traumatisierenden Bedingungen erfolgreich umzugehen? Wie lassen sich diese stärken? Gründe für die Bevorzugung solcher Fragestellungen sind weiter oben schon im Kapitel zur Selbstoptimierung diskutiert worden.

Neben Untersuchungen zur Entwicklung benachteiligter und traumatisierter Heranwachsender waren es vor allem Studien zu den posttraumatischen Belastungsstörungen von Kriegsteilnehmern, die von gesellschaftlichem Interesse waren. Über 300 Millionen Dollar hat man zu Beginn dieses Jahrtausends in das *Comprehensive Soldier Fitness*-Programm der USA investiert, um Resilienz genauer zu erforschen. Auch hier erklärte sich der Begründer der Positiven Psychologie, Seligman, bereit, dieses Projekt zu leiten. Seligman hielt Resilienz für eine Charaktereigenschaft (vgl. Illouz 2019), und er schlug – getreu seinem Credo – vor, die negativen Emotionen und Gedanken in positive zu verwandeln. Aus dem Forschungsvorhaben über posttraumatische Belastung wurde das Projekt »Posttraumatisches Wachstum«. Nach und nach interessierte es weniger, wie Individuen Strategien entwickelten, um mit den traumatisierenden Bedingungen umzugehen, sondern wie sie als Reaktion auf Widrigkeiten und Verletzungen daran wachsen konnten. Als Beispiele solcher Widrigkeiten führte Seligman den Tod eines Kindes, Kämpfen im Krieg und ernsthafte Gesundheitsprobleme an.

> *>> Resilienz war nicht länger die Fähigkeit, einem Unglück zu widerstehen. Sie wurde zur Fähigkeit, von einem Unglück zu profitieren und daran zu wachsen << (Illouz 2019, S. 470).*

»Jetzt hab ich dich«, höre ich Tante Klara sagen, »Hast du mir neulich nicht noch vorgeschwärmt, der Grenache müsse so richtig leiden, damit er in der Lage sei, große Weine zu produzieren? Posttraumatisches Wachstum im Weinberg also?«

»Wer sprach denn da von traumatisierenden Bedingungen, Tante, ich seh das eher als ›Fordern und Fördern‹. Wenn es so richtig heiß und trocken ist, wird der Rebstock gezwungen, sich seine Nahrung aus den tiefen mineralischen Schichten zu holen. Er wird aufgefordert, sein (Wurzel-)Netzwerk zu nutzen und weiter auszubauen.«

»Papperlapapp« – das war so einer der Ausdrücke, die ich bei Tante Klara auch bei solcherlei Einwänden sehr schätzte – »Du solltest auch deine pädagogischen Konzepte mal ähnlich kritisch beleuchten. Wo bleibt denn da die von dir zuletzt so häufig beschworene Achtsamkeit?«

»Natürlich«, versuche ich das von der Tante angestoßene Gespräch wieder in ruhigeres Fahrwasser zu lenken, »wurden die so veränderten Resilienzkonzepte sehr schnell den Coachs der Großunternehmen und den Pädagogen übermittelt.« In den Kompetenzkanon der Schulen wurden die erfolgversprechenden Strategien schnell integriert und damit leider auch kanonisiert. All die von traumatisierten – misshandelten, vernachlässigten, verarmten – Schülern gezeigten Verhaltensauffälligkeiten wurden nicht, wie wir es weiter oben konzipiert hatten, als Lösungsversuche dafür interpretiert, mit den Erniedrigungen und Verletzungen als Überlebensstrategien umzugehen. Es entwickelte sich ein Kanon von »pathologischen« und »wachstumsfördernden resilienten« – wenn man so will, von kranken und gesunden – Verhaltensmanifestationen. Irgendwie schien dieser Ansatz ja auch mit dem Ressourcenansatz kompatibel, ja, er schien letzteren sogar noch zu begründen und zu justieren. Was allerdings mit dieser Entwicklung aus dem Blick geriet, war eine Analyse auf der Prozessebene, eine Analyse der komplexen Wechselwirkungen von Traumatisierungen, Schutzbemühungen und Überlebensstrategien:

> » *Die oft befremdlichen und schwer zu ertragenden Verhaltensweisen dieser schwierigen Kinder und Jugendlichen sind nicht einfach als Ausdruck einer mangelhaft ausgebildeten Resilienz zu verstehen. Sie sind vielmehr wesentliche Abwehr- und Schutzstrategien. Diese schwierigen Kinder und Jugendlichen haben sich in ihrer frühen Kindheit gegen erfahrene Missachtung, Misshandlung, Bedrohung und Verletzung durch Strategien der Angstabwehr ihr seelisches und körperliches Überleben sichern müssen.*
>
> *Die Resilienz dieser Kinder und Jugendlichen verbirgt sich nicht selten hinter schwer erträglichen Formen von Abweisung, Zurückweisung, Aggressivität oder Destruktivität – gerade so, als müsse sie vor den Zugriffen der Erwachsenen geschützt werden. Auch eine noch so umfassende Einsicht in die Resilienzpotenziale dieser Kinder und Jugendlichen – wäre sie überhaupt möglich – würde wenig dazu beitragen, ihre Probleme und Schwierigkeiten, ihre Verhaltensstörungen und deren subjektiven Sinn zu entschlüsseln* « (von Freyberg 2015).

»Ich wusste doch«, sagt Tante Klara, »warum ich mich im Familienrat so heftig dafür eingesetzt habe, dass du etwas Vernünftiges studierst und nicht Psychologie. Die Psychologen werden doch meistens dazu benutzt, aus gesellschaftlichen Problemen individuelle zu machen. Vor allem, wenn sie sich mit psychosozialen, pädagogischen oder Gesundheitsfragen beschäftigen.«

»Also, ich kenne viele Kolleginnen und Kollegen, die auch in ihren Forschungsprojekten komplexe Sachverhalte wie Friedensforschung, gemeindenahe Versorgung und die Bedingungen entwicklungshemmender und krankmachender Kontexte bearbeiten. Aber wenn du schon so argumentierst, Tante Klara: Was meinst du denn? Wie kann ich meine arme verlorene Seele – außer mit Melissengeist – noch retten?«

»Wenn ich eins bei deiner professionellen Fragerei mitbekommen habe, dann diesen perfiden Trick, die Frage einfach an den Experten seiner Lebenswelt zurückzugeben. Also, was meinst du denn? Was wär denn für dich, heute Abend vor dem gemeinsamen Essen, ein gutes Ergebnis?«

»Na ja, die deutsche Gesellschaft für Beratung, der Dachverband beratender Verbände, hat neulich in ihren Leitlinien ihr Selbstverständnis formuliert. Zwar heißt es in den ethischen Grundsätzen zunächst, dass in der Beratungspraxis Menschen dabei unterstützt werden, ›auch die Fähigkeit zu erlernen, mit Schwierigkeiten zu leben‹. Ihr Verständnis von ›reflexiver Beratung‹ bekommt jedoch nur dann einen Sinn, wenn, wie in der Kurzfassung des Beratungsverständnisses nachzulesen, mit gleicher Intensität ›verdeckte Aufträge und problemerzeugende gesellschaftliche Zusammenhänge‹ reflektiert und verfügbare Ressourcen entdeckt und genutzt werden.«

»So etwas sollte die Agrarlobby auch mal machen, bevor sie im brasilianischen Urlaub ein ›Resilienzprojekt‹ startet, bei dem sie glyphosatresistente Soja für den europäischen Nahrungsmittelmarkt entwickelt.« Tante Klara schüttelt sich, was gewiss nicht an dem kurz zuvor genossenen Melissengeist liegt.

Wahrscheinlich gehört zu einem so verstandenen »reflexiven« Coaching ja vor allem, dass in der Aus- und Weiterbildung und in der tagtäglichen Praxis gleichermaßen reflektiert wird, wie wir nicht nur einzelne Personen, Teams oder Gruppen in ihren Änderungsprozessen unterstützen, sondern auch, wie wir dies im Kontext einer zu verändernden Gesellschaft tun. Und dazu gehört nicht nur, dass wir uns für politische Prozesse sensibilisieren, sondern, wie wir in unserer Praxis die individuelle Fassungslosigkeit in einen umfassenden Kontext stellen, ohne vornehmlich enge Biografiearbeit zu betreiben. Persönliche Fassungslosigkeit hat auch immer etwas mit den gesellschaftlichen Strukturen zu tun. Und bei dieser Betrachtungsweise kann beispielsweise auch deutlich werden, dass positive Gefühle nicht immer den negativen vorzuziehen sind. Auch Wut, Ärger und Verbitterung sind Ressourcen, sich in und mit der Gesellschaft zu entwickeln. Und sie lassen sich als Energie dafür nutzen, die Situation vieler wieder erträglicher zu machen.

Der Grenache streckt, wenn er leidet, seine Fühler aus und holt sich Unterstützung aus seinem Netzwerk. Gleichzeitig stößt er damit aber, auch durch seine Botenstoffe, Änderungsprozesse im Terroir an, z. B. in der zusätzlichen Aktivierung von Botenstoffen, die nicht nur seine Entwicklungsvoraussetzungen, sondern auch die Resilienz des gesamten Systems verbessern. Der Coach im Weinberg unterstützt diesen Prozess, so gut er kann.

»Ich glaube«, sagt Tante Klara, »es reicht – und deine Gäste werden es dir danken –, wenn du heute beim Abendessen nur die letzten paar Sätze wieder aufgreifst. Wenn du mir das versprichst, komme ich auch. Denn, wie sage ich immer: Nicht nur dein Wein, auch ein Bild sagt mehr als deine tausend Worte. Und noch wohler würde ich mich fühlen, wenn du deine kritische Grundhaltung zu psychologischen Heilskonzepten auch einmal auf das ganze neumodische Achtsamkeitsgedöns anwenden würdest.«

Im Weinkeller

Cuvée or not Cuvée

Ich habe manchmal den Eindruck, dass sich übermäßig viele C-Wörter durch die Beliebigkeit ihrer Verwendung auszeichnen: christlich, Coaching oder Cuvée beispielsweise. Vielleicht auch dadurch, dass sie bevorzugt Projektionsflächen für Vorurteile anbieten. Dabei wäre alles so einfach, wenn man sich nur an die Ursprünge erinnern würde.

»Dem Reinen ist alles rein«, pflegte Tante Klara bisweilen zu sagen und bezog sich dabei keineswegs nur auf meine kindliche Angewohnheit, mit Wasser und Seife umzugehen. Schon das deutsche Reinheitsgebot für Bier hielt sie für einen Werbegag, da ihr klar war, was an verschwiegenen Zusatzstoffen mit Wasser, Hopfen und Malz in das Gebräu gelangt. »Da lob ich mir die christliche Aufrichtigkeit der Klosterfrauen«, sagte sie dann, und auch mein dezenter Hinweis auf Klosterbrauereien ließ sie nicht in ihrem unerschütterlichen Glauben wanken. »Ich erinnere mich noch gut an Zeiten«, fuhr sie dann häufig fort, »als ein deutscher Kaiser den Satz prägte: ›Deutsch sein heißt, eine Sache um ihrer selbst willen tun.‹ Er meinte damit, dass wir Deutschen beispielsweise nicht wie die anderen Völker Kolonien besitzen würden, um diese wirtschaftlich auszubeuten – also aus niederen Motiven –, sondern, weil wir die hehren intrinsischen Neugier- und Entdeckermotive ihrer Verwirklichung zuführen mussten. Du wirst noch an mich denken, wenn du den ganzen Unsinn mit der reinen intrinsischen Motivation und dem Flow kennenlernen wirst«, prophezeite sie mir dann. »Und glaube ja nicht, dass der reine deutsche Riesling so rein ist und ohne den einen oder anderen Verschnitt auskommt. Und dass die französischen Cuvées nur welscher Tand, ungenießbar, weil verschnitten und somit unrein sind.« Ja, Tante Klara konnte sich bisweilen sehr ereifern, vielleicht war es ihre Art, wie der Franzose gesagt hätte: *cuver sa colère* – »ihren Zorn verrauchen zu lassen«.

Wobei wir wieder beim Ursprung wären: *cuver* heißt »gären«, und ein Behälter, in dem etwas gärt ist *la cuve* und eine Cuvée ist ursprünglich der Inhalt aus einer *cuve*. Das hat also noch nichts mit »Verschnitt« zu tun, diesen nennt der Franzose *assemblage*.

Eine Cuvée ist zunächst einmal eine individuelle Abfüllung, es könnte ein einzigartiger Wein aus einer einzigartigen Lage von einzigartigen Reben sein, es könnte ein besonderes Fass zu Ehren der Großmutter, »Cuvée Elizabeth«, oder aber eine Assemblage aus verschiedenen Rebsorten, rebsortenreinen verschiedenen Jahrgängen usw. sein. Verschiedene Appellationen haben hier z. T. unterschiedliche Regelungen, allen gemeinsam ist aber das Anliegen, etwas Besonderes zu präsentieren. Vielleicht würde man mit dem reinen Gemüt der deutschen Weinbaugemeinde von einem »Großen Gewächs« sprechen, aber auch hier hätte Tante Klara sicher wieder Worte gefunden, um *cuver sa colère*.

Auch wenn es den Anschein hat, dass in unseren Landen der reintönige unverschnittene Wein bevorzugt wird, haben wir eine lange Tradition mit dem sogenannten »Gemischten Satz«: Unterschiedliche Rebsorten befinden sich auf einer Anbaufläche und kommen bei der Ernte ins selbe Fass. Darauf angesprochen, meinte Tante Klara: »Eine Rebsorte im Weinberg ist eine Geige, der Gemischte Satz ein ganzes Orchester.« Und obwohl sie sonst selten zu Verallgemeinerungen neigte, möchte ich ihr im Nachhinein Recht geben, da diese Aussage sehr gut die Intention der »Cuvée-Winzer« widerspiegelt, im Weinkeller zu einer guten Orchestrierung zu kommen. Es gibt Weine, die reintönig von einer Rebsorte als virtuoses Solostück daherkommen, andere wieder, die ihren volltönigen Musikgenuss einer mehrstimmigen Orchestrierung verdanken, etwa ein gelungener Châteauneuf-du-Pape, der bis zu 13 verschiedene »Instrumente« umfassen kann. Auch in Deutschland darf noch als Solostück gelten, was dezent im Hintergrund zur Stütze noch eine weitere Solostimme erkennen lässt, ca. 10 % Scheurebe im Riesling, oder der farbkräftige Dornfelder als »basso continuo« einer roten Solostimme. Eigentlich ist, zumindest in Frankreich, jede Cuvée-Orchestrierung möglich – vorausgesetzt, sie entspricht den Intentionen des Komponisten, einen Wein zu kreieren, der vor allem ihn, aber auch das Publikum zufriedenstellt.

Das Komponieren ist eigentlich die spannendste und kreativste Arbeit des Winzers, man kann sie inzwischen digitalen Programmen überlassen (s. o. der Designerwein), aber man kann auch tief in den kreativen Gestaltungsprozess eintauchen, indem man zu unterschiedlichen Entwicklungsstufen aus verschiedenen Fässern probiert, zur gemeinsamen Komposition zusammenführt, einen Teil kurzfristig ins Holzfass tut, ein wenig schwefelt, lüftet usw. Bei meinen Weinen orchestriere ich gerne mit der berühmt- berüchtigten

GMS-Variante, die im Rhône-Tal vorherrscht – einer Assemblage aus Grenache, Mourvedre und Syrah (und oder Carignan). Dies ist im Rahmen der AOC-Collioure erlaubt. Es entspricht meinen Vorlieben, auch weil die einzelnen Weine je nach Lesezeitpunkt (vor allem der Syrah) so viel angenehme Klangerlebnisse bereitstellen, dass sie bisweilen als künstlerisches Gesamterlebnis beeindrucken. Natürlich gibt es auch Jahrgänge, die mit unterschiedlicher Stimmführung komponiert werden, und manchmal ist es eine genussvolle Abwechslung, einen reinen Syrah oder einen reinen Carignan zu genießen. Das Gleiche gilt auch für Grenache oder Mourvedre. Ich ertappe mich dabei, bei Weißweinen einen reinen Sauvignon, Muscat, Chardonnay oder Viognier auszusuchen, aber ich habe auch schon Assemblages getrunken, z.B. einen Sauvignon/Chardonnay, der mich aufgrund seiner Klangfülle und Exotik nachhaltig beeindruckt hat. Und so achte ich auch bei Angeboten in Deutschland weniger darauf, ob vorne auf dem Etikett Cuvée vermerkt ist – genauso, wie ich mich nicht primär von der Aufschrift »Großes Gewächs« beeindrucken lasse. Ich freue mich, wenn auf dem kleinen Etikett hinten auf der Flasche etwas über die Anteile der einzelnen Rebsorten und etwas über den Produktionsprozess steht. Es ist so, als ob ich mich vorher im Programmheft über ein Konzert informieren würde. Enttäuschungen sind da wie dort natürlich auch nicht ausgeschlossen.

Wie ist es denn nun beim Coaching?

Neben der notwendigen professionellen Grundhaltung und Grundausbildung (s.o.) gibt es im Coachingprozess ja sehr unterschiedliche Gestaltungsmöglichkeiten, die vom puristischen Vorgehen – bei dem sich der Coach einer Schulrichtung verpflichtet fühlt – bis hin zu eklektischen Methoden reichen, also bis hin zum Gemischten Satz. Das ist ein nettes Paradoxon: Vor einigen Jahren ist auf Betreiben der Slow-Food-Bewegung der »Wiener Gemischte Satz« in die Arche des guten Geschmacks aufgenommen worden. Und die »Wiener Schule« Sigmund Freuds reussierte ja nicht gerade als Gemischter Satz. Bevorzugt wurde vom Gründervater und seinen Adepten eher ein »reintöniges« puristisches Vorgehen, das – nicht ohne heftige inhaltliche und persönliche Auseinandersetzungen – zu einer Vielzahl von Schulrichtungen führte.

Wenn wir mal die verschiedenen psychologischen und psychotherapeutischen Modellvorstellungen, die vor allem in unterschiedlichen Therapieformen wiederzufinden sind, auf das Coaching übertragen, dann lassen sich auch hier, ziemlich vereinfacht, vier Strategien im Umgang mit der reinen Lehre feststellen. Wenn ich diese im Folgenden etwas plakativ voneinander abhebe, geschieht dies vornehmlich aus didaktischen Gründen. Tante Klara hätte gesagt: »Nicht alles, was hinkt, ist auch ein Vergleich«, und sie durfte so etwas ›politically correct‹ anmerken, da sie seit einer etwas länger zurückliegenden Hüftoperation beim Gehen leicht einknickte. Also zugegeben, die Vergleiche zur Weinwirtschaft sind etwas weit hergeholt:

Da ist zum einen die VdP[15]-Strategie: Hier legt man Wert auf ein unverfälschtes, puristisches Angebot, wobei sich die Großen Gewächse nicht in die Quere kommen sollten.

Der Freudianer bietet die unverfälschten Strategien Freuds an, der Adlerianer, aber auch der Rogers-Schüler, der Achtsamkeits-Adept von Kabat-Zinn (MBSR), der Shapiro-Schüler (EMDR), der Hellinger-Jünger usw. praktizieren die Methoden ihrer Meister. Und wer die reine Lehre verlässt, kann exkommuniziert werden. Man kann das ja auch nicht einfach so praktizieren, zumeist hat man sich einer Art Zertifizierung im Rahmen eines Franchising-Systems anzuschließen. Dafür weiß der Klient zumeist, was ihn erwartet: Wenn »lösungsfokussiert« oder »hypnosystemisch« auf dem Klingelschild steht, wird die Erwartung im Sinne einer sicherheitsförderlichen Beziehungsgestaltung gestärkt. Und die Aura der Großen Gewächse tut ein Übriges, selbst wenn die Kopien der ursprünglich Großen Lagen, weil sie unterschiedslos kopiert werden, zunehmend verflachen.

Diesen zumeist um Purismus bemühten Schulen stehen zum anderen die sogenannten eklektischen Ansätze gegenüber, also die Cuvées im deutschsprachigen Sinne.

15 Verband deutscher Prädikatsweine.

»Als Eklektizismus (von griech. ἐκλεκτός, *eklektos*, »ausgewählt«) werden Techniken und Methoden bezeichnet, die sich unterschiedlicher Systeme (z. B. Stile, Disziplinen, Philosophien) bedienen und deren Elemente neu zusammensetzen.«[16] In der frühen Heilkunst war der schon zitierte Galen ein Eklektiker, der Elemente der Empiriker (z. B. Hippokrates) und der Methodiker (z. B. Asklepiades) zu verbinden suchte.

In der Wissenschaftstheorie werden verschiedene Varianten des Eklektizismus, also verschiedene Möglichkeiten Cuvées herzustellen, diskutiert.

Der »benevolente« Eklektizismus

Alles, was gegenwärtig an Reben gut und teuer ist, aus welchen Gründen auch immer auf Nachfrage stößt, wird im Gemischten Satz vereinigt. Wie schon der oben zitierte Weinkenner im Vorspiel seines Fausts den Direktor sagen lässt:

> » *Wer vieles bringt, wird manchem etwas bringen; und jeder geht zufrieden aus dem Haus* « *(Goethe 1840).*

Der Coach versucht in diesem Sinne, das gesamte »angesagte« Repertoire an Methoden und Strategien vorzuhalten und im Paket anzubieten. Zahlreiche Bücher bieten eine Menge an Coaching-Tools, die z. T. unterschiedlichen Schulrichtungen entspringen, und mit diesem Methodenrepertoire können die Klienten ›benevolent‹ versorgt werden. So entwickelt sich bei manchen Coaches ein Angebot, welches das eigene Handeln von dem abhängig macht, was gerade so abgerufen wird – evtl. auch ein bisschen von allem.

Winzer, die mir als Vorbild dienen, würden wohl anmerken: Eine so hergestellte Cuvée dürfte nicht sehr interessant, um nicht zu sagen langweilig und fad, sein. Und sie könnten nachvollziehen, was der Dichter im faustschen Vorspiel dem Theaterdirektor antwortet:

> » *Ihr fühlet nicht wie schlecht ein solches Handwerk sei!*
> *Wie wenig das den echten Künstler zieme! Der saubern Herren Pfuscherei ist, merk ich schon bei euch Maxime* « *(ebd.).*

16 www.de.wikipedia.org/wiki/Eklektizismus.

Nennen wir sie daher: die Pahlhuber und Söhne-Strategie.

Die vom Dichter angemahnte Pfuscherei könnte dazu führen, dass irgendwann die Coaching- und Weinwelt, ja die gesamte mit Sinnen erfassbare Umwelt sich nivelliert. »Wir werden alle zu Vanille-Eis«, soll der New Yorker Medienmagnat Herbert W. Allen festgestellt haben (zit. nach der Sommelière Paula Bosch 2001, S. 85). Die regionalen Besonderheiten und Traditionen, die beispielsweise die puristischen VdP-Strategen als Begründung ihres Handelns betonen, werden übertönt von reichlich Vanillesauce. Eigentlich bin ich ein Fan von Vanilleeis, selbst in der Fürst-Pückler-Variante. Und ich habe auch mal gehört, dass Vanille-Aromen in der Muttermilch vorhanden sind und, besonders bei Männern, sehr angenehme frühkindliche Assoziationen hervorrufen. (Man denke nur an das Entzücken von Weintrinkern über die Vanillearomen in barrique-ausgebauten Weinen.) Ich will mir nicht ausmalen, was der Purist Freud dazu gesagt hätte – auf jeden Fall hätte er sich dagegen verwahrt, dass jedwede Lust mit Vanille zugekleistert wird.

Der technische Eklektizismus

Etwas differenzierter stellt sich demgegenüber der technische Eklektizismus dar.

Er bezieht die Fragestellung nach dem Ziel und Kontext mit ein und stellt bei der Zusammenstellung seines Angebots die Frage: Was passt zu wem? Wie könnte ein typischer Fischwein aussehen? Welche Rebsorten und welche Cuvée passen zu Spargel, zu Blauschimmelkäse, zu exotischen Gerichten? Und zu einer Silbernen Hochzeit? Will man feiern oder vergessen?

Und da findet sich auch der eine oder andere Gutswein der VdP wieder, eine Cuvée aus Riesling und Grauburgunder aus Baden beispielsweise oder ein Riesling, Weißburgunder und Sauvignon Blanc aus der Pfalz. Es sind z. T. kunstvoll und zielgerichtet komponierte Weine, die den Erwartungen auf hohem Niveau entsprechen können.

In der Psychotherapie, in der Beratung und im Coaching ist dieser technische Eklektizismus ebenfalls weit verbreitet: Bei Stress und Burn-out empfehlen sich möglicherweise andere Strategien als beim Umgang mit Ängsten oder gar Traumata. Resilienzförderung und Selbstoptimierung rufen nach anderen Methoden als Teamentwicklung oder Übergangscoaching.

Aber ähnlich, wie in der Weinwelt inzwischen die intendierte Zielorientierung hinterfragt wird, stellt sich beim Coaching auch die Frage, ob sich die jeweiligen Anlässe und Aufträge wirklich so abgrenzen lassen wie die Großlagenbezeichnungen in der Pfalz. Die Fragen und Problemlösungen sind zumeist komplexer und von sehr unterschiedlichen Kontextbedingungen abhängig, die jeweiligen Biografien erfordern ein individuelleres Prozessgeschehen.

Hinzu kommt, dass in Analogie zu Psychotherapiebefunden die Methodenvarianz wohl geringer als die Beziehungs- und Kontextvarianz zu veranschlagen ist.

Wie kann man einen Weg aus dem Dilemma zwischen puristischer Stringenz und Methodenvielfalt des benevolenten und technischen Eklektizismus finden? Welche Cuvée verspricht den größten Genuss?

Der systematische Eklektizismus

In meiner Biografie als Psychotherapeut und Winzer habe ich eine Strategie des systematischen Eklektizismus gewählt: Ich suche mir meine Strategien und Methoden mit System, d. h. nach übergeordneten Gesichtspunkten aus. In dem Dilemma, dass es einerseits zu einer gelingenden Beziehung beiträgt, für den Klienten überzeugend aufzutreten, andererseits mein Wissen um die geringe Methodenvarianz wenig zu eben dieser Überzeugung bei mir beiträgt, suche ich nach Kriterien, die meine Handlungsstrategien für mich nachvollziehbar begründen – und mich dadurch selbstsicherer machen.

Das hört sich zunächst kompliziert an. Einfacher ausgedrückt: Sowohl beim Wein als auch bei meinen Klienten gehe ich von einem übergeordneten entwicklungsorientierten »Persönlichkeitsmodell« aus. Ich frage mich also: Wie entwickelt sich der Wein, wie mein Klient (also der Mensch) zu einer stimmigen Persönlichkeit? Entwicklungsorientiert meint für mich auch prozessorientiert, und so vermeide ich, in die Falle relativ statischer Vorstellungen von Selbst, Ego oder Persönlichkeit zu tappen. Auch wenn sich heute nahezu jeder auf die Neuropsychologie beruft und zuweilen berufen kann, scheint es doch plausibel zu sein, dass die Neuro-Befunde eine ständige prozessuale Auseinandersetzung innerhalb und zwischen den Systemen nahelegen. Sowohl Wein als auch Menschsein ist kein unveränderlicher Zustand, sondern ein stetiger Prozess, auch wenn unsere westliche Sprache in ihrer Verdinglichungstendenz uns diese Erkenntnis nicht gerade leicht macht.

Noch anders ausgedrückt: Sowohl der Wein als auch der Mensch ist ein Organismus: Und was ein Organismus macht – deshalb heißt er so –, ist organisieren! Aber was organisieren beide? Man könnte sagen: sich selbst. Und das, indem sie u. a. Informationen von außen aufnehmen und diese stimmig in ihr eigenes Selbst integrieren. Die Systemtheorien und hier vor allem die kognitionstheoretisch und biologisch orientierten Befunde von Maturana und Varela haben versucht, hierzu nachvollziehbare Modelle anzubieten. Zwar hätte sich ohne Informationen von außen und die Bereitstellung angemessener Rahmenbedingungen weder die Rebe zu der gegenwärtig vorfindbaren Kulturpflanze entwickelt, noch hätte sie freiwillig das Gärpotenzial ihrer Trauben der Domestizierung im cuve zur Verfügung gestellt. Aber wenn wir die Selbstaktualisierungstendenz des Weines respektieren, werden wir feststellen, dass der Wein ein Eigenleben behält, das sich weitgehend einer instruktiven Beeinflussung widersetzt. Es spiegelt sich wider, was die Behavioristen der frühen Jahre über ihre Arbeit im Tierlabor als »Harvard law of animal behavior« formulierten: »Unter den exakt kontrollierten Bedingungen des Laborexperiments machen die Versuchstiere, was sie wollen« (Hirsch 1970, zit. nach Holtz 1994, S. 72). So ist es auch mit dem Wein: Man kann ihn letztlich vergewaltigen – und hier wird nichts unversucht gelassen –, man kann ihn als System auseinandernehmen und zerstören und als Designerwein, als anmutigen Zombie, wieder auferstehen lassen. Solange er jedoch lebt, wird er sich um sein Selbst herum organisieren und seine eigene Identität aufrechtzuerhalten suchen. Auch der Erziehungsschnitt auf dem Weinberg und die Isolationsbedingungen im *cuve* können im besten Falle als Angebote des Winzers verstanden werden, sich auch mit seinen Vorstellungen über Entwicklungsziele in den Entwicklungsprozess einzuschalten. Wenn der Wein diese Angebote nicht integrieren kann, wird er bestenfalls zu einer langweiligen Substanz, schlimmstenfalls seinen Geist aufgeben. Diese Sichtweise einer Zwiesprache zwischen Wein und Winzer ist für mich eine hilfreiche Konstruktion, die mir erlaubt, mit dem Wein und seiner Entwicklung in einen zufriedenstellenden Beziehungsprozess einzutreten. Und wenn ich einen – von anderen Winzern produzierten – ausdrucksstarken Wein probiere, versuche ich, mit möglichst vielen Sinnen der Biografie von Wein und Winzer, deren gemeinsamer Erzählung, nachzuspüren. »C'est la vie«, hätte hier Tante Klara ergänzt.

Erzählungen interessieren mich auch beim Coaching (Holtz 2014). Klienten kommen zu mir, weil sie in ihren individuellen Erzählungen Klärungsbedarf haben. Ich versuche, sie – sicherlich auch auf dem Hintergrund meiner eigenen Biografie – zu verstehen und dann gemeinsam eine Erzählung weiterzuentwickeln, die Veränderungen verspricht.

Und auch hier gehe ich von meiner Grundannahme eines lebendigen Organismus aus:

Ein Organismus organisiert, und im Falle des menschlichen Organismus ist es die Organisation von Bedeutungen (Perry 1970). Das meint nun nicht nur, dass der Mensch Bedeutung bildet, das ist eine Binsenweisheit. Es heißt vielmehr, dass Menschsein ein Prozess ist und dieser permanente Prozess Bedeutungsbildung. Zu jedem Zeitpunkt unseres Lebens suchen wir nach Bedeutungen, die dann von uns als dem »Selbst« zugehörig aktualisiert werden. Dieser Prozesscharakter menschlicher Erkenntnis macht mich auch suspekt gegenüber Aussagen über die Selbstkonzepte, die von einem relativ statischen Charakter ausgehen. Natürlich suchen wir relativ überdauernde Strukturen, sie sind hilfreich, um überhaupt Vorhersagen unseres Handelns zu erlauben, aber auch diese Bestätigungen einer Kontinuität sind Prozesse einer ständig vorherrschenden Bedeutungsbildung. Was ich also brauche, um mich in meinem Coaching-Handeln nicht an Ego-States, inneren Anteilen, statischen Persönlichkeitskonzepten usw. orientieren zu müssen, sind Prozesskonstrukte menschlichen Handelns, wie sie etwa in der Selbstaktualisierungstenz nach Rogers, in neueren ichanalytischen Vorstellungen, kognitiv orientierten Therapiemodellen (z. B. Beck et al. 1979) oder neurobiologischen Vorstellungen zu erkennen sind.

Was ich für mein Coaching-Handeln brauche, ist eine Theorie menschlichen Handelns, die mir erklären kann, wie Menschen (in ihren Erzählungen) jeweils ihre Welt erfassen und wie sie darin die Fassung verlieren können. Dass ein solches Modell mit der Frage nach dem Sinn des eigenen Lebens, der Bedeutung der Wahrnehmungen und der Handlungen zu tun hat, liegt nahe. An anderer Stelle habe ich ausführlicher auf dieses entwicklungspsychologische Modell in der Tradition Kegans hingewiesen (Holtz 1990). Es bietet mir eine Systematik, wie ich im Sinne eines systematischen Eklektizismus meine Methoden und Strategien aussuche – orientiert an der Bedeutungsbildung des Klienten und der gemeinsamen co-konstruktiven Bedeutungssuche.

> *» Unser erstes Ziel muss daher sein zu begreifen, wie der andere seine persönliche Realität konstruiert oder, anders: Die erste Erkenntnis, die wir in Bezug auf den anderen gewinnen müssen, ist, wie er selbst seine Erkenntnisse gewinnt « (Kegan, 1986; zit. nach Holtz u. Mrochen 2005, S. 12).*

Und bei einem solchen Vorgehen kann ich die bisherige Bedeutungs- und »Wahr«-Gebung des Klienten berücksichtigen, aus unterschiedlichen »Schul«-Richtungen ziel- und auftragsorientiert einen Kanon an Interventionen aussuchen – und statt Rückgriff auf gängige Tools – maßgeschneidert Varianten entwickeln.

Die Cuvées, die dabei im Vordergrund des Interesses stehen, können das ganze Spektrum vom Großen Gewächs der Einzellage bis hin zum Gemischten Satz oder der kreativen Assemblage unterschiedlicher Fässer je nach Entwicklungstufe auf dem Wege zur »Selbst-Aktualisierung« von Wein und Winzer sein.

Nennen wir diese Strategie des systematischen Eklektizismus mal die Slow-Food-Strategie: Respektieren der Wurzeln, Berücksichtigung territorialer Besonderheiten, Bewahrung erfolgreicher Ressourcen und Betonung klimaorientierter Nachhaltigkeit. Die Cuvée ist das Ergebnis einer individuellen und kreativen Co-Konstruktion. Sie entspricht m. E. der impliziten Position Milton H. Ericksons. Mit seiner Aussage, man solle Patienten nicht in das Prokrustesbett einer Theorie einzwängen, wandte er sich gegen eine rigide Ausrichtung an einzelnen Therapieschulen. Nicht gemeint war, dass man theorielos in eine therapeutische Beziehung eintreten könne. Erickson hätte man demgegenüber als systematischen Eklektiker im Sinne unseres Slow-Food-Modells verstehen können. Seine Konzeptionen der Utilisation (s. o.) und des Seeding gingen von einem Verständnis des menschlichen Organismus aus, der Bedeutung bildet und damit seine eigene persönliche Wirklichkeit entwickelt (Betty A. Erickson, pers. Mitteilung). Er fühlte sich darin einigen Autoren verschiedener Therapierichtungen verbunden, z. B. dem Psychoanalytiker Judd Marmor und einigen kognitiv orientierten Verhaltenstherapeuten, wie Aaron Beck, A. A. Lazarus und der »konstruktivistisch narrativen Perspektive der Kognitiven Therapie«, wie sie von Donald Meichenbaum (1997) beschrieben wurde, der »Patienten als bedeutungsgebende (meaning-making) Akteure« bezeichnete, »die proaktiv ihre eigene persönliche Realität erschaffen« (zit. nach B. A. Erickson o. J.).

Und das bereits erwähnte Seeding – d. h. das nahezu beiläufige Einstreuen von Ideen in Form von Worten, Bildern und Metaphern – ist eine Strategie, die der Winzerarbeit im Sinne eines systematischen Eklektizismus entspricht: Der Winzer hat gelernt, die Realität des Weines in all seinen Darbietungsformen wahrzunehmen und dann mehr oder weniger subtil Interventionen einzustreuen, die Veränderungen hin zu einem bedeutungsvolleren Zustand unterstützen (in Übereinstimmung mit den Ideen des Winzers über einen gelungenen Wein), z. B. ein wenig mehr Kaliumbisulfit, etwas mehr Luft, der Aufenthalt im Holzfass, das Abfüllen auf die Flasche usw. Und all das wird beim Coaching wie in der Weinherstellung ein zufriedenstellender Prozess sein, wenn sich Coach und Winzer davon leiten lassen, dass Organismen sich selbst organisierende, bedeutungssuchende Systeme sind.

Der Therapeut Meichenbaum wird von B. A. Erickson wie folgt zitiert:

> »*Diese Art Therapie, sagt er, ist sowohl exploratorisch als auch entdeckungs-orientiert, wobei der Therapeut den Klienten dabei hilft zu erkennen, wie ihre persönlichen Realitäten erschaffen wurden und welche Konsequenzen, gut oder schlecht, aus diesen erschaffenen Realitäten resultieren*« *(ebd., Übers. K. L. H.).*

»Das leuchtet mir ein«, hätte Tante Klara (hoffentlich) hierzu gesagt – und versonnen hinzugefügt: »Vielleicht spricht man ja auch deshalb vom ›Geist‹ des Weines.«

It's simple but not easy – der lange Weg zum Genuss

»Es ist alles nicht so leicht im Leben«, sagte Tante Klara des Öfteren, und wenn sie das sagte, hörte ich – zwischen den Worten – immer den leichten Unterton: »Na, so schlimm wird's auch nicht werden.« Das war immer beruhigend zukunftsorientiert und ließ wenig Raum für Diskussionen über die Widrigkeiten des Daseins. Von daher musste ich an die Tante denken, als Steve de Shazer seinen lösungsorientierten Ansatz umschrieb: »It's simple but not easy.« – auch wenn es etwas dauerte, bis ich diese Aussage für mein Handeln als Coach angemessen einordnen konnte. Simpel war an dem Ansatz, dass man ja einfach mal einen Perspektivenwechsel vornehmen konnte. Auch die Struktur war relativ simpel: Wir mussten in dem Gespräch nur Anregungen geben, zunächst nicht über das Problem zu sprechen, sondern über das, was ein Ziel, eine Vision guten Gelingens war, wann und wo der Klient bisher schon die Erfahrungen gemacht hatte, auf einem guten Weg zu sein, und wie er das bisher geschafft hatte. Es war zunächst eine freundliche Einladung an den Klienten, über seine Hoffnungen, Wünsche und Visionen zu berichten – ihn zu bitten, sein künftiges Leben mit eigenen Worten zu schildern.

Das hört sich noch recht simpel an. Aber es war eben keinesfalls easy, die eigene Art des Fragens mit dieser Erkenntnis zu ändern: nicht Fragen zu stellen, um vom Klienten darauf eine Antwort zu hören, sondern Fragen zu stellen, um den Klienten antworten zu hören. Und zwar Antworten auf seine inneren Suchprozesse, welche die Fragen ausgelöst hatten – ihm gewissermaßen beim Beantworten seiner eigenen Fragen zuzuhören. Und damit ferner in die Lage versetzt zu werden, die eigenen Vorstellungen von Problemsicht und Lösungsmöglichkeiten zurückzustellen und die Bedeutungserfassung des Klienten und seine Versuche, die Fassung wiederzuerlangen, anregend und unterstützend zu begleiten. Und schließlich als selbstverständlich zu erfahren, dass alle Aussagen des Klienten, seine begleitenden Ideen zu den Suchprozessen richtig waren, weil es seine Antworten waren. Dass es nicht unbedingt nötig war, den Klienten zu verstehen. Dass es aber nötig war, sich und dem Klienten Zeit zu lassen, auch wenn er sich zunächst selbst nicht verstand. Und auf einmal den im vorigen Kapitel erwähnten Rousseau in seiner scheinbaren Paradoxie zur Erziehung zu verstehen:

> »*Ob ich es wage, hier die größte, wichtigste und nützlichste Regel jeglicher Erziehung darzulegen? Sie heißt: Zeit verlieren und nicht gewinnen*« *(Rousseau 1978, S. 262).*

Die Struktur, die Planung einer Beratungseinheit, war simpel, der gemeinsame Weg zu ersten Zielen zunächst jedoch keinesfalls easy.

»Hab ich's nicht gesagt?«, höre ich Tante Klara sagen. Es ist eben auch nicht easy, immer das letzte Wort haben zu wollen.

An Tante Klara und Steve de Shazer muss ich beim Weinmachen des Öfteren denken, obwohl ich mir nicht sicher bin, ob sich die beiden verstanden hätten.

Auch die Weinbereitung ist zunächst simpel, in der Durchführung dann jedoch nicht easy. Das gilt zunächst im übergeordneten Sinne: die einzelnen Schritte, die benötigten Hilfen, die Vorsichtsmaßnahmen. All das kann man regelgerecht abarbeiten, das ist simpel. Aber wie so oft: Der Teufel steckt im Detail.

So ist es ja auch bei Beratungsgesprächen: die sogenannten Grundlagen der Gesprächsführung, aktives Zuhören usw. – Carl Rogers hat gute Arbeit geleistet.

Wie kann ich nun bei der Weinproduktion die genannten Erfahrungen als Coach einbeziehen – das, was ich aus dem lösungsorientierten Ansatz nach de Shazer für mein Vorgehen entwickelt habe, gewissermaßen im Weinkeller ausprobieren? Auch hier kann man zunächst simpel planen, wenn man das besondere Vorgehen verstanden hat. Aber, ich höre Tante Klara, wenn man mal loslegt, dann ist alles nicht so easy.

Ich möchte im Folgenden also über die eigenen Vorgehensweisen berichten, bezogen auf meinen Kontext als kleiner Nebenerwerbswinzer und Mitglied einer Kooperative, mit einer Kapazität von zunächst ca. 500–1.000 l Rotwein. Dieser kommt aus einem kleinen

Weinberg (½ ha) mit alten Rebstöcken, die zum Teil 70 Jahre alt sind. Der Weinberg liegt an einem Steilhang in Südfrankreich, maschinelle Arbeiten bei der Pflege und bei der Ernte sind nicht möglich, alles ist also Handarbeit. Dies zum Vorverständnis, da viele meiner Kollegen vor Ort meine Art zwar mehr oder weniger wohlwollend zur Kenntnis nehmen, aufgrund anderer Dimensionen jedoch ganz anders arbeiten.

Gut, es wird ja auch nicht jeder beim Coaching einen lösungsorientierten Ansatz nach de Shazer oder Bill O'Hanlon präferieren. Was ich mir aber vorgenommen habe, ist, Kriterien dieses Ansatzes in meine Art der Weinbereitung zu integrieren.

So weit, so simpel.

Was ist nun die »andere« Art des Vorgehens? Ich behalte im Hinterkopf, dass auch und gerade beim Coaching im Vergleich zu einigen anderen Hilfesystemen bisweilen »Ratschläge« des Experten gefragt sind, diese im lösungsorientierten Ansatz jedoch sehr sparsam – und manchmal nur nach mehrfacher Vergewisserung – angeboten werden sollten. Ständig sollte man reflektieren, wann instruktive Informationen hilfreich, wann kontraproduktiv sind, und beobachten, inwieweit diese in das Klientensystem integriert werden. Vielleicht finde ich bereits in der Biografie des Klienten Hinweise darauf, wo Defizite aufzuarbeiten und Ressourcen zu erkennen sind. Ferner: ob und wie Fragen nach Unterstützung geäußert und in das gemeinsame Gespräch integriert werden.

Was ist zunächst simpel? Eine Strukturierungshilfe

Im Beratungsgespräch kann es zunächst hilfreich sein, sich eine Gliederung für die Bearbeitung einzelner Inhalte zu überlegen. Beispielsweise: Was bringt der Klient mit – also die biografischen Anteile. Dann: Welche Methoden bringen vor diesem Hintergrund möglicherweise zieldienliche Veränderungen – also die Auswahl der Rahmenbedingungen und Methoden (einschließlich des Timings). Und drittens: die Ausarbeitung einer gemeinsamen Landkarte auf dem Weg zu viablen Änderungsschritten und Zielvorstellungen.

Bei der Weinbereitung kann man ebenfalls diese Dreiteilung vornehmen, indem man sich an die wesentlichen Bestimmungsstücke eines gelingenden Weines erinnert: die drei Herkunftsbereiche der Aromastoffe (und dann vielleicht noch die Bestandteile, die der Gesundheit förderlich sind).

Wann kann ich diese Ingredienzen am besten abrufen und in ihrer wechselseitigen Entwicklung fördern? Und zwar so, dass der Wein sich mit mir auf eine gemeinsame Landkarte einlässt.

Auch bei dieser Vorüberlegung sind aller guten Dinge drei: Wo sind und wie entwickeln sich Primär-, Sekundär- und Tertiär-Aromen?

Primär-Aromen: Die Bedeutung der Biografie

Unter Primär-Aromen verstehen wir all die potenziellen Geschmacksmöglichkeiten, die das Lesegut mitbringt. Sie spiegeln die Weinbergsarbeit wider, betreffen also nicht nur die sortentypischen Charakteristika, sondern auch die durch Terroir, Erziehungsbedingungen und Krankengeschichten entstandenen biografischen Anteile. Und wie im richtigen Leben ist es auch bei deren Entwicklung von Bedeutung, wie bisher mit den Rebstöcken kommuniziert wurde:

In der frühen Entwicklung habe ich einige Hilfen gegeben. Der Erziehungsschnitt, die nicht zu sehr traumatisierende Art des Zurechtstutzens im Frühjahr, die Maßnahmen, um beim Beikraut nicht zu viel Nahrungskonkurrenz aufkommen zu lassen, und die Laubpflege, die einen Wildwuchs vermeiden hilft, sind Vorgehensweisen, die ich mir als Patron zugestehe. Kein Laisser-faire, aber eine dem Terroir und der Persönlichkeit der Rebe zuträgliche pädagogische Begleitung. Im Krankheitsfalle wird Hilfe zugesagt. Aber vor allem achte ich darauf, dass die Selbstheilungskräfte der Pflanzen und das Zusammenwirken der »einbindenden Kulturen« gestärkt werden. Auch das ist nicht so easy, wie gerade geschildert. Die Reben sind meiner Ansicht nach bequem, einige sagen auch faul. Sie wollen nicht so tief wurzeln, wenn genügend Wasser bereitgestellt wird. Also wird ein wenig nachgeholfen, indem die Flachwurzeln gekappt werden und der stumme Impuls gegeben wird, in den Tiefen mal selbst nach Nahrung zu suchen. Und ich denke wie Tante Klara: »Die Kinder werden es mir später mal danken.« Spätestens dann, wenn das Leben herausfordernder wird. Der Grenache ist so ein Fall: Er wird ungeahnte Qualitäten entwickeln und seinem Image als Langweiler mit hohem Alkoholgehalt entgegentreten können, wenn er bereit ist, zu leiden und an die Grenzen seiner Belastbarkeit zu gehen. Er wird leichter einem Hitzeschock entgehen können, und er entwickelt, wie auch andere Rebsorten, die Fähigkeit, mit seinen Ressourcen energiesparend umzugehen. Ich weiß nicht, wie Steve de Shazer und Insoo Kim Berg über Kindererziehung denken. In Insoos WOWW[17]-Approach sehe ich ein paar Gemeinsamkeiten, und auch die Diskussionen zur Neuen Autorität (Omer u. von Schlippe 2016) scheinen mir beachtenswert. Bisher bin ich allerdings mit Tante Klaras Maxime einigermaßen gut gefahren: »Entweder, man ist konsequent, oder man ist inkonsequent. Aber nicht dieses ständige Hin und Her.« Aber das setzt ja auch Präsenz voraus.

Ab in den Keller!

Auf jeden Fall möchte ich, dass meine Rebenzöglinge spätestens zum Zeitpunkt der Mittleren Reife sagen können, was sie eigentlich wollen. Und das ist dann der Zeitpunkt, zu dem ich gerne mit ihnen in den Keller gehe und den lösungsorientierten Ansatz (so, wie ich ihn für mich weiterentwickelt habe) versuche.

An der Reifeprüfung möchte ich schon beteiligt sein. Neben den technischen Hilfsmitteln zur Feststellung des Zuckergehalts ist auch hier eine sensorische Prüfung unabdingbar. Der optische Zustand der Trauben, vor allem aber der Geschmack nach Reife – nach den neben Zucker wesentlichen Inhaltsstoffen – erlaubt erste Vorhersagen. Der Syrah, eine der vier Rebsorten, die ich neben Grenache, Mourvedre und Carignan zum Gespräch einlade, sollte genau »auf den Punkt« geerntet werden. Etwas zu früh schmeckt er ein bisschen zu grasig, etwas zu spät kann er sehr schwerfällig und breitbeinig daherkommen. Einige Fragen schließen sich an: Werden alle zum gleichen Zeitpunkt geerntet? Und wenn nicht: Wer darf in einem gemeinsamen Fass (mehr als zwei habe ich nicht) zusammen vergären?

---

17 *Working On What Works*-Ansatz (Berg u. Shilts 2005).

Bisher waren dies Syrah und Mourvedre in dem einen, Grenache und Carignan in dem anderen Fass. Neulich hat mir ein sehr geschätzter Winzer empfohlen, den Mourvedre zunächst mal getrennt zu befragen.

Auch hier muss man also, wie beim Gespräch mit Familien oder beim Teamcoaching, ein Gespür dafür entwickeln, in welcher Reihenfolge und in welchen Settings man beginnt und wie man den Gesprächsfaden weiterspinnt.

Stehen mir immer all die wichtigen Teilnehmer zur Verfügung? (Im vorletzten Jahr haben sich die Wildschweine meinen gesamten Mourvedre-Bestand einverleibt). Welche Voraussetzungen bringt der Syrah gerade zu diesem Meeting mit? Lasse ich zwei Teilnehmer gleich zu Beginn miteinander reagieren? Bremse ich den Grenache, wenn ihm aktuell der Trester-Hut hochgeht? Wäre es besser, jetzt den Syrah kurz mal an die Luft zu lassen? Wie in Teamprozessen kann die Planung gemeinsamer und separater Aufgaben zu sehr unterschiedlichen Ergebnissen führen. Auch die Entwicklung der Aromastoffe wird je nach Zusammenführung und Zusammensetzung sehr unterschiedlich ausfallen.

Sekundär-Aromen: Rahmenbedingungen und Auftragsklärung

Mit Sekundäraromen meint man die potenziellen Geschmacksstoffe, die während oder kurz nach der Gärung entstehen. Insoo Kim Berg sagte einmal: »Bereits mit der ersten Frage bestimmst du die Richtung, in die sich das Gespräch entwickelt«. So ist es auch hier.

Wenn man einige Weißweine zu kalt vergärt, kann sich ein markanter Duft nach Eisbonbons entwickeln – manche Weinnasen nennen das euphemistischer zuweilen Banane. Je nach Rahmenbedingungen des Säureabbaus können Fehlaromen nach Butter oder Sauerkraut, Untertöne nach Essig oder faulen Eiern entstehen.

Wenn ich von Beginn an zugehört habe, kann ich die biografischen Informationen mit unterstützenden Angeboten abgleichen. Wie viel Sauerstoff braucht die Maische, und wie geh ich mit der Gretchenfrage um: Wie halte ich es mit dem Schwefel? (Mephisto lässt grüßen.)

Je nach Zustand und Reifegrad werden also Überlegungen angestellt, ob und wie viel Schwefel nach dem Entrappen[18] der Maische zugefügt werden sollte.

Und schon sind wir mitten im Gespräch nach dem »Simple-Ansatz« de Shazers: Ich werde meine Fragen nach Art und Gerichtetheit so stellen, dass im Wein Suchprozesse ausgelöst werden. Wenn ich mein Repertoire an Fragen abspule – ohne Gedanken an das richtige Timing und mit der Absicht, sofort Antworten zu erhalten –, werde ich nicht in ein zielführendes Gespräch kommen. Der Schwefel (eigentlich ist es bei mir Kaliumpyrosulfit – es kommt also auch immer darauf an, wie man fragt) wird nicht automatisch und in der tolerierbaren Höchstmenge zugeführt, sondern, nachdem mir die Maische über verschiedene Sinnesmodalitäten etwas über ihre Befindlichkeit mitgeteilt hat. Ist sie bereit, in Übereinstimmung mit der Kellertemperatur gleich mit der Vergärung zu beginnen? Lassen sich schon andere Zeichen für eine Stabilisierung erkennen? Wie warm ist es der Maische gerade im Keller? Ist sie noch vom längeren Transport vom Weinberg aufgeheizt? Wie viel Zeit habe ich, um in der Nähe zu bleiben? Wie viel Sauerstoff tut gerade gut? All diese Antworten muss ich mir nicht abholen, aber um helfend die nächsten Fragen nach den Zielen zu stellen, muss ich mich auf die Suchprozesse des gärenden Weins einstellen.

Denn die Hefe unterbricht nicht nur irritierende Prozesse, sondern geht ihrerseits auf die Suche, um Verbindungen mit all den bisher nicht genannten Inhaltsstoffen des Weins einzugehen. Und zwar auch wieder in Abhängigkeit von den bisher genannten Antworten des Weins. Und auch mit dem Ziel, Einfluss auf die Geschmacksqualitäten des Weines zu nehmen.

Wenn man so will, geht es im Inneren des Weines von Anfang an so richtig rund. Und wie so ein richtig autopoetisches System hört er sich all meine (instruktiven) Vorschläge zunächst einmal an. Ob er sie aber annimmt, entscheidet er nach seinen eigenen systemimmanenten Regeln.

Wenn ich merke, dass er mir zumindest einmal zuhört, kann ich mit ihm diskutieren, welche Risiken wir bereit sind einzugehen.

18 Das Abbeeren, d. h., das Entfernen der Stiele von den Trauben.

Nicht jeder Winzer ist wie manches Familienoberhaupt bereit, das Spiel »No risk no fun« zu spielen. Aber wie viel Risiko kann ich in meinen Vorschlägen dem Wein zumuten? Auch dies wird zu einem Großteil vom Potenzial der Primär-Aromen, der Biografie, abhängen. Wie stabil ist er denn gerade? Und auch davon, inwieweit wir durch unseren ersten Rapport eine vertrauensvolle, tragfähige Beziehung haben aufbauen können. Wenn wir uns in das Abenteuer einer gemeinsamen konstruktiven Zusammenarbeit stürzen, dann sollten wir uns auf jeden Fall vergewissern: »Let's try. There is no guarantee« (eine häufige Rückmeldung Steve de Shazer zu diesem Zeitpunkt).

»Und geduldig sein, Zeit lassen, wie du schon eben Rousseau zitiert hast«, sagt Tante Klara. »Das meint ja wohl auch der andere Nebenerwerbsromantiker, Goethe, wenn er Mephisto zu Faust sagen lässt:

> *Nicht Kunst und Wissenschaft allein,*
> *Geduld will bei dem Werke sein.*
> *Ein stiller Geist ist jahrelang geschäftig,*
> *Die Zeit erst macht die feine Gärung kräftig*
> *(Goethe 1840, Bd. 11, S 100).*

Tertiär-Aromen: Ausbau und Stabilisierung

Und spätestens jetzt, mit dem Verweis auf Fausts Hexenküche, haben wir den Rubikon zu »not easy« überschritten. Der Wein braucht uns noch, aber den Weg zu Individualität und Identität des Weines werden wir nur dann unterstützend begleiten können, wenn wir spätestens jetzt nur noch Fragen stellen, um Suchprozesse in Gang zu halten. Der Wein ist der Experte seiner Komplexität und auf dem Wege zu den Tertiär-Aromen – Holzfass ja oder nein? Welche Größe? Wann Abzug von der Hefe? Mit viel oder wenig Luft? – sollten wir vorwiegend aktiv zuhören und das Timing unseres Klienten, und nicht das unsere beachten. Und manchmal ist es wichtig,

- sich irritieren zu lassen und seinerseits, beispielsweise über Paradoxien, zu irritieren

- ein Kippen des Weines zu verhindern, wenn ich das Bild der Kippfigur (s. o.) zur Richtschnur meines Handelns mache
- mit Schwefel und Sauerstoff paradox umzugehen, entgegen allen Vorurteilen richtigen Handelns.

Wie rechtfertigte Rousseau seine Paradoxien (s. o.):

> »*Der Durchschnittsmensch verzeihe mir meine Paradoxa – man braucht sie, wenn man nachdenkt. Und was man mir auch entgegenhalten mag – ich bin lieber der Mann der Paradoxa als der der Vorurteile*« *(Rousseau 1978, S. 262).*

Also wann könnte es kippen?

Eine kritische Phase zu diesem Zeitpunkt ist der Entwicklungsschritt zum Säureabbau, die sogenannte malolaktische Gärung, bei der die relativ spitze Apfelsäure (*malum*) in Milchsäure umgewandelt wird. Bei diesem biologischen Säureabbau (BSA), der spontan einsetzt, müssen die Rahmenbedingungen stimmen. Zunächst einmal müssen die verursachenden Bakterien (*Oenococcus oeni*) vorhanden sein, die Temperatur sollte 16 Grad überschreiten, der pH-Wert nicht über 3,4 hinausgehen, die Umwandlung in Alkohol möglichst abgeschlossen sein und nicht zu viel Luft zugeführt werden. Viele Winzer sind der Auffassung, dass ohne eine gute Weichenstellung zu diesem Zeitpunkt niemals ein komplexer großer Rotwein mit viel Charakter entstehen kann. Mehr noch, wenn sich die »Malo« nicht relativ ungestört entwickeln kann, entwickeln sich je nach Rahmenbedingungen durch Förderung unerwünschter Bakterienstämme unangenehme und abträgliche Nebenprodukte, wie Essigstich, Diacetyl (Geruch nach ranziger Butter) oder Histamine, die Kopfschmerzen verursachen können. Ich ertappe mich bei diesem frühen Stadium des biologischen Säureabbaus bisweilen dabei, mich zurückzunehmen und ruhig darüber nachzudenken, ob ich mit meinem Wein jetzt einen guten Rapport aufgebaut habe.

Der Beziehungsaspekt ist ja so wichtig im helfenden Kontext. Was macht nach Wampold und anderen nahezu 15 % der Veränderungsvarianz aus? *Alliance and allegience*. Der Klient muss das gute Gefühl haben, in einer tragfähigen kompetenten Gesprächsbeziehung zu sein, und der Berater muss das gute Gefühl haben, dem

Klienten helfen zu können (vgl. Lammers 2017). Bei der Erinnerung daran wird mir im Gespräch mit meinem Wein so warm ums Herz, dass allein dadurch die Kellertemperatur um die nötigen Grade steigt.

Zu diesem Zeitpunkt erhöhter Präsenz und Achtsamkeit vergesse ich jedoch nie, mich in eine hilfreiche Supervision durch Experten von außerhalb zu begeben. Es sind u. a. die Vertrauenspersonen aus dem Weinlabor, ich erwähne hier einmal Hélène von Synlab, aber auch die erfahrenen Winzer-Mentoren Jules und Hervé, die mich mit hilfreichen Informationen unterstützen. Aus dem Labor erhalte ich Analysedaten über den Restzucker, die Säureanteile, vor allem der volatilen Säuren, den Schwefelanteil, den pH-Wert usw. Einige Gespräche mit ihnen habe ich als wertvolle Supervision meines eigenen Handelns empfunden und gerne ihre Tipps für meine weiteren Suchprozesse zur Kenntnis genommen. Und es ist eine beglückende Erfahrung, wenn Hélène mir schriftlich bestätigt: »Malo déja en cours«, und dass ich beim Schwefeln doch sehr zurückhaltend sei. Nur manchmal kommen mir Zweifel, ob es denn wirklich meine behutsame Präsenz und Achtsamkeit ist, die dem Säureabbau zuträglich sind. Denn neulich konnte ich pandemiebedingt nicht diesem BSA-Ereignis beiwohnen – und der Wein hat sich hervorragend entwickelt. Wahrscheinlich hat er aber gespürt, dass ich in Gedanken ständig bei ihm war. *Alliance and allegience* eben.

Wie beim Coaching sollte man sich des Öfteren vergegenwärtigen, zu welch inneren Integrationsleistungen der Gesprächspartner auf dem Wege zur Identitätsentwicklung fähig ist.

Wein besteht ja nicht nur aus Alkohol, Restzucker und verschiedenen Säuren. Diese komplexe Flüssigkeit enthält mehr als 500 verschiedene Inhaltsstoffe: neben verschiedenen Alkoholen und Säuren u.a. Kohlehydrate, Tannine und Phenole. In vielfältigen Wechselwirkungen bilden sie mehr als 900 Aromastoffe, vor allem durch den Traubenstoffwechsel, biochemische Prozesse wie Oxydation und Hydrolyse, sowie (sekundäre und tertiäre Aromen) bei der Extraktion des Traubensaftes und dem Stoffwechsel der Mikroorganismen während der Gärung bis zu chemischen und enzymatischen Reaktionen während der Lagerung. Vor allem sind es die höheren

Alkohole, flüchtigen Säuren und Fettsäureester, die zur Aromavielfalt beitragen. In geringerer Menge, für das Geschmackserlebnis jedoch nicht weniger bedeutsam, finden wir Carbonyle, Phenole, Lactone, Terpene, Acetale, Kohlenwasserstoffe, Stickstoffkomponenten und eben auch verschiedene Komponenten des Schwefels. Diese Aromen sind eigentlich in allen Weinen enthalten. Aber es ist die Kombination und die Konzentration der vielfältigen Aromastoffe, die das individuelle Weinaroma definieren. Deren Kombinationen wird ebenfalls eine gesundheitsfördernde Wirkung nachgesagt: als antioxidative, antikanzerogene, immunmodulatorische, antimikrobielle, antithrombotische, entzündungshemmende, blutdruckregulierende, cholesterinspiegelsenkende, blutglukoseregulierende sowie verdauungsfördernde Substanzen.

Sicherlich ist es eine bewundernswerte Leistung, wenn professionelle »Winemaker« heutzutage in der Lage sind, diese Inhaltsstoffe so zu synthetisieren, dass ein gewolltes Geschmackserlebnis dabei herauskommt – wir kennen dies ja bereits auf einem bescheideneren Niveau von Fruchtjoghurts, die bisher zwar noch keinen Früchten, aber einigen »naturidentischen« Aromastoffen begegnet sind.

Bewundernswert ist aber vor allem, wie der Wein in einem natürlichen Entwicklungsprozess all diese komplexen Wechselwirkungen bedeutungsvoll integrieren kann, behutsam auf Verstörungen von außen reagiert und, bis auf wenige Ausnahmen, seinen inneren Organisationsprozess voranbringt.

Es ist ein Prozess, den auch neugierige und zuhörende Coachs mit einer gewissen Ehrfurcht erfahren, wenn sie ihre Klienten bei deren eigenen Suchprozessen begleiten. Und auch, wenn dies in vielen Fällen nicht sofort ersichtlich ist: Es lohnt sich, die Prozesse durch geeignete Fragen und *MiniMax-Interventionen* (Prior 2019) anzustoßen und dabei die nötige Zurückhaltung des »Experten für die wirkliche Wirklichkeit« zu üben.

Einer der wichtigen systemischen Imperative lautet: Interveniere stets so, dass bei deinen Klienten Prozesse der Selbstorganisation angestoßen und gefördert werden!

Der Wein dankt es uns (»there is no guarantee«), wenn wir nur begleitend in der Nähe bleiben, indem er sich vornimmt, nicht nach

Vanille zu riechen, und Assoziationen zu Fruchtbonbons oder gekochtem Kohl gar nicht erst aufkommen lässt.

Bei unseren Klienten erfahren wir unter ähnlichen »Begleit«-Umständen häufig Neues, das uns als Coachs zufrieden und bereichert zurücklässt. Man lernt eine Menge über die Komplexität menschlichen Lebens. Man lernt, wie vielfältig unsere Klienten sich in ihrer Welt erfassen, wie sie die Fassung verlieren können und wie sie wieder versuchen, ihr Leben bedeutsam zu strukturieren.

Und es erleichtert ungemein, sich und anderen dabei die Wunder der Kontingenz vor Augen führen: Es ist nichts unmöglich, und es könnte sich auch ganz anders ereignen.

Ob man bereit ist, eine solche Erfahrung mit dem Ergebnis zu teilen, dass der »ganze Jahrgang« für die Weintrinker eine Zumutung wird und er als fade, bestenfalls »interessant« oder zu komplex abgelehnt wird, muss jeder für sich entscheiden. *Risk and fun* kann sich selten ein Winzer erlauben. Es geht jedoch das Gerücht, dass bei der Produktion einiger ganz großer Weine eine Menge Risiko im Spiel war. Und es trägt zum Weingenuss bei, wenn man spürt, dass der Weinerzeuger wenigstens ein bisschen ins Risiko gegangen ist.

»Du hast gut reden«, holt mich Tante Klara ins wirkliche Leben zurück. »In meinen Augen bist du ein Öko-Romantiker. Eigentlich bist du ja nicht nur ein Nebenerwerbswinzer, sondern auch nur ein Nebenerwerbscoach.«

Die Weinprobe

Probieren und Studieren

»Jetzt bin ich aber neugierig«, sagt Tante Klara, »wie du deine romantische Kippfigur nun auch in dieses Kapitel einfügst, ohne einen naheliegenden Kalauer zu machen.«

»Ich mache keine Kalauer, Tante«, sage ich, »auch wenn ich Karl heiße, da kannst du lauern, bis du kahl wirst.«

»Da war ja auch schon jemand schneller«, Tante Klara kippt den nächsten Melissengeist, »Robert Gernhardt, der Dichter der Neuen Frankfurter Schule, als er seinen Erzählband *Kippfigur* entsprechend bezeichnete.«

»Aber auf der Taschenbuchausgabe«, – ich zeige mich belesen –, »zitiert er den Philosophen, indem er die wittgensteinsche Hasen-Ente auf dem Kasperletheater erscheinen lässt.«

Abb. 2: R. Gernhardt, Titelbild Kippfigur

»Eben die Bretter, die die Welt bedeuten«, schließt Tante Klara das Wortgeplänkel ab. »Jetzt bin ich doch neugierig, wie du Wittgenstein zur Weinprobe einlädst, und was das dann noch mit Coaching zu tun hat.«

Wenn man sein Gegenüber neugierig auf die Welt macht, hat das immer etwas mit Coaching zu tun. Also dann:

In der Aufklärung wollte man noch herausfinden, was beim Wahrnehmungsprozess passiert, wenn man mal den Hasen und mal die Ente sieht, die Romantiker nahmen das Phänomen als Hinweis auf die geheimnisvollen Prozesse unbewussten Denkens – wie die Natur so spielt und dass es doch mehr Dinge zwischen Himmel und Erde gibt.

Wittgenstein interessiert weder das eine noch das andere. Wenn ein Betrachter sagt, »Ich sehe einen Hasen« oder »Ich sehe eine Ente«, dann bemerkt er ja nicht, dass es sich um ein Kippbild handelt, es ist einfach nur ein Bild. Im Moment des »Umschlagens« des Gesehenen von einer Figur zur anderen ist es »das plötzliche Bemerken eines Aspektwechsels« (Wittgenstein 1984, S. 524).

Für Wittgenstein ist die Frage des Aspektwechsels eine Frage der *Fähigkeit*, »etwas *als etwas* zu sehen«. Denjenigen, dem diese Fähigkeit abgeht, nennt Wittgenstein »aspektblind«. Aspektblindheit ist mit Farbenblindheit oder mit »dem Mangel des ›musikalischen Gehörs‹« vergleichbar (Wittgenstein 1984, S. 552). Der Aspektblinde vermag zwar in dem Sinne ein Bild »einmal so und einmal so zu sehen«. Auf die Frage, was er sieht, könnte er sagen: »Das ist ein Hase.« Oder: »Das ist eine Ente.« Für ihn würde aber nicht der eine »Aspekt in den anderen überspringen«, sodass er ausriefe: »Ah, jetzt sehe ich es als ...!« Der Aspektwechsel kann nur vom Sehenden *erlebt* werden. Er zeigt sich (uns) durch sein Staunen.

> » *In allen jenen Fällen kann man sagen, man erlebe einen Vergleich. Denn der Ausdruck des Erlebnisses ist, dass wir zu einem Vergleich geneigt sind, zu einer Paraphrase. Es ist ein Erlebnis, dessen Ausdruck ein Vergleich ist. Aber warum ein ›Erlebnis‹? Nun, unser Ausdruck ist ein Erlebnisausdruck. – Weil wir sagen ›ich sehe es als ...‹, ›ich höre es als ...‹? Nein; obwohl diese Ausdrucksweise damit zusammenhängt. Sie ist aber berechtigt, weil das Sprachspiel den Ausdruck zu dem eines Erlebnisses macht* « *(Wittgenstein 1989, zit. nach Reichenberger 2004, S. 301).*

Einmal abgesehen von den Implikationen des Sprachspiels: In Bezug auf den Coachingprozess ließe sich folgern, dass es hilfreich sein könnte, die zu Beratenden zu einem »Aufleuchten eines Aspekts«, der Wahrnehmung eines Aspektwechsels zu bewegen. Und zwar über Vergleiche, Kippsituationen in Wortspielen, Verknüpfungen von scheinbar nicht zusammengehörenden Elementen und gelenkte Assoziationen. Der Perspektivwechsel funktioniert wie bei einem guten Witz oder bei der Entwicklung von neuen, gewagten Metaphern.

Auch im Coachingprozess geht es weniger um das bloße Zitieren einer Metapher, eines Vergleichs oder einer Analogie. Das damit verbundene Aspekterleben hilft, veränderte Sichtweisen vorzubereiten. Es kommt also weniger darauf an, welche Bilder, Analogien, Vergleiche usw. eingesetzt werden, sondern, ob und wie die Kombinationen aus Bildern, Vergewisserungen, Analogien den Prozess des Aspekterlebens, und damit die Wahrscheinlichkeit eines Perspektivwechsels, erhöhen. Die Transkripte erfolgreicher Geschichtenerzähler in Therapie und Beratung (z. B. Milton H. Erickson, Michael White) kann man auch in dieser Weise lesen.

»Und bei der Weinprobe?«, fragt Tante Klara, wie ich finde, etwas zu ungeduldig.

Nun ja, hier sind es ja verschiedene Sinnesmodalitäten, die zum Geschmackserlebnis beitragen. Und wenn ich Geschmackserlebnis sage, dann meine ich auch das »unmittelbare Aufleuchten« des Geschmacks. Wie schafft man es, dass der Weintrinker nicht nur sagt: »Ich sehe, rieche, schmecke Wein«, sondern im Sinne Wittgensteins zu dem Erlebnisausdruck gelangt: »Jetzt schmecke ich es als Wein.« Es gibt Weintrinker, die den Wein trinken und dies natürlich (es gibt Ausnahmen) genießen. Wer will es ihnen verdenken, das war ja ihre Absicht. Aber dann gibt es Weintrinker, die – mit mehr oder weniger Anleitung – in den Wein hineinschmecken und plötzlich erkennen: »Ah, jetzt sehe ich es als … diesen (meinen) Wein!« Es sind die Weintrinker, die durch ein solches Erweckungserlebnis – nein, nicht unbedingt zum Weinkenner, aber – zum Weinliebhaber werden.

»Grad wie beim Melissengeist«, sagt Tante Klara, »du ahnst ja gar nicht, wie viele Kräuter da aufscheinen – aber kann man diesen Prozess auch unterstützen?«

Wir könnten nun noch länger bei Wittgenstein und seinem Sprachspiel bleiben, wenn wir uns auf das Spiel Weinprobe einlassen und die darin verwendeten Elemente und Regeln anschauen. Offenbar sind sie nötig, um ein kommunizierbares Geschmackserlebnis zu provozieren.

Zunächst einmal muss man lernen, den unterschiedlichen sensorischen Qualitäten Namen zuzuordnen. Angehende Sommeliers schärfen nicht nur ihre Geruchssinne, wenn sie sich Gerüche der Natur intensiv einprägen: So riecht dunkle Kirsche, Brombeere, Stachelbeere, Ananas, grüner Apfel, Veilchen. So riecht Sattelleder, Schwarzer Trüffel, Pferdestall, Zedernholz. Man nimmt also Gerüche aus der Natur auf und legt im Kopf einen Werkzeugkasten (Wittgenstein) oder Zettelkasten (Luhmann) an. Je geschickter diese angelegt sind, desto differenzierter können wir unsere Geschmacksempfindungen benennen und kommunizieren. Natürlich ist weder grüner Apfel noch nasses Leder oder Johannisbeere im Wein. Es sind die erworbenen Schubladen im Gehirn, die uns in die Lage versetzen, das Spiel Weinprobe zu spielen und Gerüche wie Geschmack benennend zu erkennen.

Es gibt Beteiligte, die meinen, wir sensibilisieren unsere Geruchs- und Geschmacksrezeptoren, wahrscheinlich haben wir aber eher für die Befüllung und Beweglichkeit unseres Schubladensystems gesorgt. Nun sind bei Weintrinkern die Anzahl und Ausbildung der Sinnesrezeptoren sehr unterschiedlich ausgeprägt. Dies mag sogar dazu führen, dass im Detail unterschiedliche Geschmackserlebnisse unterschiedlich wahrgenommen werden und es somit zu Kommunikationsproblemen kommt.

Einen größeren Einfluss auf das, was wir wahrnehmen und wie wir letztlich die Qualität des Geschmackserlebnisses bewerten, haben jedoch noch andere Bedingungen. Unsere Schubladen werden mit weiteren Informationen gefüllt. Es sind zum einen die Vorerfahrungen, die wir mit bestimmten Gerüchen haben. Der Pferdestallgeruch wird sehr unterschiedlich erlebt, der Schwarze Trüffel ebenfalls – uns hat mal jemand erzählt, er erinnere ihn immer an Gummiabrieb. Hinzu kommt, dass wir uns auch von der Ansprache desjenigen beeinflussen lassen, der uns die Weine präsentiert. Nehmen wir die Beschreibung als akademisches Weingeschwätz wahr oder erstaunen wir ehrfurchtsvoll, wenn der Vorredner im Wein Rosen, Litschis, überreife Birnen und Marzipan entdeckt?

Mehr noch. Auch visuelle Effekte – neben der Beurteilung der Farbe und Textur eines Weines – beeinflussen unser Urteil. Das Etikett ebenso wie das Preisschild, die Farbe und die Form der Flasche, der Weinverschluss wie das Ambiente der Verkostung öffnen unsere inneren Schubladen sehr unterschiedlich. Und auch, welches Urteil die Mehrheit der Mitverkoster fällt, beeinflusst den Weingenuss. Oder das Urteil eines provokanten Einzelnen: Wird etwa bei einem wunderbar und dezent nach Holunder duftenden Sauvignon das Gespräch auf Katzen gebracht, und eine Tierfreundin merkt an, dass neulich die Wäsche, nachdem sich ihre Katze mangels anderer Möglichkeiten dorthin zurückgezogen habe, ähnlich gerochen hat, wird man die Assoziation nach *cat's pee* wohl kaum mehr los.

Und dieses komplexe Wechselspiel macht deutlich, warum trotz offener oder Blindverkostung auch die selbsternannten Experten Schwierigkeiten haben, zu übereinstimmenden Qualitätsurteilen zu kommen und häufig in ihren Zuordnungen nicht treffsicherer sind als ungeübte Laien.

Soll man es also lassen?

Das kommt auf die Zielsetzung an. Wenn man recht behalten möchte mit seinem ersten Eindruck oder seinem abschließenden Urteil, dann sollte man von einer Weinprobe Abstand nehmen. Unter diesen Voraussetzungen sollte man ja auch nicht in ein Coachinggespräch gehen.

Aber was ist die Zielsetzung, was erwartet man von einer Weinprobe? Hier sind die Vorstellungen sehr unterschiedlich. Daher ist auch hier die alte Coachingfrage angebracht: Wer will was von wem? Wer will von der Qualität seines Weines überzeugen? Wer will mich begleiten, um meinen spezifischen Weingeschmack herauszufinden? Wer will mich einladen, die unterschiedlichen Ausprägungen einer Rebsorte auf unterschiedlichen Terroirs kennenzulernen? Oder die unterschiedlichen Jahrgänge einer Lage? Oder möchte ich, möglichst unbeeinflusst von allem Drumherum, einen Wein finden, der mir schmeckt und den ich mir auf Vorrat zulegen möchte? Es wird sehr unterschiedliche Zielsetzungen geben, und es ist wichtig, dass man sich diese Zielsetzungen vorher bewusst macht und kommuniziert, wie viel und welche Unterstützung man von Fachleuten in Anspruch nehmen möchte. Hilfreich ist auch hier, die 4 großen »A« auf dem Wege zur Auftragsklärung abzuarbeiten: **A**nlass, **A**nliegen, **A**ngebot und schließlich der **A**uftrag.

Auf jeden Fall ist es wichtig, die jeweiligen Vorstellungen des Klienten ausführlich zu eruieren und ihm erste Hilfen zur Entscheidungsfindung anzubieten:

Kann mir mein Vorgehen bei einer Coachingsitzung Hinweise darauf geben, wie sich auch eine Weindegustation zielführend gestalten lässt? Was sind die gemeinsamen Elemente bei einer Weinprobe und einer probatorischen Sitzung?

Nun, zunächst einmal ist es wichtig, Informationen über meine Arbeitsweise zu geben: Der Initiator einer Weinprobe kann z. B. erklären, welche Weine er im Sortiment hat. Und er kann ferner je nach Auftrag des Klienten besprechen, welche Weine der Zielsetzung am ehesten entsprechen, und somit aus dem möglichen Sortiment auswählen. Man darf natürlich auch die Zielsetzung hinterfragen und den Vorschlag machen, auf die unterschiedlichen Konsequenzen im sozialen Kontext hinzuweisen. Wie reagiert man, wenn der Klient sagt: »Ich suche einen Wein, mit dem ich mich so richtig zuballern kann. Haben Sie so etwas im Angebot?« Man kann Zielsetzungen auch durch Nachfragen spezifizieren: Auf die Frage des Klienten nach einem Wein für den Hochzeitstag kann man nachfragen: »Wollen Sie mit ihrer Frau feiern oder wollen sie vergessen?«

Der Klient sollte darauf hingewiesen werden, dass er der Experte für seine Wirklichkeit ist: Der Wein muss ihm schmecken und nicht dem Coach oder Robert Parker. Und es ist hilfreich, wenn man auf die Sprache des Klienten achtet: Welche Bilder, Vergleiche, Begriffe hat er zur Beschreibung seines Anliegens? Hier ist Nachfragen hilfreich und, um in dem bekannten Bilde zu bleiben, die Verständigung über eine gemeinsame Landkarte in der Beschreibung erster Schritte und mittelfristiger Wege. In dieser gemeinsamen Konstruktion der Landkarte darf der Weinexperte natürlich auch seine Bilder, Begriffe und Markierungen anbieten. Es sind Hinweise, Möglichkeiten und Sichtweisen, im besten Falle Angebote für weitere Perspektiven. Natürlich können auch Informationen gegeben werden: Kategorien zum Beispiel, wie sich ein zunächst unübersichtlicher Sachverhalt strukturieren ließe. Hinweise möglicherweise auch darüber, wie wir Menschen im Allgemeinen zu unseren Urteilen kommen, wie wir uns in etwas verrennen können, wie wir unsere Kategoriensysteme erweitern könnten und wie wir aufgrund unserer Wahrnehmungsvoraussetzungen zu sehr unterschiedlichen Urteilen über unsere Welt gelangen.

Kategorien oder auch Typologien – wenn sie denn als Zusammenfassungen möglicher Interaktionsprozesse und nicht als relativ statische Typen genommen werden –, helfen dem Coach und auch seinem Gegenüber, die Anfangssituation zu strukturieren: Die Unterscheidung der Klienten nach Besucher, Klagendem oder Kunden (de Shazer 1989) können – so verstanden – hilfreich sein.

Auch beim Wein gibt es Typologien, die bei der Auftragsklärung und Zielformulierung zunächst hilfreich sein können – so zum Beispiel ein Kategoriensystem, das Anlässe und Vorlieben des Kunden miteinander vereint:

Da heute nicht mehr »ein« Wein produziert wird, sondern Weine zu unterschiedlichen Anlässen und Vorlieben, ist auch hier ein Kategoriensystem hilfreich, das zumindest das de shazersche Diskriminierungsvermögen erreicht. Also nicht nur Weißwein (spritzig, fruchtig, frisch) oder Rotwein (kräftig, samtig, voluminös) und dann irgendwie dazwischen ein Rosé, sondern auch eine Einteilung, die nicht schon auf »Vor«-Urteile einstimmt, sondern bestenfalls biografische, d. h. entwicklungsbezogene Elemente einschließt.

Welcher Wein für welche Kunden?

Wie und zu welchem Zweck wird denn Wein produziert? Sicherlich auch nach den Gesetzen des (Wein-)Marktes – etwa Weine, die sich gut und rentabel verkaufen lassen.

Das wäre zunächst der Massenwein: Ungefähr drei Viertel des gesamten Weinmarktes gehört zu dieser Gruppe. Die Weine stammen aus einer industrialisierten Produktion, werden irgendwo in Massen abgefüllt, häufig mit Fantasienamen und Großlagenbezeichnungen versehen. Der Verpackungs- und Werbeaufwand scheint der größte Kostenfaktor zu sein. Der Winzer, wenn er denn nicht vom Großhandel unter Druck gesetzt wurde, seine Überproduktion oder seine Restbestände zu verramschen, fragt sich, wie ein solcher Wein ohne Ausbeutung von Arbeitskräften und Vortäuschung unklarer Qualitätsstandards überhaupt produziert werden kann. Das sind dann die Weine zum Abgewöhnen, wenn man auf der Suche nach dem Besonderen dieses Getränks ist. Es sind aber auch die Weine, die zum Durstlöschen, Sich-Besaufen, als unabdingbares Nahrungsmittel, als Mixgetränk oder als irgendein Mitbringsel zu irgendeiner Party geeignet sind. Doch auch unter ansonsten geschätzten Zeitgenossen findet man bisweilen einige, die in diesem Zusammenhang von Trinkerlebnissen sprechen, vor allem, wenn ein Chateau, ein prominenter Fernsehmoderator oder eine wohlbekannte Weinregion das Etikett zieren.

Ein zweiter Typ Wein versucht ebenfalls, aber weitaus professioneller, den fiktiven Publikumsgeschmack zu treffen. Es sind Versuche, interessante, weil typische Weine herzustellen. Auch anspruchsvollere, markenbewusste Konsumenten schätzen diesen standardisierten und erwarteten Weingenuss und sind bereit, das damit verbundene Prestige angemessen zu honorieren, welches sich durch einen nicht geringen technischen Herstellungsprozess – designt durch modebewusste Winemaker – auszeichnet. Diese Weine sind unkompliziert, typisch und in diesem Sinne geschmackvoll. Sie sind nicht nur die schlanken Sommerweine auf den Terrassen genormter Vorortvillen, auch in den Lofts kreativer Jungunternehmer werden sie geschätzt. Weinproben mit diesen Weinen sind angenehm und interessant. Sie bleiben in Erinnerung, dienen der Selbstvergewisserung, und es ist nachvollziehbar, dass bei den Klienten der Wunsch besteht, diese zur Grundausstattung eines Weinvorrats zu machen.

Zu einer dritten Kategorie von Weinen, die mit zunehmender Weinkenntnis nachgefragt werden, gehören erfreulicherweise die

Weine, die einem traditionellen Herstellungsprozess entstammen. Sie werden im Weinberg und im Keller möglichst naturnah unter Berücksichtigung der sorten- und lagentypischen Besonderheiten hergestellt und zielen somit auf das Besondere dieses Weines unter Verweis auf unterschiedliche, durch die Natur und das Naturell des Winzers geprägte Geschmackserlebnisse. Weine dieser Art sollten nicht nur einfach mit Genuss getrunken werden. Durch ihre Unterschiedlichkeit laden sie zu neuen Erfahrungen ein, sie machen neugierig auf Geschmackserlebnisse. Sie sind im besten Sinne kommunikativ: interindividuell, weil sie zu einem regen Erfahrungsaustausch beim gemeinsamen Weingenuss führen, und intraindividuell, weil man mit dem Wein in eine anregende Zwiesprache treten kann. Hier kann man die Kippfiguren wiederentdecken, die im Englischen ja treffend *ambiguous figures* heißen. Und eine solche Probe bleibt auch am nächsten Tag noch in angenehmer Erinnerung, weil dieses Zwiegespräch sehr bekömmlich war, auch wenn man sich mal intensiver unterhalten haben sollte. Der Herstellungsprozess dieser Weine hat naturgemäß seinen Preis. Doch das Preis-Genuss-Verhältnis ist angemessen, und man kann sich vornehmen, diese Weine nicht unbedingt beiläufig bei der Lektüre auf der sommerlichen Terrasse (s. o.) zu trinken. Zur Kombination mit Speisen sind sie nicht nur für Hobbyköche eine dankbare Herausforderung, zum gemeinsamen Erfahrungsaustausch mit Heidegger am Schreibtisch oder im Ruhesessel dürften sie weniger geeignet sein.

Und dann gibt es noch eine vierte Kategorie, die man als Ausnahmeweine bezeichnen könnte. Sie gelingen aufgrund von Kompetenz, Kreativität und Wagemut der Winzer und zeichnen sich durch eine grandiose Komplexität und Intensität aus. Sie entstehen nicht durch Zufall, aber der Erfolg dieser Weine lässt sich nicht wie bei den Designerweinen vorprogrammieren. Sie überraschen von daher häufig auch den Winzer, wiewohl er mit zunehmender Professionalität die Rahmenbedingungen erkennen und kontrollieren lernt. Aber ein solch intensives und komplexes Ergebnis ist nichts für jeden Tag. Ein Gespräch mit einem solchen Wein ist häufig etwas anstrengender. Er ist bisweilen schwer verständlich und setzt sehr viel Bereitschaft zu intensiverer Kommunikation voraus. Nicht jeder Weinliebhaber hat dazu immer Lust, und manchen geht es damit wie mit der Lektüre anspruchsvollerer Literatur: Man lässt sich darauf ein, etwa bei Musils *Mann ohne Eigenschaften* oder bei James Joyces *Ulysses*. Man lässt sich darauf ein, genießt grandiose Passagen, gerät in ein emotionales Wechselbad – eigentlich langweilt man sich nicht, aber irgendwann kann man nicht mehr zu Ende lesen. Es ist zu viel, aber das grandiose Erlebnis bleibt. Natürlich gibt es auch Menschen, die mit Musil, Joyce oder Proust nichts anfangen können. Und das ist auch in Ordnung. Die Lektüre wie auch der hochkomplexe Weingenuss sind zu anstrengend und für die eigenen Erwartungen nicht lohnenswert. Und interessanterweise entdecken diese Weinliebhaber in diesen Ausnahmeweinen dann auch Geschmacksnuancen, die sie als Fehltöne, als störenden Beigeschmack und als Verfälschung eines ausgewogenen Geschmackserlebnisses wahrnehmen.

Es bliebe noch zu erwähnen, dass solche Weine nicht zwangsläufig den großen Chateaus und großen Terroirs entstammen müssen. Sie werden in gleicher Häufigkeit in nahezu allen Weinregionen produziert. Wenn man Glück hat, hört man davon, bevor die Preise durch die Decke gehen.

Die geschilderte Typologie kann hilfreich sein, wenn man je nach Art und Anzahl der Gäste zu einer Weinprobe einlädt oder auf die Vorstellungen potenzieller Weinliebhaber trifft. Wahrscheinlich werden wir keine Lust haben, uns mit den Weinen der ersten Kategorie zu beschäftigen, es sei denn zur Erklärung, warum wir diese Weine nicht anbieten wollen. Ebenso kann es uns mit der letztgenannten Kategorie gehen. Die Verkostung dieser Weine ist häufig zu intim, als dass wir sie zum Kennenlernen vorschlagen sollten. Von Interesse und wahrscheinlich mit dem größten Erkenntnisgewinn für alle Beteiligten verbunden ist die Präsentation der Kategorien 2 und 3. Und die Entscheidung für das eine und das andere treffen wir aufgrund der Fragestellungen und der Persönlichkeit unserer Gesprächspartner.

Beim Coaching mag es ähnlich sein. Es gibt Situationen und Personen, bei denen ein stromlinienförmiges, schlankes, Erwartungen bestätigendes Prozedere erfolgversprechend ist. Methoden und Gesprächsformen, die angesagt, unkompliziert und ohne große neue – und eventuell irritierende – Erfahrungen angeboten werden, können bei diesen Klienten zur Stärkung ihres Selbstwertgefühls und zur Fokussierung ihrer Suchprozesse beitragen.

Andererseits gibt es auch Voraussetzungen und die Bereitschaft der Klienten, sich verunsichern zu lassen, durch Konfrontation unterschiedliche Erfahrungen zu relativieren und in natürlichen Kontexten die Bereitschaft zu inneren Suchprozessen vorzubereiten. Für diese Klienten sind das Erlebnis eines Erkenntnis-Crashs und einer daraus resultierenden neuen Erfahrung (wie bei den Kippfiguren Wittgensteins) ein auch emotional und körperlich nachhaltiges Ereignis. Das Aufgreifen von Bildern, die der Klient bei seinen Schilderungen verwendet, und die Nutzung metaphorischer Wendungen, die durch das Zusammenführen von ursprünglich unverbundenen Erkenntnisinhalten zu neuen Sichtweisen führen, ist hierbei ähnlich zielführend wie das Zusammenführen bisher als inkompatibel erlebter Geschmacksempfindungen (z. B. Stachelbeere und frisches Heu beim Sauvignon Blanc).

Die Perspektivenrunde

In den Supervisionen erleichtern wir solche Prozesse durch Methoden, die möglicherweise inkompatible Perspektiven zu neuen Erfahrungen zusammenbringen sollen. Statt einer in systemischen Ansätzen verbreiteten Methode der Hypothesengenerierung zu einem Fall nach dem Motto »Ich sehe was, was du nicht siehst« können sich die Teilnehmer der Gruppe in die Perspektiven der am Fall beteiligten Personen oder Institutionen einfühlen und assoziativ äußern, was sie von diesen an Statements wahrnehmen. Zum Beispiel: Ich bin jetzt mal der Sicherheitsbeauftragte ..., der Fallgeber ..., der Mülleimer der Chefsekretärin ..., der Kollege ..., der Vorgesetzte, usw. Die Teilnehmer werden eingeladen, auch absurde oder ungewöhnliche Ideen zu äußern, dies bewirkt bisweilen Leichtigkeit und humorvolle Irritationen. Der Fallgeber beteiligt sich nicht daran, hört zu und lässt die Vielfalt an Perspektiven auf sich wirken.

Mein Vorschlag für eine Weinprobe wäre, mit den Teilnehmern ebenfalls in eine Perspektivenrunde zu gehen, um nicht zu schnell die »richtige« Antwort auf das Geschmackserlebnis zu generieren und nicht darauf hinzuarbeiten, wie der komplexe Rotwein denn nun »wirklich« schmeckt und wer es als Erstes herausfindet. Es ist ja nicht der Wein, der schmeckt, sondern wir schmecken den Wein, und jeder ist der Experte für seinen Geschmack. Und dies sollte nicht nur in stiller Andacht geschehen.

Benennen ist wichtig, um den Geschmack bewusst wahrzunehmen – genauso, wie wir erst durch die Benennung unserer Empfindungen und Stimmungen unsere Gefühle begreifen. Wir müssen also den Wein begreifen, und das heißt: auf den Begriff bringen.

Und wenn wir es schon spielerisch versuchen, dann bitte ein bisschen mehr »Blindekuh« statt »Ich sehe was, was du nicht siehst«, also bei einem komplexeren Rotwein z. B.:

»Mein Enkel würde sagen: Ich schmecke Schokoladencreme«, »meine große Schwester: Reitsattel«, »Tante Klara: Brombeermarmelade«, »meine Freundin Ute: samtiges Sofakissen«, »Also ich rieche dunkle Kirsche«, »der Hund meiner Freundin: feuchter Waldboden«, »mein Bruder: Großvaters Pfeifentabak«, »die Krankenschwester: gebrauchte Mullbinden«, »Onkel Heinz: dezente Holznote«, »meine Tochter: Vanillecreme mit Pflaumenkompott«, »mein Italiener: Tartuffo und ein wenig grüne Paprika« …

Eine solche Gruppenarbeit kann einen ratlos zurücklassen, aber häufig werden Suchprozesse ausgelöst, die dann über das Geschmackserlebnis zu individuellen Zielsetzungen führen – z. B.: »Das ist mein Wein, den würde ich gerne mal zu Mousse au chocolat probieren«, »Wenn ich es schaffen könnte, den Gedanken an Mullbinden aus dem Kopf zu kriegen, dann vielleicht …«, »Den würde ich gerne noch mal alleine probieren, ich möchte noch einmal dem feuchten Waldboden nachspüren« usw.

Es soll einige Bereiche geben, in denen wir durch Erlebnisse und nicht durch Belehrungen zu einem Liebhaber werden. Warum sollte es also nicht beim Wein gelingen: Weinkenner zu sein kann langweilig sein und einsam machen. Wenn man nach unserem Vorschlag aber Weinliebhaber wird, ist man auf dem Wege, ein gesundes Maß an Autonomie und sozialem Eingebundensein zu entwickeln. So etwas stärkt das Selbstwertgefühl. Und wir lernen dabei, dass es in den seltensten Fällen darum geht, ob etwas richtig oder falsch ist, sondern ob etwas (für mich) gangbar, schmackhaft und sinnlich erfahrbar ist.

Im Wein liegt Wahrheit – aber welche?

Und dennoch ist es, vielleicht mehr für den Coach als für den Weinliebhaber, von Vorteil, wenn wir uns auch Gedanken machen, wie wir zu unseren Urteilen kommen und wie wir uns in unserer Urteilsbildung beeinflussen lassen. Damit ist nicht so sehr gemeint, dass wir uns vergegenwärtigen, welche Sinnesrezeptoren wir mit welchen Prioritäten für unsere Geschmackserlebnisse nutzen, sondern wie die Wirklichkeit solcher Erlebnisse konstruiert wird und wie es zu sehr unterschiedlichen Urteilen kommen kann. Und dies betrifft vor allem solche Urteile, ob jemand etwas hat oder nicht, ob jemand etwas ist oder nicht. Ob ein Wein als gut oder schlecht befunden wird, ob er im Urteil einen Fehler hat oder typisch ist, dürfte weniger relevant für das Wohlergehen der Menschen sein als die diagnostische Feststellung, ob jemand ADHS hat, depressiv ist, schlicht faul oder dumm oder eine narzisstische Persönlichkeit hat.

Weinkenner, die für eine Blindverkostung plädieren, haben zuvor die Erfahrung gemacht, dass viele »äußere« Bedingungen das Urteil über die Qualität eines Weines beeinflussen können. Und sie versuchen, sich nur auf die ihrer Meinung nach entscheidenden Sinnesrezeptoren zu fokussieren. Und dann stellen sie fest, dass es auch hier, wie der Weinliebhaber Nietzsche zu sagen pflegte, keine »unbefleckte Erkenntnis« gibt und die Urteile sehr weit differieren können. Es ist die Erfahrung, die wir weiter oben den ökosystemisch orientierten Winzern zugesprochen haben: Wie die Natur ist auch der Wein nicht Subjekt, das uns seine Eigenschaften offenbart, sondern die Weininteressierten werden durch ihre Beobachtung Teil des Systems »Wein« bzw. »Weinprobe«, innerhalb dessen

Eigenschaften im gesamten Kontext generiert werden. Was der Teilnehmer einer Probe dazu beiträgt, sind die sicherlich individuell auch unterschiedlichen Sinnesrezeptoren, aber er kommt ja auch mit einem Antiquitätenladen voller voraufgehender Erfahrungen und Bewertungsmuster, die für die Bedeutungsbildung »Urteil über den Wein« nun aktualisiert werden. Im Coaching kann man solche Vorannahmen und Prozesse der Bedeutungsbildung im Sinne einer Beobachtung 2. Ordnung thematisieren. Auch eine Analyse der Urteilsbildung im Kontext Wein hilft, die Prozesse transparent zu machen, die zu »Vor«-Urteilen, oder wie man in der Diagnostik sagt: »Beurteilungsfehlern«, führen können.

Im Wein liegt Wahrheit – und mit der stößt man überall an, sagt Hegel, von daher lohnt es sich, darüber nachzudenken, wie man so manches organisiert:

Menschsein – als Prozess, so hatten wir weiter oben eine viable Theorie vorgestellt – ist die Organisation von Bedeutungen. Hierzu braucht der Mensch ein Organ, das bei der Organisation behilflich ist. Und wie so ein Organ funktioniert, versucht der Mensch über bedeutsame Hypothesen herauszufinden. Er hat so seine Theorien über die Funktionsweise des Gehirns und das Zusammenspiel neuro-bio-psychologischer Prozesse, und er entwickelt Verfahrensregeln, nach denen er die Plausibilität seiner Modellannahmen einschätzt. Aber ob diese Vorstellungen über die wirkliche Wirklichkeit auch wirklich zutreffen, ist höchst ungewiss, weil das Gehirn ja selbst permanent Hypothesen entwirft, wie es Bedeutsames generiert. Und so sagen die Menschen, Wissenschaftler wie andere Beobachter des Alltags, die nicht für Fachleute gehalten werden, bestenfalls: »Ich hab da so ne Theorie.« Ob das Gehirn nun als Computer angesehen wird, als Hologramm, als Netzwerker oder als Vermittlungs- und Beziehungsorgan – das ist so ne Theorie, die als Metapher bestenfalls Erklärungen und Vorhersagen erleichtert.

Ein mögliches Modell und seine Faustregeln

Das nachfolgend geschilderte Modell scheint bei der Erklärung der Organisation von Bedeutungen hilfreich: Das Gehirn ist nicht nur ein Beziehungsorgan, das zwischen gespeicherten Erfahrungen und einkommenden Sinnestransformationen vermittelt (Fuchs 2016), sondern auch ein Vorhersageorgan (Pennartz et al. 2019), das bei der Organisation hilft, indem es Hypothesen generiert und überprüft. Wahrscheinlich werden alle erwarteten, bedeutsamen Informationen herausgefiltert und nur das in den Fokus gerückt, was neu, überraschend und damit interessant wird. Eine solche Strategie hat einen Überlebensvorteil, da man ja vornehmlich das Neue auf eine mögliche Gefährdung hin überprüfen und schnell reagieren muss. Es ist aber auch ein ökonomisches Prinzip, da die Gehirntätigkeit auf Energiezufuhr angewiesen ist. Und um die Menge an Input kontrollieren zu können und sich nicht zu überfordern, hat das Gehirn – sagen wir besser: der gesamte Wahrnehmungsapparat – Faustregeln zur Beurteilung von Situationen entwickelt, die mit Heuristiken bezeichnet werden. Eine der bekanntesten ist das sogenannte Vor-Urteil. Es kann hilfreich sein, wenn wir schnelle Entscheidungen treffen müssen, wird aber zum Stereotyp mit all den negativen Konsequenzen (z. B. Verleumdung, Kontaktvermeidung, Diskriminierung, körperliche Gewalt, Vernichtung nach Allport [1971]), welches uns, trotz weiterer Informationsmöglichkeiten, an einer angemesseneren Einschätzung der Situation hindert. Daher lautet die Aufforderung antiker Philosophen (sapere aude), die von der Aufklärung wieder aufgegriffen wurde: »Versuche, dich deines eigenen Verstandes zu bedienen.«

Wenn ich abends mit großem Hunger auf der Suche nach einem Restaurant bin oder kurz vor Ladenschluss noch vor einer Riesenauswahl möglicher Weißweine zum gemeinsamen Abendessen mit einem nahestehenden Menschen bin, können Vorurteile durchaus hilfreich sein. Die Konsequenzen eines Fehl-Urteils sind in diesen Fällen zumeist nicht so gravierend. Aber, wie Tante Klara bisweilen sagt: »Im Nachhinein ist man immer klüger – und klüger wird man zumindest dann, wenn man sich seines eigenen Verstandes bedient und die Entscheidungen im Nachhinein reflektiert.«

»Ja, ich weiß«, versuche ich dann, Tante Klara zu unterbrechen, weil ich schon ahne, wie die Geschichte weitergeht, in der die Tante über ihr Zusammentreffen mit dem »alten« Gadamer im »Florian«

in Heidelberg berichtet, wo sie gemeinsam bei einem Glas Rotwein über den hermeneutischen Zirkel plauderten und der Philosoph noch seine Geschichte zum Besten gegeben habe, wie er anlässlich seines runden Geburtstags – damals in Frankfurt – mit Adorno und Horkheimer, der sich ja ähnlich positiv über das Vorurteil geäußert habe ...

»Aber dass der Philosoph nun ›alt‹ war, wie du behauptest, ist ja wohl auch ein Vorurteil – so viel älter als du ist er ja wohl nicht gewesen.« Diese Bemerkung bremst Tante Klara dann zumeist in ihrem Erzähldrang und verhilft ihr zu einem weiteren Schluck Melissengeist.

Die Heuristiken in der Interpretation unserer Sinneseindrücke sind vielfältig. Kurzfristig können sie lebenserleichternde Orientierungshilfen sein, langfristig können sie aber auch zu einer sehr eingeschränkten Sicht und zu unangemessenen Folgen unserer Urteile führen. Das ist bei der Beurteilung des Weines nicht anders als bei der Beurteilung von Personen und Situationen.

Die von de Shazer diskutierten Kliententypen z. B. können zunächst hilfreich sein. Wenn wir darüber aber Veränderungsprozesse im aktuellen Gespräch und individuelle Unterschiede verschiedener Klienten unberücksichtigt lassen, machen sie uns betriebsblind. Ähnlich ist es, wenn ich meine Klienten in die Schubladen vorgegebener Diagnosen und Kategoriensysteme stecke.

So etwas passiert schon mal, wenn man beim Kennenlernen dadurch Sicherheit zu gewinnen sucht, dass man sich an vergangene ähnliche Situationen und Fälle erinnert und sich davon leiten lässt, wie man denn damals vorgegangen ist. Interessanter, und zumeist hilfreicher, ist es demgegenüber, sich die Frage zu stellen, was denn den Klienten trotz ähnlicher Diagnosen von seinen Vorgängern unterscheidet, und damit neugierig auf neue Erfahrungen zu sein. Auch dies sind Unterschiede, die Unterschiede machen.

Manchmal, wenn ich gestresst und unkonzentriert bin, bestelle ich im Restaurant einen Pinot Grigio oder einen Chardonnay und vielleicht jeweils eine Piccata Milanese oder eine Kalbsleber dazu – und übersehe bei der Bestellung das Augenrollen meiner Frau. Und im Nachhinein weiß ich wieder einmal, dass mir irgendein

Pinot Grigio oder irgendein Chardonnay ja gar nicht schmeckt und ich auch bei den Speisen, die bisweilen hervorragend sein können, zuvor ebenfalls mehr Informationen hätte einholen müssen.

Aber es passiert mir immer wieder, und so geht es mir dann mit den Weinen wie mit meinen Klienten, die ich als typisch und als kategorisierte Fälle betrachtet habe. Und so führen Vor-Urteile zumeist zu Wein- und Klienten-Irrtümern, die wir uns noch einmal in einem anderen Kapitel anschauen können.

Es gibt jedoch noch weitere Heuristiken, die unsere Sichtweise auf Weine und Klienten beeinflussen. All diese sind für den Wahrnehmungsprozess zunächst hilfreich, weil ressourcensparend, können aber, wie wir beim Vor-Urteil gesehen haben, in komplexen Situationen zu voreiligen und systematisch verzerrten Schlüssen führen. Bei den Weinen sind es dann häufig persönliche Enttäuschungen, bei den Klienten haben solche »Beurteilungsfehler« jedoch schwerwiegendere Konsequenzen:

Gehen wir auch hier zunächst von einer Weinprobe aus.

Die Repräsentationsheuristik

Nehmen wir an, wir möchten bei einer Weinprobe einen guten sortenreinen Riesling herausfinden, den wir uns dann auch als »den« Riesling für unterschiedliche Gelegenheiten in den Keller legen wollen. Nun haben wir gehört, dass sich der typische Riesling durch eine bestimmte stahlige Säure auszeichnet. Es ist wahrscheinlich, dass wir in unserer Beurteilung verschiedener Weine nur dieses prototypische Merkmal wahrnehmen und uns danach entscheiden. Weitere Informationen, wie eine bestimmte Fruchtigkeit nach Apfel, Pfirsich oder Aprikose, die Restsüße oder gesteinstypische Mineralität werden nicht vorrangig wahrgenommen. Und manch einer kommt später zu dem Schluss: Diese einseitige Säurebetonung langweilt mich, jetzt mal keinen Riesling mehr.

Auch bei der Beurteilung von Krankheitsbildern lassen wir uns häufig vom »Leitsymptom« leiten. Klienten mit prototypischen Symptomen oder prototypische Personengruppen werden leichter einer Diagnose zugeordnet als diejenigen, die auch weitere Kriterien erfüllen, aber eben nicht prototypisch sind. Unaufmerksames Verhalten bei Mädchen fällt seltener auf und wird als möglicher Hinweis auf ADHS eher übersehen (Bruchmüller u. Schneider 2011).

Verwandt mit dieser Heuristik ist der bekannte »Halo-Effekt«. Dieser beruht auf einer Beeinflussung des Urteils durch Annahmen, einige Merkmale seien besonders wichtig und würden gewissermaßen wie der Hof des Mondes (Halo) die anderen Elemente übermäßig stark dominieren und andere Informationen überschatten. Die vorrangige Bedeutung des Alkoholgehaltes eines Weines kann hierfür als Beispiel gelten.

In Coachingsituationen kann der vermutete Hinweis auf Drogenabhängigkeit oder Lernbehinderung dazu führen, dass in der Planung der Sitzungen sowohl der Expertenstatus des Klienten als auch jede Fähigkeit zur Selbstkontrolle zurückgestellt und/oder andere Symptome wie depressive Verstimmung oder phobische Reaktionen gar nicht erst in Erwägung gezogen werden.

Verfügbarkeitsheuristik

Die Beurteilung eines Weines wird aber auch davon abhängen, ob wir bisher schon einmal Bekanntschaft mit ihm gemacht haben und in welchem Kontext uns welche Merkmale vorrangig aufgefallen sind. Wenn uns ein Winzer bei einer Weinprobe etwas über die Apfelsäure bei Weißweinen und die erwünschte malolaktische Gärung bei Rotweinen erzählt hat, werden wir später vielleicht eher den Apfelton und mit ihm ein Qualitätsmerkmal natürlicher Weißweine wahrnehmen. Auch dies verführt dazu, den Wein als »den Wein der Weine« zu bezeichnen.

Wenn unser Weinhändler einen Wein als die Neuentdeckung der Fachwelt und spezifische Aromen als Ausdruck dieser modernen oder alternativen Entwicklungstendenz vorstellt, werden auch wir eher geneigt sein, uns mit dieser Geschmacksrichtung vertraut zu machen.

Pädiater berichten, »dass sie z. B. durch Pharmareferenten gut über ADHS, aber nicht über andere z. B. internalisierende Störungen informiert werden, und wünschen sich mehr Information über die anderen Störungsbilder« (ebd.) und die Autoren folgern: »Generell werden durch diese Heuristik Ereignisse überschätzt, die nicht aufgrund ihrer Häufigkeit, sondern aus anderen Gründen eine hohe Präsenz im Gedächtnis haben.« Und man kann fortsetzen: In der Folge werden entsprechende Diagnosen also häufiger gestellt und damit auch die jeweiligen Medikamente verschrieben.

Wahrscheinlich führt jedes Marketing – für spezielle Weine wie für spezielle Pharmaka – zu intendierten Assoziationen, welche auf die Aktivierung der Verfügbarkeitsheuristik abzielen.

Eine spezielle Variante der Verfügbarkeitsheuristik ist der Pathologie-Bias. Etwas überspitzt entspricht er der Aussage Maslows: »Wer nur einen Hammer hat, für den ist die ganze Welt ein Nagel.« Weinfachleute – vor allem, wenn sie bei Qualitätsprüfungen sogenannten Weinfehlern nachspüren sollen – bezeichnen Weine häufig als krank, wenn sie Geschmacksnuancen wahrnehmen, die in intensivierter Form einen Wein ungenießbar machen.

Und das liegt in der Natur der Dinge. Ein natürlich produzierter Wein entwickelt eine Menge mikrobiologischer Stoffwechselprodukte, die ihn sowohl komplexer als auch gefährdeter machen.

»Das ist ja wie in der Pubertät«, versucht Tante Klara zu scherzen.

Unter anderem bei der Schwefelung von Wein, sei es nun zu wenig, ausreichend oder zu viel, entstehen solche Produkte, die manchmal pauschal als Böckser empfunden werden, die sich aber spezifizierend als durch Hefepilze, Schimmel, Abbau von Glycerin und anderem verursacht klassifizieren lassen. Auch wenn ein solcher Wein nicht auf den ersten Eindruck als ungenießbar zu bezeichnen ist, erhält er nach Auffassung der Juroren die Bezeichnung »krank«. Selbst die durch Oxidation des Weines entstehende Altersfirne[19] gilt ihnen nicht nur als Hinweis darauf, dass der Wein seine besten Jahre im Keller verbracht haben könne, sondern dass er jetzt als alterskrank – etwas herzloser auch als »kaputt« – zu bezeichnen sei.

Tante Klara fragt dazwischen: »Ist Alter denn eine Krankheit?«

Gut, der Wein muss ja nicht jedem schmecken, und einige Weinliebhaber können gut und gerne auf heftigere Geschmacksnuancen verzichten. Dennoch sind viele, die Naturprodukte lieben, der

---

19 Alterungston bei Weißwein, häufig durch Oxidation, bei dem floral-fruchtige Noten zurücktreten, erinnert sensorisch an Honig, feuchte Gartenerde oder schwarzen Tee.

Auffassung, dass man solche Weine nicht als krank, sondern bestenfalls als herausfordernd bezeichnen sollte. Interessant könne auch sein, mit welchem Potenzial der Wein in der Lage sei, diese Geschmacksabweichungen einzubinden und für ein neues Geschmackserlebnis zu integrieren. Natürlich muss man nicht all die Geschmacksirritationen nach nassem Leder (durch den Hefepilz *Brettanomyces bruxellensis*), nach feuchtem Waldboden (*Penicillium* bei Anwesenheit von *Botrytis cinerera*) oder einen Butterton (verursacht durch *Diacetyl*) goutieren. Und sicherlich sind einige Weine, etwa bei starkem Korkton, ungenießbar. Aber man tut vielen Weinen Unrecht, wenn man sie bei den ersten Anzeichen solcher »Fehltöne« als krank bezeichnet und ihnen nur eine geringe Chance zur Genesung zugesteht.

Wie sagte Tante Klara früher häufig, wenn das Gespräch in der Familie auf mich kam: »Ach was, der Junge muss an die frische Luft.« Und das ist ja dank einiger Tanten bereits zu einem beliebten Zitat und zur Richtschnur einiger Weinverbesserer, auch bei der Weinprobe, geworden.

Der Pathologie-Bias in der Praxis

Der eben geschilderte Pathologie-Bias ist naturgemäß auch in anderen Feldern nachweisbar, in denen es um die Diagnose von vermutlich krankhaften Prozessen geht. Auch hier können einzelne Merkmale so in den Vordergrund gestellt werden, dass die anderen Begleitumstände – und eine weitere »gesunde« Entwicklung – als irrelevant abgetan werden.

Hierzu gibt es eine klassische Studie, die 1973 von Rosenhan (1977) veröffentlicht wurde. Acht psychisch gesunde Personen sollten versuchen, sich in psychiatrische Kliniken aufnehmen zu lassen, indem sie dort berichteten, sie hörten Stimmen. Diese seien oft undeutlich, sagten aber Begriffe wie »leer«, »hohl« oder »dumpf«. Diese Symptome wurden von den Versuchsleitern wegen ihrer offensichtlichen Ähnlichkeit mit einer existenziellen Krise ausgewählt. Sie lassen sich »als Folge der schmerzlichen Erkenntnis von der Sinnlosigkeit des eigenen Lebens ansehen«.

» Es ist, als ob der Halluzinierende sagte: ›Mein Leben ist leer und hohl!‹. Ausschlaggebend für die Wahl der Symptome war auch die Tatsache, dass es in der Literatur keinen einzigen Fall einer existenziellen Psychose gibt « (Rosenhan 1977, S. 14).

Ansonsten gaben die Pseudopatienten in den Anamnesen ihre eigenen Biografien wieder, simulierten nach der Aufnahme keine abnormen Symptome mehr und zeigten sich kooperativ, auch weil sie baldmöglichst wieder entlassen werden wollten.

Bis auf einen Fall, der als manisch-depressiv bezeichnet wurde, wurden alle mit der Diagnose Schizophrenie belegt und im Durchschnitt nach 19 Tagen (bei einer Streuung von 7–52 Tagen) mit einer »abklingenden Schizophrenie« entlassen.

» Das Etikett ›abklingend‹ sollte keineswegs als eine Formalität abgetan werden, denn in keinem einzigen Fall ist jemals die Frage aufgekommen, ob es sich vielleicht um einen simulierenden Pseudopatienten handeln könnte; auch in den Krankenblättern gibt es keinen Hinweis auf einen solchen Verdacht. Es ist vielmehr sehr wahrscheinlich, dass ein Pseudopatient, der einmal als Schizophrener etikettiert worden ist, dieses Etikett nie wieder los wird. Wenn er entlassen werden sollte, so musste die Schizophrenie natürlich in einer ›abklingenden‹ Phase sein, aber er war nicht psychisch gesund, noch war er das nach Ansicht des Krankenhauses jemals gewesen « (ebd., S. 15).

Im Übrigen wurde die Diagnose nicht durch die anamnestisch erhobenen Informationen beeinflusst, andererseits beeinflusste die Diagnose der Krankheit jedoch die aus den biografischen Daten zusammengefasste Interpretation im Abschlussbericht. Aus der Schilderung eines relativ normalen Aufwachsens in der Familie und der Schilderung einer Ehe, in der es nur wenige Auseinandersetzungen gab und in der die Kinder selten geschlagen worden waren, wurde im Entlassungsbericht:

» Dieser weiße 39-jährige Mann … zeigt eine erhebliche Ambivalenz in engen persönlichen Beziehungen, die in der frühen Kindheit beginnt. Die warme Beziehung zu seiner Mutter kühlt

während der Adoleszenz ab. Die distanzierte Beziehung zum Vater wird nach seinen Aussagen später sehr intensiv. Es fehlt affektive Stabilität. Seine Versuche, die Gefühle gegenüber Frau und Kindern unter Kontrolle zu halten, werden durch wütende Ausbrüche und bei den Kindern durch Prügel unterbrochen. Und obwohl er sagt, er habe mehrere gute Freunde, ist auch in diesen Beziehungen eine erhebliche Ambivalenz zu spüren « *(ebd., S. 17 f.)*

In der Folgezeit haben Untersuchungen, wie die von Rosenhan und anderen, nicht nur dazu beigetragen, alternative diagnostische Strategien und eine Überprüfung bisheriger Modellannahmen anzuregen, wie wir sie im voraufgehenden Kapitel besprochen hatten. Sie haben auch wiederholt auf die Bedingungen menschlicher Urteilsprozesse, vor allem im Hinblick auf gesundes und krankes Verhalten, hingewiesen. Dass die Reflexion dieser Strategien in der Aus- und Weiterbildung von »Spezialisten für Verhaltensstörungen« (s. o.) weiterhin nötig ist, zeigen aus neuerer Zeit Untersuchungen von Bruchmüller und Schneider (2012). Die Autorinnen haben dabei festgestellt, dass die vermutete Überdiagnostizierung von Kindern und Jugendlichen mit der Diagnose ADHS u. a. darauf zurückzuführen ist, dass einige der genannten Heuristiken unreflektiert übernommen werden. Die Darstellung und Diskussion ihrer Befunde im Rahmen einer Weiterbildungsreihe wird mit 4 CME-Punkten anerkannt. Vielleicht gibt es ja auch schon Seminare zur Urteilsbildung bei der Weinverkostung.

Die Vielfalt an Wahr-»Gebungs«-Heuristiken ließe sich noch erweitern – Heuristiken der Verankerung, wenn man sich stark vom ersten Eindruck leiten lässt, oder sogenannte Simulationsheuristiken wären zu nennen: Wie urteilen wir, wenn wir eigentlich gar keine Informationen zur Verfügung haben? Mögliche Strategien könnten wir bei zahlreichen Weinstammtischen erleben, wenn die Fantasien und Vorstellungen weit über die kaum erkennbaren Informationen hinausschießen. Das Unbekannte wird dann unter Rückgriff auf bereits Bekanntes simuliert, Analogien und Metaphern im klassischen Sinne lassen sich hier unterstützend einsetzen. Wenn es gelingt, entstehen schlimmstenfalls Verschwörungstheorien, günstigerenfalls schriftliche Versuche über Wein und Coaching.

Nicht nur bei Weinproben gelangen wir bisweilen allein aufgrund von Vermutungen und Anmutungen zu Urteilen. Auch hier scheinen unsere Fantasie und unsere Fähigkeit zur Analogiebildung gefordert: Der mineralische Unterton – wenn auch durch 1,1,6-Trimethyl-1,2-dihydronaphthalin verursacht – wird gerne mit dem warmen Schieferboden einer großen Rieslinglage assoziiert und rundet dann tatsächlich einen vollendeten Genuss reifen Rieslings ab.

Einige träumen sich bei animalischen Geruchswahrnehmungen – zumeist ausgehend vom sogenannten Brett-Fehlton, verursacht durch den Hefepilz *Brettanomyces bruxellensis* –, in das Zirkuserlebnis ihrer Kindheit zurück und visualisieren sehr lebhaft die Raubtier- oder die Pferdedressur.

»Nun ja«, versucht Tante Klara, versonnen in ihr Glas schauend, das Kapitel für sich abzuschließen. »Alles gut und schön. Warum lassen wir nicht die Leute einfach so ihr Getränk genießen – jeder grad so, wie er mag. Manchmal denke ich: Unsere Schulweisheit lässt sich doch mehr Dinge träumen, als es zwischen Himmel und Erde gibt.«

Neugier ist gut beim Probieren (und Studieren)

Unterschiede wahrnehmen, neugierig sein und die eigenen Wahrnehmungsprinzipien zu hinterfragen ist sowohl beim Coaching als auch bei der Weinprobe enorm hilfreich. Es schüttet nicht nur Endorphine aus, wenn wir einen Witz verstanden und uns auf eine irritierende Metapher eingelassen haben. Vielleicht belohnt sich und uns das Gehirn ja auch dafür, dass es mal aus dem Ressourcensparmodus geholt wurde – so, wie ein Gelegenheitsjogger sich hinterher (!) wohlfühlt, wenn er die eigene Trägheit überwunden hat. Das bereitet sicher den Spaß, den Teilnehmer bei und nach einer Perspektivenrunde (siehe dort) empfinden. Gewissheiten zu hinterfragen, mal »so zu tun als ob«, mit Kontingenzen zu spielen und sprachliche Möglichkeiten zu erkunden, mit denen wir künftige Möglichkeitsräume ausloten (vgl. hier Priors MiniMax-Vorschläge), kann zum professionellen Wohlbefinden beitragen. Auch bei Winzern ist diese Haltung zunehmend festzustellen.

Tante Klaras Aussage »Was der Bauer nicht kennt, das isst er nicht« trifft nach meinen Erfahrungen bei Weinbauern nur selten zu. Aber sie wissen zumeist die verbrauchten Energien mit kreativ zubereiteten Speisen und dazu passenden Weinen auszugleichen. »Darf ich dich an die fortschreitende Rigidität der Gesprächsinhalte bei zunehmendem Weinkonsum erinnern?«, fragt Tante Klara. »Aber wahrscheinlich kannst du dich nicht daran erinnern.«

So wie ältere Zeitgenossen sich mit Kreuzworträtseln und Sudoku fit zu halten versuchen (es gibt ja schon eine Gehirnjogging-Industrie und entsprechende Apps), sollten auch berufstätige Winzer und Coaches hin und wieder Denksportaufgaben bearbeiten. Hier also ein Vorschlag, den man möglichst nicht in dem von Tante Klara erwähnten Rigiditätsstadium ausprobieren sollte. Die Aufgabe wird zuerst bei dem Rätselerfinder Michael Gardner erwähnt. (Ich beziehe mich hier auf die Darstellung zum »Rätsel der Woche« des Spiegel vom 3.5.2020.)

»Auf dem Tisch stehen sechs identische Gläser nebeneinander. Die drei Gläser links sind mit Wein gefüllt, die drei rechts sind leer.

Wie viele Gläser müssen Sie bewegen, damit sich gefüllte und leere Gläser abwechseln?

Sie dürfen keine Gläser verschieben, weder mit der Hand noch mit einem anderen Glas. Ein Glas muss zum Bewegen vom Tisch gehoben werden. Als eine Bewegung zählt, wenn Sie ein Glas in die Hand nehmen, hochheben und wieder auf dem Tisch abstellen. Es ist egal, wo sie das Glas abstellen – es muss nur auf dem Tisch sein« (Dambeck u. Niestädt 2020).

»Das ist ja einfach«, sagt Tante Klara, »aber versuch mal die gleiche Aufgabe zu lösen für nur fünf nebeneinanderstehende Gläser, von denen die drei in der Mitte mit Melissengeist gefüllt sind.« Wenn Wissenschaft die Aufgabe hat, komplexe Sachverhalte so weit zu reduzieren, dass viable Handlungsvorschläge möglich sind, dann ist an Tante Klara wohl eine Wissenschaftlerin verloren gegangen. Die Auflösungen finden Sie im Epilog.

Wie viele Weintrinker können nicht irren?

Irrtümer, so haben wir weiter oben angedeutet, sind zu einem Gutteil auf die Heuristiken zurückzuführen, die unser Erkenntnisapparat einsetzt, um sich ressourcenschonend eine bedeutsame Welt zu erschaffen. Insofern ist Irren menschlich, oder, wie Tante Klara gerne den auch hier schon mehrfach erwähnten Dichterfürsten zitiert: »Es irrt der Mensch, so lang er strebt.«

Dennoch, und darauf macht uns beispielsweise Leibniz aufmerksam: Der Mensch irrt auch, wenn er nicht strebt. Denn neben den erwähnten Heuristiken, dem Mangel an Beweisen und der Leidenschaft entstehen Irrtümer ebenfalls durch eine eher passive Motivationslage: aus dem fehlenden Wunsch, Beweise anzuwenden und, so Leibniz, durch den Autoritätsglauben.

Insofern ist es auch müßig, in einen Wettbewerb einzutreten, ob nun in Bezug auf Coaching oder auf Wein mehr Irrtümer aufzulisten wären. Denn ob ich nun strebe oder nicht: Irrtümer treten immer auf. Und das ist auch gut so, denn – wie bei den verwandtschaftlich verbundenen Fehlern – führen Irrtümer, auch in der Wissenschaft, häufig zu neuen Erkenntnissen. Dies ist auch einer der Gründe, warum wir uns im Folgenden ein paar Irrtümer anschauen wollen, anstatt sie schamhaft zu verschweigen.

Aber auch auf den Prozess der Irrtumsbildung wollen wir zunächst ohne falsche Scham hinweisen, weil er sowohl für die Ansichten über Wein als auch für Ideen über Coaching erhellend sein könnte.

Der etwas lasche Umgang mit empirischen Sachverhalten – häufig darin begründet, dass man wissenschaftstheoretische Überlegungen (z. B. »der Postmoderne«) falsch verstanden hat (auch ein ressourcensparender Vorgang) – findet häufig seinen Niederschlag

(!) darin, empirisch gewonnene Nachweise als subjektive Aussagen ihrer Autoren anzusehen. Die Skepsis gegenüber den wissenschaftlichen Befunden, befeuert durch Schlagwörter wie »anything goes« – »wider den Methodenzwang« (Feyerabend 1975) –, wurde vor allem bei den Fachvertretern, die sich eher als Praktiker bezeichneten, zu einer entlastenden Nackenstütze (um mal den Begriff des Ruhekissens zu vermeiden).

Bullshit

Diese Grundhaltung, die ja gleichermaßen Ausbilder wie Auszubildende betraf, begünstigte zusammen mit dem bereits bei Leibniz erwähnten Autoritätsglauben eine spezifische Form von Informationsaustausch, die der Philosoph Frankfurt (2014) in einem belustigt diskutierten Aufsatz als »Bullshit« bezeichnete.

Es wurden Verallgemeinerungen, Mythen und subjektive Erfahrungen zu Bildern und Aussagen verdichtet, die dazu dienten, die eigenen Positionen und Methoden als schlüssig und für die Zuhörerschaft praktikabel darzustellen. Und auch hier musste man es mit den eigenen Erfahrungen in der Praxis nicht allzu genau nehmen, wichtiger war die stimmige Aussage, die Botschaft.

Auch in der Weinwerbung wird ja weniger ein Wein mit seinen exakten Analysedaten, sondern eine Botschaft über den Wein und das erwünschte Verhältnis zu ihm verkauft.

So ist für Frankfurt ein Mensch, der Bullshit verbreitet, auch kein Lügner (denn der kennt ja die Wahrheit), sondern ein irrtumstoleranter Erzähler, den Beweise für seine Behauptungen aus den oben genannten Gründen nicht besonders interessieren und der guten Glaubens auch auf die Gutgläubigkeit und Autoritätshörigkeit seiner Zuhörer (»und Zuhörerinnen, Leserinnen und Leser«, fügt Tante Klara ein) zählen kann. Im Übrigen erfüllt auch die empirisch gedachte Evaluation (Feedback-Bögen) vieler Weiterbildungsveranstaltungen bisweilen den Tatbestand des Bullshit.

Was soll's, könnte man folgern: Schließlich zeigen doch die Studien zur Wirksamkeit von psychosozialen Hilfen, dass es vor allem auf den Beziehungsaspekt ankommt.

»Auch so ein Bullshit«, sagt Tante Klara. Ihr scheint das Konzept zu gefallen. »Spätestens jetzt solltest du auch einmal beginnen, deinen eigenen Bullshit in diesem Text zur Disposition zu stellen.«

»Na gut, Tante, aber womit soll ich anfangen?«

»Na, beispielsweise mit dem Beziehungsaspekt in psychosozialen Situationen. Gib doch zu, dass auch hier alles nicht so einfach ist.«

In der Tat: Wenn man sich die einschlägigen Studien anschaut, dann hat der Beziehungsaspekt mit einer Gesamtvarianz von ca. 5–12 % ja einen nicht geringen Anteil. Als der Mythos vom Primat des Rapports zu Beginn dieses Jahrhunderts aufkam, berichteten Autoren noch von ca. 30 %. Jedoch auch die jeweiligen Methoden und Techniken haben einen vergleichbaren Anteil zwischen 1 und 15 %. Wo sage ich jetzt, das ist wenig oder das ist viel? Interessant ist zudem, dass außertherapeutische Faktoren immerhin bis zu 47 % und Patientencharakteristika ca. 30 % der Gesamtvarianz ausmachen (vgl. Lammers 2017). Wie ist das nun zu interpretieren, was bedeutet das für die Coachingpraxis? Man müsste sich schon eingehender mit den Daten und den Methoden ihrer Erhebung und Bearbeitung beschäftigen.

»Siehst du«, sagt Tante Klara. »Fast 50 % außertherapeutische Faktoren. Das sollte man mal untersuchen. Wer Sorgen hat, hat auch Likör, meint Wilhelm Busch, ich würde ergänzen: Wer Melissengeist hat, hat weniger. Und dann noch der Varianzanteil der Klientenpersönlichkeit. Unkraut vergeht nicht, sage ich immer.«

»Das ist auch so ein Bullshit, Tante, aber es wäre schön, wenn du mich jetzt nicht immer unterbrechen würdest.«

Natürlich vergeht Unkraut bzw. der Anteil an Fauna und Flora, der im Sinne der Wirtschaftlichkeit als *non grata* bezeichnet wird. Aber meistens wird ein Vernichten und dessen Konsequenzen für die Umwelt auch einfach nicht zur Kenntnis genommen. Es fehlt die MiniMax-Frage: Was wird stattdessen sein? Die Einsicht, dass man mit vielen Maßnahmen den Teufel mit dem Beelzebub ausgetrieben hat, wird daher zunehmend häufiger diskutiert (vgl. Kolbert 2021).

Und nun zu einem anderen Mythos: Nein, die Züchtung reblausresistenter Weinstöcke und die Maßnahme der Veredelung hat die

Reblaus nicht zum Verschwinden gebracht. Der Klimawandel hat das Insekt eingeladen, sich auch mal in andere Zonen auszubreiten. Und die Laus lernt dazu und verändert sich: In den USA mussten bereits große Flächen mit veredelten Weinstöcken gerodet werden (hierzu und zu vielen weiteren Weinirrtümern vgl. Faßbender 2015).

Ebenso hartnäckig wie die Auffassung, der Kork verursache den Korkgeschmack und Alternativverschlüsse seien die Lösung, hält sich die Meinung, dass eine Defizitorientierung in Pädagogik, Beratung und Psychotherapie auf jeden Fall zu vermeiden sei. Eng damit verbunden sind die Übergeneralisierungen wie etwa: Bei einer Lösungsorientierung seien die Beschäftigung mit Problemen ebenso wie – wegen der speziellen Wirkungsweise des Unbewussten – »Nicht«-Aussagen sowie »negative« Rückmeldungen anstelle von Lob zu vermeiden.

Vielleicht war eine Bedingung für dieses »Missverständnis«, dass die Alternative zum sogenannten medizinischen Modell in den Sozial- und Gesundheitswissenschaften von einigen positiv gestimmten Autoren nicht wie ursprünglich gemeint als Defektmodell, sondern als Defizitmodell kolportiert wurde. Das medizinische Krankheitsmodell ging ja von quasi-organismischen Defekten und daraus abzuleitenden Handlungsstrategien aus. Defizite – als nicht mehr, noch nicht oder nicht ausreichend vorhandene Eigenschaften oder Kompetenzen – wären eigentlich mit beiden Modellen kompatibel gewesen. Aus dieser Defizitfixierung leitete sich, vielleicht unterstützt durch den Impetus »positiven Denkens«, der Anspruch ab, negativ besetzte Verhaltensbereiche – wer auch immer das definierte – zu vermeiden. Sicher war es hilfreich, mit dem geänderten Bewusstsein auch und vorrangig zu fragen, was denn »stattdessen« sein sollte und für die Zielformulierung an Erfolgserlebnisse und nicht so sehr – damit kamen die Klienten ja eh schon – an Misserfolgserlebnisse und bereits bescheinigte Defizite zu erinnern. Ähnlich sinnvoll war es ja, Schüler, die bisher vor allem negative Rückmeldungen des Versagens und Scheiterns erhalten hatten, mal unter eine wärmende Lob-Dusche zu stellen. Aber die Praxis zeigte auch, dass in der Erziehung wie in anderen Hilfesystemen eine differenzierte Praxis der Rückmeldung, der Problembearbeitung und der Zielformulierung hilfreich war; und, wie wir oben am Beispiel der Positiven Psychologie dargestellt haben, dass sie auch dringend erforderlich war, um der Lebenswirklichkeit und den Anpassungsstrategien unserer Klienten gerecht zu werden.

Und damit wären wir schon bei einer anderen, auch von mir gerne verbreiteten unbedachten Aussage. (Tante Klara schmunzelt, weil ich bei meinen eigenen Defiziten geneigt bin, den drastischen englischen Begriff zu vermeiden.) Wie vielleicht erinnerlich hatte ich weiter oben Pestalozzi als Kronzeugen meiner differenzierten Sichtweise zu Kompetenzen und Defiziten zitiert: »Was der Mensch ist, was er bedarf, was ihn erhebt und was ihn erniedriget, was ihn stärket und was ihn entkräftet.« Ich hatte dieses auch oben erwähnte Zitat in einem Überblicksaufsatz zur Resilienz verwendet und auf den Shift weg von der »gnadenlosen Ressourcenorientierung« (Ebbecke-Nohlen, zit. nach Welter-Enderlin 2006) und auf die Neubesinnung anlässlich des Züricher Kongresses zur Resilienz (Welter Enderlin u. Hildenbrand 2006) verwiesen. Es passte gut, um ein seelenverwandtes anthropologisches Vorverständnis mit dem Schweizer Pädagogen zu betonen. (Dies ist im Übrigen keine schlechte Strategie, Glaubwürdigkeit zu verbreiten.) Und so waren bei mir die besten Voraussetzungen gegeben, ebenfalls Bullshit zu produzieren. Wie mich anschließend ein geschätzter Kollege, Rolf Göppel, berichtigte, war es ein aus dem Zusammenhang gerissenes Zitat, das ein anderer, ebenfalls geschätzter Kollege unvollständig abgekupfert hatte, von dem ich es dann, vertrauend auf die Autorität des Zitierenden, übernahm. Was Pestalozzi eigentlich meinte, war nicht eine anthropologische Bestimmung des Menschen, sondern, in die heutige Zeit gewendet, ein Vorschlag für ein neues Forschungsprogramm:

> »*Was der Mensch ist, was er bedarf, was ihn erhebt und was ihn erniedriget, was ihn stärket und was ihn entkräftet, das ist Bedürfnis der Hirten der Völker und Bedürfnis des Menschen in den niedersten Hütten*« *(vgl. Göppel 1997).*

Aber, Bullshit-Produzent, der ich nun mal bin: Ich werde das Zitat weiter in der verkürzten Fassung einsetzen. Es ist zwar nicht exakt zitiert, aber es hilft mir, meine Ideen zur »gnadenlosen Ressourcenorientierung« zu verdeutlichen (Holtz 2010).

Als gebranntes Kind steht es mir (auch mit Selbstanzeige) nicht zu, nun weiteren Bullshit der von mir geschätzten Kollegen aufzuzählen. Die Aussagen zu neurobiologischen, hirnaffinen, durch Lerngesetze und Lerntypologien vermeintlich bestätigten Befunden gehen ebenso wie die Mythen zu Anekdoten, die unsere Schulweisheit hinterfragen, in die Hunderte.

Der Zweck heiligt die Mittel? Die Beantwortung dieser Frage ist auch weniger eine der Moral als die einer nachhaltigen Glaubwürdigkeit. Der Produzent von Bullshit arbeitet nach Harry Gordon Frankfurt ja zumeist nach bestem Wissen und Gewissen, und auch Vereinfachungen können eine didaktische Methode sein. Aber vielleicht ist auch eine ständige Hinterfragung des »besten Wissens« eine brauchbare Methode zur Gewissensverbesserung – wenn man Letzteres denn auf seinen Betätigungsfeldern für relevant hält. Und bisweilen geistert auch der Mythos durch die Fachwelt, ein verbessertes Wissen könne zu einer verbesserten Praxis führen.

Also, keine Vorschläge für die Autoren von Bullshit. Aber gibt es Hinweise, wie die Zuhörer und Leser die so bezeichneten Aussagen erkennen und für ihre Praxis relativieren können?

Vielleicht können ja auch die Veranstalter einschlägiger Weiterbildungen Unterstützung anbieten. Vor einiger Zeit hat anlässlich eines Kongresses zum Konstruktivismus eine Arbeitsgruppe zum Storytelling (Geisslinger 1995) ein Experiment durchgeführt, das mit der Möglichkeit arbeitete, der eine oder andere Referent werde bewusst Unsinn in seinen Vortrag einbauen. Trotz oder wegen all der hochrangigen Vortragenden zeigte sich überdeutlich die Irritation, Hilflosigkeit und Verärgerung bei den Zuhörern. Einer der Teilnehmer brachte seine Erkenntnis auf den Punkt:

> *»Gerade durch die Existenz des Experiments bin ich dazu gezwungen worden, mit immer wacheren Augen und Ohren durch diesen Kongress zu gehen. Getürkt oder nicht, Sinn oder keiner, im Grunde genommen bin ich es, der die Entscheidung trifft bzw. zu treffen hat – und das jedesmal neu«* (Geisslinger 1995, S. 405).

Und einer der Referenten, Ernst von Glasersfeld, kommentierte:

> »*Ich habe in den letzten Jahren ... viele Kongresse besucht und dabei eine Reihe von Erfahrungen gemacht, die sich, bei genauerer Betrachtung, nur durch dieses Experiment erklären lassen. Dies zu wissen, lässt mich den noch kommenden Kongressen mit Ruhe und Gelassenheit entgegensehen*« *(ebd.).*

Nun, dies war ein wissenschaftlicher Kongress. Bei einer Veranstaltung mit vorwiegend »Praktikern« könnte noch mehr ungerechtfertigtes Gelächter und Kopfschütteln entstehen. Bliebe statt eines solchermaßen experimentellen Vorgehens also die Hellhörigkeit der Teilnehmer.

Manchmal versuche ich, mir einige Aussagen von Vortragenden mit einer Art Bullshit-Bremse zurechtzulegen. Ich erinnere mich an die Fragen verunsicherter Sowjetbürger an Radio Eriwan, dessen Antworten stets mit der Aussage »Im Prinzip ja, aber ...« begannen. Hierzu ein Beispiel aus dieser Zeit:

»Stimmt es, dass der Genosse Safarian auf einer Wohltätigkeitsveranstaltung ein Auto gewonnen hat?« – »Im Prinzip ja, ...

aber es war nicht der Genosse Safarian, sondern eine Frau gleichen Namens. Es war auch keine Wohltätigkeitsveranstaltung, sondern eine Sitzung der Kolchose. Es war auch kein Auto, sondern ein Fahrrad. Und sie hat es auch nicht gewonnen, sondern es wurde ihr gestohlen.«

Die Bullshit-Bremse funktioniert ähnlich:

- Kann man aus den Daten bildgebender Verfahren Rückschlüsse auf Denkprozesse ziehen? Im Prinzip ja, aber ...
- Schon die griechischen Vorsokratiker kamen zu ähnlichen Ergebnissen. Im Prinzip ja, aber ...
- Schon Vico und Nietzsche teilen meine Auffassung. Im Prinzip ja, aber ...
- Wenn Robert Parker 98 Punkte für diesen Wein gibt, dann kann es kein schlechter sein. Im Prinzip ja, aber ...
- Weißwein ist der ideale Begleiter zu Fisch. Im Prinzip ja, aber ...
- Es ist kontraproduktiv, im Beratungsprozess Ratschläge zu geben. Im Prinzip ja, aber ...

- Wein passt nicht zu Schokolade. Im Prinzip ja, aber ...
- Unser Unbewusstes weiß mehr als unser Bewusstsein. Im Prinzip ja, aber ...

Möglichst viele Ja-abers durchzuspielen macht nicht nur Spaß, dem Vortrag weiter zuzuhören. Es macht auch neugierig, die erstellten Abers später zu verifizieren.

Und Spaß und Neugier sind ja die wichtigsten Grundhaltungen erfolgreicher Beratung. Im Prinzip ja, aber ...

Eine andere Strategie für Zuhörende – vor allem, um an der jeweiligen Autoritätsabhängigkeit zu arbeiten – ist das Bullshit-Bingo. Es ist eine Variante des 1993 von Tom Davis erfundenen Buzzword-Bingo, bei dem ich mir inhaltslose Phrasen, Schlagwörter und allzu globale Konstrukte, die ich bei einem Vortrag oder einer Tagung erwarte, in eine Matrix eintrage und dann nach guter alter Bingo-Sitte beim Auftauchen abhake, also z. B.: Incentives töten die Motivation, Wahrnehmungstypen, Achtsamkeit, usw.

Und wenn ich dann alle Felder getroffen habe, rufe ich nicht laut »Bingo«, sondern gehe entweder stillschweigend oder bleibe sitzen und freue mich über einen unterhaltsamen Vormittag.

Und wie versuche ich als Vortragender, selbst Bullshit zu vermeiden? Eigentlich gar nicht. Denn es ist ressourcensparend für das Gehirn, macht Spaß und schüttet sicher Endorphine aus. Ich freue mich, wenn die Zuhörer meine Art – und damit mich – mögen (auch das schüttet irgendetwas aus). Und wenn es mal nicht so gut läuft, tröste ich mich mit dem übermächtigen Bullshit: Irrtümer sind, wie Fehler, ständige Lerngelegenheiten. Und dann zitiere ich gerne Tante Klara:

»Mein Junge, Fehler gehören zum Alltag, sonst wär ja das Radiergummi nicht erfunden worden.«

»Wenn du mich schon zitierst«, Tante Klara meldet sich doch noch einmal zu Wort, »wo gibt es denn nun mehr Irrtümer: beim Wein oder beim Coaching?«

»*So many men, so many minds*, liebe Tante, was ich mal frei übersetze mit: So viele Experten, so viele Irrtümer. Und je mehr Experten, desto mehr Irrtümer. Und da sowohl beim Wein als auch beim

Coaching die Zahl der Experten – im Gegensatz zum Universum – unendlich zu sein scheint, lässt sich die Frage nicht so einfach beantworten.«

»Gut«, sagt Tante Klara, »ich habe verstanden, dass du hier aus nachvollziehbaren Gründen nicht alle Irrtümer aufzählen kannst und wohl auch nicht willst. Schließlich hast du dir wahrscheinlich bei der chemischen Industrie und den Vorstadtmüttern schon genug Feinde gemacht.

Abschließend habe ich aber noch zwei Bitten, mein Junge. Zum einen, nenn mir mal Literatur, bei der ich mich über Irrtümer und Bullshit eingehender informieren kann. Und zum anderen: Wie kannst du mich davon überzeugen, dass du nicht der Erste warst, der Wein und Coaching vergleichend zusammengebracht hat?«

»Zur ersten Frage: Es gibt eine Vielzahl kritischer Literatur zu Irrtümern in Wissenschaft, beim Wein und beim Coaching. Ich empfehle zunächst die z. T. erwähnten Publikationen von Eichelmann (2009), Faßbender (2015), Göppel (2014) und Wirl und Ebert (2017).

Und nun zur zweiten Frage: Lass mir bitte das letzte Wort, da du ja schon mit der Aussage ›Es gibt nichts, was es nicht gibt‹ diesen Text begonnen hast.

In der Tat hat schon zu Beginn dieses Jahrhunderts der Karikaturist Peter Gaymann (2006) in seinem Werk *Weinlese* nicht nur den Zusammenhang zwischen Wein und Coaching hergestellt, sondern auch eine zentrale Aussage meines Buches metaphorisch beantwortet.«

© Peter Gaymann

»Sag ichs doch«, sagt Tante Klara, »das ist kein Bullshit: Ein Bild sagt mehr als tausend Worte!«

Im Prinzip ja, …

Epilog

Nun habe ich also doch das letzte Wort gehabt und kann meinen Text abschließen.

Es ist mir wichtig, im Abspann noch ein paar Worte hinzuzufügen, die mich als Autor betreffen:

Erstens: Ich habe mich von keinem Unternehmen, Weingut, Restaurant oder der chemischen Industrie sponsorn lassen. Ich hoffe aber, dass mir Antonio einen seiner besseren Rotweine zum Essen aussucht, wenn ich ihm das Buch präsentiere.

Zweitens: Ich habe das Buch vornehmlich für mich geschrieben, weil es mir eine Strukturierungshilfe in einer Zeit ohne viel Präsenz beim Coaching oder im Weinberg war. Aber was bedeutet schon »vornehmlich«?

Drittens: Ich habe während des Schreibens keinen Tropfen Alkohol getrunken, weder Wein noch Melissengeist. Noch nicht einmal den eigenen.

Viertens: Das Buch war für mich auch der Versuch, über die gewählten Heuristiken der Analogiebildung und der Metaphern zu neuen Erkenntnissen über mich beim Coaching und bei der Weinbereitung zu kommen.

Fünftens: Ich habe mich für die Unterstützung beim Abfassen des Buches bei vielen Leuten zu bedanken. Ich will das jedoch nicht an dieser Stelle tun, sondern bei einem Glas Wein und einem Gespräch. Bei meinem fünfjährigen Enkel soll es jedoch zunächst bei einem Gespräch bleiben.

Sechstens: Mir ist klar geworden, dass – wie bei Witzen – auch Analogien und Metaphern nicht von allen gleichermaßen geschätzt und verstanden werden. Sollten also einige nach Kauf und Lektüre des Buches dieses gelangweilt oder enttäuscht beiseitelegen, möchte ich mich bei ihnen mit dem Gedicht von Robert Gernhardt, einem Vertreter der neuen Frankfurter Schule, entschuldigen:

Das Gleichnis[20]

Wie wenn da einer, und er hielte
ein frühgereiftes Kind, das schielte,
hoch in den Himmel und er bäte:
»Du hörst jetzt auf den Namen Käthe!« –
Wär dieser nicht dem Elch vergleichbar,
der tief im Sumpf und unerreichbar
nach Wurzeln, Halmen, Stauden sucht
und dabei stumm den Tag verflucht,
an dem er dieser Erde Licht ...
Nein? Nicht vergleichbar? Na, dann nicht!
(Robert Gernhardt)

Und schließlich: Ich schulde der Leserin und dem Leser noch die Auflösung der Denksportaufgabe.

Bei den sechs Gläsern müssen Sie nur ein Glas bewegen. Und zwar das zweite von links. Sie nehmen es, kippen den Wein daraus in das zweite Glas von rechts, das leer ist. Danach stellen Sie das geleerte Glas an seinen ursprünglichen Platz zurück!

Bei den fünf Gläsern wären zwei Bewegungen nötig, sofern Sie wie oben verfahren. Tante Klara benötigt jedoch nur eine Bewegung: Sie nimmt das mittlere Glas, trinkt es aus und stellt es wieder zurück.

Ein Prost auf Tante Klara: Zum Wohl! Bzw. *A votre santé!*

20 Robert Gernhardt, Das Gleichnis. Aus: ders., Besternte Ernte. S. Fischer Verlag GmbH, Frankfurt am Main.

Literatur

Achenbach, T. M. u. C. S. Edelbrock (1978): The classification of child psychopathology. A review and analysis of empirical efforts. *Psychological Bulletin* 85: 1275-1301.

Alain (E.-A. Chartier) (1970): Propos, II, Propos sur la religion. Paris (Rieder). [(1938) éd. Gallimard, coll. La Pléiade.]

Alain (E.-A. Chartier) (1994): Sich beobachten heißt sich verändern. Frankfurt (Insel).

Allport, G. W. (1971): Die Natur des Vorurteils. Köln (Kiepenheuer & Witsch).

Baecker, D. (1999): Organisation als System. Frankfurt (Suhrkamp).

Baier, K. (2015): Mesmer versus Gaßner. Eine Kontroverse der 1770er Jahre und ihre Interpretationen. In: M. Sziede u. H. Zander (Hrsg.): Von der Dämonologie zum Unbewussten. Die Transformation der Anthropologie um 1800. Berlin (De Gruyter), S. 47–84.

Beard, George M. (1869): Neurasthenia, or nervous exhaustion. *Boston Medical and Surgical Journal* 80 (3): 217–221.

Beck, A. et al. (1979): Cognitive therapy of depression. New York (Guilford). [dt. (2010): Kognitive Therapie der Depression. Weinheim (Beltz).]

Berg, I. K. u. L. Shilts (2005): Der WOWW-Ansatz. Schriftenreihe »Einfach, aber nicht leicht«. Winterthur (Zentrum für Lösungsorientierte Beratung). Verfügbar unter: www.zlb–schweiz.ch [20.8.2021].

Boissier de Sauvages de Lacroix, F. (1763) Nosologia methodica sistens morborum classes, genera et species, juxta Sydenhami mentem et Botanicorum ordinem. Amsterdam (Frères De Tournes).

Bosch, P. (2001): Weingenuss - Das Weinwissen von Deutschlands bester Sommelière. München (Econ).

Bruchmüller, K. u. S. Schneider (2011): Fehldiagnose Aufmerksamkeitsdefizit- und Hyperaktivitätssyndrom? Empirische Befunde zur Frage der Überdiagnostizierung. *Psychotherapeut* 57: 77-89.

Cabanas, E. u. E. Illouz (2019): Das Glücksdiktat. Und wie es unser Leben beherrscht. Berlin (Suhrkamp).

Carson, R. (1962): Silent Spring. London (Hamilton). [dt. (1963): Der stumme Frühling. Paderborn (Bertelsmann).]

Cicchetti, D. (1999). Entwicklungspsychopathologie: Historische Grundlagen, konzeptuelle und methodische Fragen, Implikationen für Prävention und Intervention. In: R. Oerter et al. (Hrsg.): Klinische Entwicklungspsychologie. Weinheim (Psychologische Verlags Union), S. 11-44.

Dambeck, H. u. M. Niestedt (2020): Das Rätsel der Woche: Die Weingläserparade. Der Spiegel vom 3.5.2020.

Deci, E. L. u. R. M. Ryan (1993): Die Selbstbestimmungstheorie der Motivation und ihre Bedeutung für die Pädagogik. *Zeitschrift für Pädagogik* 39 (2): 223–238.

deHaan, C. (2015): Reparaturwerkstatt für Mitarbeiter? *Frankfurter Rundschau* vom 1.10.2015. Verfügbar unter: http://www.fr-online.de/tv-kritik/tv-kritik--der-coaching-wahn-repa...werkstatt-fuer-mitarbeiter-,1473344,32056988,view,printVersion.html [18.7.2021].

de Jussieu, A.-L. (1789): Genera Plantarum, secundum ordines naturales disposita juxta methodum in Horto Regio Parisiensi exaratam. Paris (Herissant).

Der Spiegel (2019): Die erstaunliche Karriere von »Bauer Willi«. Nr. 44, 25.10. 2019. Verfügbar unter: www.spiegel.de/wirtschaft/bauer-willi-die-erstaunliche-karriere-von-wilhelm-kremer-schillings-a-00000000-0002-0001-0000-000166611597?context=issue [18.7.2021].

de Shazer, S. (1989): Der Dreh. Überraschende Wendungen und Lösungen in der Kurzzeittherapie. Heidelberg (Carl-Auer).

de St. Claire, S. (1528, Nachdruck 1838): Tractatus vini. Dictons vignerons d'ici. Mas Grenier.

Deutscher Bundesverband Coaching e. V. (DBVC) (2019): Leitlinien und Empfehlungen für die Entwicklung von Coaching als Profession. Verfügbar unter: www.dbvc.de [20.8.2021].

Deutsche Gesellschaft für Supervision und Coaching (DGSv) (o. J.) Das Ende eines unerklärlichen Unterschiedes. Die Deutsche Gesellschaft für Supervision e. V. (DGSv) nimmt Stellung zur Diskussion der Begriffe Supervision und Coaching. Verfügbar unter: www.dgsv.de [20.8.2021].

Deutsche Gesellschaft für Supervision und Coaching (DGSv) (2019): Positionen. Verfügbar unter: www.dgsv.de/dgsv/der-verband/ueber-die-dgsv/ [18.7.2021].

Dohmen, C. (1998): Die Bibel und ihre Auslegung. München (C. H. Beck).

Eichelmann, G. (2009): trinken wie goethe. Heidelberg (Mondo).

Epstein S. (1993): Implications of cognitive-experiential self-theory for personality and developmental psychology. In: D. C. Funder et al. (eds.): Studying lives through time: Personality and development. Washington, D. C. (Psychological Association), pp. 399–438.

Erickson, B. A. (o. J.): Ericksonian, cognitive, behavioral, strategic, or all four? Verfügbar unter: https://www.erickson-foundation.org/brief-therapy-erickson-betty [23.6.2021].

Erickson, M. H. (1954): Special techniques of brief psychotherapy. *Journal of Clinical and Experimental hypnosis* 2: 109-129. [dt. (1998): Besondere Techniken der Kurzzeit-Hypnotherapie. In: E. Rossi (Hrsg.): Gesammelte Schriften von Milton H. Erickson, Bd. V: Innovative Hypnotherapie I. Heidelberg (Carl Auer), S. 202-232.]

Faßbender, W. (2015): Im Wein liegt Lüge. 99 Legenden und Wahrheiten. Heidelberg (Mondo).

Feyerabend, P. (1975): Wider den Methodenzwang. Frankfurt a. M. (Suhrkamp).

Feyerabend, P. (2009): Naturphilosophie. Frankfurt a. M. (Suhrkamp)

Frankfurt, H. G. (2014): Bullshit. Berlin (Suhrkamp).

Freudenberger, H. J. (1974): Staff-Burn-Out. *Journal of Social Issues* 30 (1): 159-165.

Freyberg, T. von (2015): Resilienz in der Pädagogik. Das resiliente Kind – ein Stehaufmännchen! Verfügbar unter: www.medico.de/resilienz-in-der-paedagogik-16102 [19.7.2021].

Fuchs, T. (2016): Das Gehirn – ein Beziehungsorgan: Eine phänomenologisch-ökologische Konzeption. Stuttgart (Kohlhammer).

Gabriel, G. (2004): Definition. In: J. Mittelstraß (Hrsg.): Enzyklopädie Philosophie und Wissenschaftstheorie, Bd. 1. Stuttgart (Metzler), S. 439–442, 2. Aufl.

Gall, L. (1854): Praktische Anleitung, sehr gute Mittelweine selbst aus unreifen Trauben, und vortrefflichen Nachwein aus den Trestern zu erzeugen (mit ausführlichen Begründungen der Winzernot). Trier (Gall), 3. Aufl.

Gaßner, J. J. (1775): Johann Joseph Gaßners, der Gottesgelehrtheit und des geistlichen Rechts Candidaten, Pfarrers zu Clösterl, Antwort auf die Anmerkungen, welche in dem Münchnerischen Intelligenzblate vom 12. November wider seine Gründe und Weise zu exorciren [...] gemacht worden. Augsburg (Bullmann).

Gaymann, P. (2006): Peter Gaymanns Weinlese. München (Mosaik bei Goldmann).

Geisslinger, H. (1995): Wissenschaft und Fiktion: Ein Heidelberger Experiment. In H. R. Fischer (Hrsg.): Die Wirklichkeit des Konstruktivismus. Heidelberg (Carl-Auer), S. 397–406.

Gernhardt, R. (1981): Das Gleichnis. Besternte Ernte. Gedichte aus fünfzehn Jahren. In: R. Gernhardt, F. W. Bernstein u. F. K. Waechter (Hrsg.): Die Drei. Frankfurt a. M. (Zweitausendeins).

Gernhardt, R. (1986): Kippfigur. Zürich (Haffmanns).

Göppel, R. (1997): Die Ursprünge der seelischen Gesundheit – Risiko- und Schutzfaktoren in der kindlichen Entwicklung. Würzburg (Edition Bentheim).

Göppel, R. (2014): Gehirn, Psyche, Bildung. Chancen und Grenzen einer Neuropädagogik. Stuttgart (Kohlhammer).

Goethe, J. W. von (1840): Faust. Erster Teil. Sämtliche Werke, Bd. 11. Stuttgart (Cotta).

Goleman, D. (1980): Emotionale Intelligenz. München (Hanser).

Grawe K., R. Donati u. F. Bernauer (1994): Psychotherapie im Wandel: Von der Konfession zur Profession. Göttingen (Hogrefe).

Griesinger, W. (1861): Die Pathologie und Therapie der psychischen Krankheiten. Stuttgart (Krabbe).

Hamburger, F. (1939): Die Neurosen des Kindesalters. Stuttgart (Enke).

Höge, H. (2001): Lob der Blödigkeit. Die Aufregungen in der neuen Ökonomie und ihre Beruhigungsmittel. Frankfurter Rundschau, 1.8.2001.

Holtz, K. L. (1990). Auf dem Wege zur Integrität – Erickson meets Erikson. *Hypnose und Kognition* 8 (1): 50-66.

Holtz, K. L. (1994): Geistige Behinderung und Soziale Kompetenz. Analyse und Integration psychologischer Konstrukte. Heidelberg (Edition Schindele).

Holtz, K. L. (2006): Was Kinder alles können: Ergebnisse der Kompetenz-, Resilienz- und Salutogeneseforschung für Psychotherapeuten. *Psychotherapie im Dialog (PID)* 7 (1): 89-93.

Holtz, K. L. (2010): Resilienz und die Strategien Milton Ericksons: Wie passt das zusammen? In: D. Short u. C. Weinspach: Hoffnung und Resilienz: Therapeutische Strategien von Milton H. Erickson. Heidelberg (Carl-Auer), S. 27–38.

Holtz, K. L. (2014): Geschichten erzählen – Narrative Elemente in der Psychotherapie mit Kindern und Jugendlichen. *Lernen und Lernstörungen* 3 (1): 53–58.

Holtz, K. L. (2017): Coaching LOC. Verfügbar unter: www.ilbs.de [20.8.2021].

Holtz, K. L. u. S. Mrochen (2005): Einführung in die Hypnotherapie mit Kindern und Jugendlichen. Heidelberg (Carl Auer).

Holtz, K. L. u. H. Schöler (1998): Carl L. Auer & Ernst A. Dölle. Verständnisse und Missverständnisse über Grundannahmen sonderpädagogischer Theoriebildung – Ein Briefwechsel. In: M. Greisbach, U. Kullik u. E. Souvignier (Hrsg.): Von der Lernbehindertenpädagogik zur Praxis der schulischen Lernförderung. Lengerich (Pabst Science Publishers).

Holtz, K. L. u. C. Weiner (2008): Der Struwwelpeter für Eltern. München (Mosaik bei Goldmann).

Holtz, K. L. et al. (1984): Heidelberger Kompetenz-Inventar für geistig Behinderte. Handbuch. Heidelberg (HVA edition schindele).

Horkheimer, M. (1963): Über das Vorurteil. Köln (Westdeutscher Verlag).

Illouz, E. (2019): Resilienz – gesellschaftliche Auswirkungen einer psychologischen Theorie. *Verhaltenstherapie und psychosoziale Praxis* 51 (3): 467–474.

James, W. (1909): Psychologie. Leipzig (Quelle & Meyer), 2. Aufl. 1920.

Kanders, J. (2001): Lehrer sollten nicht in die Therapie der Kinder- und Jugendärzte eingreifen. *Kinder- und Jugendarzt* 32 (7): 549–551.

Kegan, R. (1986): Die Entwicklungsstufen des Selbst. Fortschritte und Krisen im menschlichen Leben. München (Kindt).

Keupp, H. (Hrsg.) (1972): Der Krankheitsmythos in der Psychopathologie. Darstellung einer Kontroverse. München (Urban & Schwarzenberg).

Keupp, H. (1974): Modellvorstellungen von Verhaltensstörungen: »Medizinisches Modell« und mögliche Alternativen. In C. Kraiker (Hrsg.): Handbuch der Verhaltenstherapie. München (Kindler).

Kleve, H. (2010): System als Problem. *Kontext* 1: 41.

Kolbert, E. (2021): Wir Klimawandler. Wie der Mensch die Natur der Zukunft erschafft. Berlin (Suhrkamp/Insel).

Kotov, R. et al. (2017): Die hierarchische Taxonomie der Psychopathologie (HiTOP): Eine dimensionale Alternative zu traditionellen Nosologien. *Journal of Abnormal Psychology* 126 (4): 454–477.

Kraepelin, E. (1896): Psychiatrie. Ein Lehrbuch für Studirende und Aerzte. Leipzig (Barth), 5., vollständig umgearbeitete Aufl.

Kraepelin, E. (1919): Psychiatrische Randbemerkungen zur Zeitgeschichte. *Süddeutsche Monatshefte* 16 (2, »Kriegshefte«): 171–183.

Krafft-Ebing, R. von (1885): Gesunde und kranke Nerven. Tübingen (Laupp).

Krieger, C. (2018): Wein ist Volksgetränk! Weinpropaganda im Dritten Reich. Zell/Mosel (Rhein-Mosel).

Kühle, H.-J. (1998): Tagungsbericht vom ADS-Symposium in Gießen. *Der Kinderarzt* 29: 1347–1353.

Lammers, C.-H. (2017): Therapeutische Beziehung und Gesprächsführung. Weinheim (Beltz).

Lazarus, R. S. (1966): Psychological stress and the coping process. New York (McGraw Hill).

Leeb, W. A., B. Trenkle u. M. F. Weckenmann (Hrsg.) (2011): Der Realitätenkellner. Hypnosystemische Konzepte in Beratung, Coaching und Supervision. Heidelberg (Carl-Auer).

Linke, H.-J. (2018): »Du sollst dich optimieren!« – Arte. Die neue Religion. Frankfurter Rundschau, 7.5.2018.

Ludewig, K. (1992): Systemische Therapie. Grundlagen klinischer Theorie und Praxis. Stuttgart (Klett).

Luhmann, N. (1984): Soziale Systeme. Frankfurt a. M. (Suhrkamp).

Malthus, T. R. (1798): An essay on the principle of population as it affects the future improvement of society, with remarks on the speculations of Mr. Goodwin, M. Condorcet and other writers. London (J. Johnson in St Paul's Church-yard), 1st ed.

Maslach, C. (1976): Burned out. *Human Behavior* 5: 16–22.

Maturana, H. J. u. F. J. Varela (1987): Der Baum der Erkenntnis: Die biologischen Wurzeln menschlichen Erkennens. Bern (Scherz).

Matuschek, S. (2021): Der gedichtete Himmel. Eine Geschichte der Romantik. München (C. H. Beck).

Maurer, I. (2020): Was kostet Coaching? Verfügbar unter: https://www.haufe.de/personal/hr-management/was-kostet-coaching-eine-studie-zum-coaching-markt_80_509594.html [18.7.2021].

McDougall, W. (1937): Aufbaukräfte der Seele. Leipzig (Thieme).

McGovern, P. E. (2007): Ancient wine: The search for the origins of viniculture. Princeton (Princeton University).

Meichenbaum, D. (1979): Kognitive Verhaltensmodifikation. München (Urban & Schwarzenberg).

Mesmer, F. A. (1985): Abhandlung über die Entdeckung des thierischen Magnetismus. Unver. Nachdruck der Ausg. Karlsruhe 1881. Tübingen (edition diskord).

Migge, B. (2011): Handbuch Business-Coaching. Weinheim (Beltz), 2. Aufl.

Moor, P. (1966): Heilpädagogik – Ein Pädagogisches Lehrbuch. Stuttgart (Hans Huber).

Myschker, N. (1989): Zur Geschichte der Pädagogik bei Verhaltensstörungen. In: H. Götze u. H. Neukäter (Hrsg): Pädagogik bei Verhaltensstörungen. Berlin (Edition Marhold).

Norcross, J. C. a. M. J. Lambert (2011): Evidence-based therapy relationships. In J. C. Norcross (ed.): Psychotherapy relationships that work. New York (Oxford University), 2nd ed.

Omer, H. u. A. von Schlippe (2016): Autorität ohne Gewalt: Coaching für Eltern von Kindern mit Verhaltensproblemen. Göttingen (Vandenhoeck & Ruprecht).

Peale, N. V. (1992): Die Kraft Positiven Denkens. Köln (Bastei Lübbe).

Pennartz, C. M. A. et al. (2019): Towards a unified view on pathways and functions of neural recurrent processing. *Trends in Neurosciences* 42 (9): 589–603.

Perry, W. (1970): Forms of intellectual and ethical development in the college years. New York (Holt, Rinehart & Winston).

Pestalozzi, J. H. (1799): Briefe an einen Freund über den Aufenthalt in Stans. In: W. Heise u. H. Deiters (Hrsg.) (1947): Pestalozzi. Berlin/Leipzig (Volk & Wissen).

Peter, B. (2000): Geschichten aus der Geschichte der Hypnose. Teil III: Die bayerische Akademie der Wissenschaften, Franz Anton Mesmer und der Streit um Pater Johann Joseph Gaßner. *M.E.G.a.Phon Newsletter der Milton Erickson Gesellschaft* 31 (4): 37-40.

Petersen, U. u. H.-J. Weigel (2015): Klimaresilienz durch Agrobiodiversität? Literaturstudie zum Zusammenhang zwischen Elementen der Agrobiodiversität und der Empfindlichkeit von landwirtschaftlichen Produktionssystemen gegenüber dem Klimawandel. Braunschweig (Johann Heinrich von Thünen-Institut), Thünen Report Nr. 25.

Pohl, M. (2019): Coaching denkt weiter. Waltrop (isb).

Prior, M. (2019): MiniMax-Interventionen: 15 minimale Interventionen mit maximaler Wirkung. Heidelberg (Carl-Auer).

Quaratiello, A. R. (2004): Rachel Carson. A Biography. Westport/CT (Greenwood).

Radkau, J. (2011): Die Ära der Ökologie. Eine Weltgeschichte. München (C. H. Beck).

Reichenberger, A. A. (2004): Wie wir Kippfiguren sehen können. In: C. Marek u. M. E. Reicher (Hrsg.): Papers of the 27th IWS (eds. J.) , S. 300–302.

Rosenhan, D. L. (1977): Gesund in kranken Institutionen. In: G. Sommer u. H. Ernst (Hrsg.): Gemeindepsychologie. Therapie und Prävention in der sozialen Umwelt. München (Urban & Schwarzenberg), S. 12–23. [am. Orig. (1973): On being sane in insane places. *Science* 179: 250–258.]

Roundtable Coaching (RTC) (2014): Verfügbar unter: www.roundtable-coaching.eu/downloads [18.7.2021].

Rousseau, J.-J. (1978): Émile oder Über die Erziehung. Stuttgart (Reclam).

Schlippe, A. von (2013): Die Konstruktion von Feindbildern – eine paradoxe »Anleitung«. *Konfliktdynamik* 2: 212–221.

Schlippe, A. von (2014): Systemisches Denken und Handeln im Wandel. Impulse für systembezogenes Handeln in Beratung und Therapie. *KONTEXT* 46 (1): 6–26. ISSN (Printausgabe): 0720–1079, ISSN (online): 2196–7997. Göttingen (Vandenhoeck & Ruprecht).

Schmidt, G. (2011): Von Stress und Burnout zur optimalen Lebensbalance. [2 DVD] Zwei Seminare zum Thema Stress und Burnout. (auditorium netzwerk).

Schmidt, H.-P. (o. J.): Biodiversität ist die Grundlage für Terroirqualität. Verfügbar unter: http://www.ithaka-journal.net/biodiversitat-ist-die-grundlage-fur-terroirqualitat [23.6.2021].

Schneider, V. (2013): Untypischer Alterungston: Weltweites Problem UTA. *Der Winzer* 7: 24–28.

Seidler, E. (2004): »Zappelphilipp« und ADHS: Von der Unart zur Krankheit. *Dtsch. Arztebl.* 101 (5): 239–243.

Seligman, M. E. P. (2015): Wie wir aufblühen. München (Goldmann).

Seligman, M. E. P. u. M. Csikszentmihalyi (eds.) (2000): Positive psychology– an introduction. *American Psychologist* 55: 5-14. Verfügbar unter: http://dx.doi.org/10.1037/0003-066X.55.1.5 [18.7.2021].

Simon, F. B. (2012): Einführung in Systemtheorie und Konstruktivismus. Heidelberg (Carl-Auer), 2. Aufl.

Simon, F. B. (2018): 20 Systemische Rezepte. *Wirtschaft+Weiterbildung* 6 (18): 18–23.

Singer, R. (1894): Ludwig Gall, der erste deutsche Socialist. Ein Beitrag zur Entwicklungsgeschichte des Socialismus. *Zeitschrift für Volkswirtschaft, Sozialpolitik und Verwaltung* 417–434.

Sroufe, L. A. a. M. Rutter (1984): The domain of developmental psychopathology. *Child Development* 55: 17-29.

Steck, O. H. (1970): Die Paradieserzählung. Eine Auslegung von Genesis 2,4b–3,24 (= BSt 60). Neukirchen (Neukirchener Verlag).

Szasz, T. (1961). The Myth of Mental Illness: Foundations of a Theory of Personal Conduct. *(Harper & Row).*

Thadeusz, F. (2009): Am Anfang war der Sud. Verfügbar unter: https://www.spiegel.de/spiegel/a-668293.html [18.7.2021].

Ullmann, L. P. a. L. Krasner (1969): A psychological approach to abnormal behavior. Englewood Cliffs/N.J. (Prentice Hall).

Welter-Enderlin, R. u. B. Hildenbrand (2006): Resilienz – Gedeihen trotz widriger Umstände. Heidelberg (Carl-Auer).

Werner, E. E. (2006): Wenn Menschen trotz widriger Umstände gedeihen – und was man daraus lernen kann. In R. Welter-Enderlin u. B. Hildenbrand (Hrsg): Resilienz – Gedeihen trotz widriger Umstände. Heidelberg (Carl- Auer), S. 28-42.

Wichern, H. (1833): Ausgewählte Schriften. In: K. Janssen (Hrsg. 1958): Bd. 2. Gütersloh (Bertelsmann).

Wirl, C. u. A. Ebert (2017): Bullshit Busters. Berlin (Goldegg).

Wittgenstein, L. (1984): Werkausgabe, Bd. 1: Tractatus logico-philosophicus. Tagebücher 1914–1916. Philosophische Untersuchungen. Frankfurt a. M. (Suhrkamp).

Wittgenstein, L. (1989) Werkausgabe, Bd. 7: Bemerkungen über die Philosophie der Psychologie. Letzte Schriften über die Philosophie der Psychologie. Frankfurt a. M. (Suhrkamp).

Zimmermann, H. (2021): Imaginäre Bautätigkeit »Der gedichtete Himmel«: Stefan Matuschek erkundet das Romantische als tiefgreifendes Stilphänomen. Frankfurter Rundschau, 10.4.2021. Verfügbar unter: https://www.fr.de/kultur/literatur/stefan-matuschek-der-gedichtete-himmel-imaginaere-bautaetigkeit-90393134.html [22.7.2021].